大飞机出版工程　总主编／顾诵芬

民机先进航电系统及应用系列

主编／冯培德　执行主编／金德琨

国家出版基金项目
NATIONAL PUBLICATION FOUNDATION

U0270698

航空电子适航性分析技术与管理

Avionics Airworthiness
Analysis and Management

徐明 宫綦／编著
金德琨／审校

上海交通大学出版社
SHANGHAI JIAO TONG UNIVERSITY PRESS

内容提要

　　本书是一本关于民机航空电子适航性分析和管理方面的著作。本书以航空电子适航要求为牵引,结合国内民机航电系统以及设备研制和适航性设计工程经验,系统阐述航电系统研制过程、航电设备适航要求符合性分析以及航电系统和设备的适航审定过程等内容。本书汇集近年来国内外航空电子适航性分析与管理等方面的最新技术与方法,内容新颖,工程实用性强。

图书在版编目(CIP)数据

航空电子适航性分析技术与管理／ 徐明,宫綦编著
. —上海: 上海交通大学出版社, 2019(2020 重印)
大飞机出版工程
ISBN 978 - 7 - 313 - 22773 - 7

Ⅰ. ①航… Ⅱ. ①徐… ②宫… Ⅲ. ①航空设备—电子设备—适航性—研究 Ⅳ. ①V243

中国版本图书馆 CIP 数据核字(2020)第 002464 号

航空电子适航性分析技术与管理
HANGKONG DIANZI SHIHANGXING FENXI JISHU YU GUANLI

编 著 者:徐 明 宫 綦
出版发行:上海交通大学出版社　　　　　　　　地　　址:上海市番禺路 951 号
邮政编码:200030　　　　　　　　　　　　　　电　　话:021 - 64071208
印　　制:上海盛通时代印刷有限公司　　　　　经　　销:全国新华书店
开　　本:710 mm×1000 mm　1/16　　　　　　印　　张:25.75
字　　数:349 千字
版　　次:2019 年 12 月第 1 版　　　　　　　　印　　次:2020 年 7 月第 2 次印刷
书　　号:ISBN 978 - 7 - 313 - 22773 - 7
定　　价:260.00 元

民机先进航电系统及应用系列
编委会

总序

国务院在 2007 年 2 月底批准了大型飞机研制重大科技专项正式立项，得到全国上下各方面的关注。"大型飞机"工程项目作为创新型国家的标志工程重新燃起我们国家和人民共同承载着"航空报国梦"的巨大热情。对于所有从事航空事业的工作者，这是历史赋予的使命和挑战。

1903 年 12 月 17 日，美国莱特兄弟制作的世界第一架有动力、可操纵、重于空气的载人飞行器试飞成功，标志着人类飞行的梦想变成了现实。飞机作为 20 世纪最重大的科技成果之一，是人类科技创新能力与工业化生产形式相结合的产物，也是现代科学技术的集大成者。军事和民生对飞机的需求促进了飞机迅速而不间断的发展，体现和应用了当代科学技术的最新成果；而航空领域的持续探索和不断创新为诸多学科的发展和相关技术的突破提供了强劲动力。航空工业已经成为知识密集、技术密集、高附加值、低消耗的产业。从大型飞机工程项目开始论证到确定为《国家中长期科学和技术发展规划纲要》的十六个重大专项之一，直至立项通过，不仅使全国上下重视起我国自主航空事业，而且使我们的人民、政府理解了我国航空事业半个世纪发展的艰辛和成绩。大型飞机重大专项正式立项和启动使我们的民用航空进入新纪元。经过 50 多年的风雨历程，当今中国的航空工业已经步入了科学、理性的发展轨道。大型客机项目其产业链长、辐射面宽、对国家综合实力带动性强，在国民经济发展和科学技术进步中发挥着重要作用，我国的航空工业迎来了新的发展机遇。

大型飞机的研制承载着中国几代航空人的梦想，在 2016 年造出与波音 737 和空客 A320 改进型一样先进的"国产大飞机"已经成为每个航空人心中奋斗的目标。然而，大型飞机覆盖了机械、电子、材料、冶金、仪器仪表、化工等几乎所有工业门类，集成了数学、空气动力学、材料学、人机工程学、自动控制学等多种学科，是一个复杂的科技创新系统。为了迎接新形势下理论、技术和工程等方面的严峻挑战，迫切需要引入、借鉴国外的优秀出版物和数据资料，总结和巩固我们的经验和成果，编著一套以"大飞机"为主题的丛书，借以推动服务"大型飞机"作为推动服务整个航空科学的切入点，同时对于促进我国航空事业的发展和加快航空紧缺人才的培养，具有十分重要的现实意义和深远的历史意义。

2008 年 5 月，中国商用飞机有限责任公司成立之初，上海交通大学出版社就开始酝酿"大飞机出版工程"，这是一项非常适合"大飞机"研制工作时宜的事业。新中国第一位飞机设计宗师——徐舜寿同志在领导我们研制中国第一架喷气式歼击教练机——歼教 1 时，亲自撰写了《飞机性能捷算法》，及时编译了第一部《英汉航空工程名词字典》，翻译出版了《飞机构造学》和《飞机强度学》，从理论上保证了我们的飞机研制工作。我本人作为航空事业发展 50 年的见证人，欣然接受了上海交通大学出版社的邀请担任该丛书的主编，希望为我国的"大型飞机"研制发展出一份力。出版社同时也邀请了王礼恒院士、金德琨研究员、吴光辉总设计师、陈迎春总设计师等航空领域专家撰写专著、精选书目，承担翻译、审校等工作，以确保这套"大飞机"丛书具有高品质和重大的社会价值，为我国的大飞机研制以及学科发展提供参考和智力支持。

编著这套丛书，一是总结整理 50 多年来航空科学技术的重要成果及宝贵经验；二是优化航空专业技术教材体系，为飞机设计技术人员培养提供一套系统、全面的教科书，满足人才培养对教材的迫切需求；三是为大飞机研制提供有力的技术保障；四是将许多专家、教授、学者广博的学识见解和丰富的实践经验总结继承下来，旨在从系统性、完整性和实用性角度出发,把丰富的实践经验进一步理论化、科学化,形成具有我国特色的"大飞机"理论与实践相结合的知识体系。

"大飞机"丛书主要涵盖了总体气动、航空发动机、结构强度、航电、制造等专业方向,知识领域覆盖我国国产大飞机的关键技术。图书类别分为译著、专著、教材、工具书等几个模块;其内容既包括领域内专家最先进的理论方法和技术成果,也包括来自飞机设计第一线的理论和实践成果。如:2009 年出版的荷兰原福克飞机公司总师撰写的 *Aerodynamic Design of Transport Aircraft*(《运输类飞机的空气动力设计》);由美国堪萨斯大学 2008 年出版的 *Aircraft Propulsion*(《飞机推进》)等国外最新科技的结晶;国内《民用飞机总体设计》等总体阐述之作和《涡量动力学》《民用飞机气动设计》等专业细分的著作;也有《民机设计 1000 问》《英汉航空双向词典》等工具类图书。

该套图书得到国家出版基金资助,体现了国家对"大型飞机项目"以及"大飞机出版工程"这套丛书的高度重视。这套丛书承担着记载与弘扬科技成就、积累和传播科技知识的使命,凝结了国内外航空领域专业人士的智慧和成果,具有较强的系统性、完整性、实用性和技术前瞻性,既可作为实际工作指导用书,亦可作为相关专业人员的学习参考用书。期望这套丛书能够有益于航空领域里人才的培养,有益于航空工业的发展,有益于大飞机的成功研制。同时,希望能为大飞机工程吸引更多的读者来关心航空、支持航空和热爱航空,并投身于中国航空事业做出一点贡献。

2009 年 12 月 15 日

系列序

20世纪后半叶特别是21世纪初，信息技术的高速发展带动了其他学科的发展，航空信息化、智能化加速了航空的发展。航空电子已成为现代飞机控制和运行的基础，越来越多的重要功能有赖于先进的航空电子系统来实现。先进的航空电子系统已成为飞机先进性的重要标志之一。

如果将发动机比作飞机的"心脏"，航空电子系统则称得上是飞机的"大脑"和"中枢神经系统"，其性能直接影响飞机的自动化和智能化水平，对飞机的安全性、经济性、舒适性、可用性等有重要的作用。由于航空电子系统地位特殊，因此当今主流飞机制造商都将航空电子系统集成与验证的相关技术列为关键技术，这也是我国亟待突破的大飞机研制关键技术。目前，国家正筹备航电专项以提升航空电子系统的自主研发和系统集成能力。

随着国家对航空产业的重视，在"十二五""十三五"民机科研项目的支持下，在国产大飞机研制的实践中，我国航空电子系统在综合化、模块化方面取得了很大的进步。本系列图书旨在将我国广大工程技术人员在航空电子技术方面多年研究成果和实践加以梳理、总结，为我国自主研制大型民用飞机助一臂之力。

本系列图书以"民机先进航电系统及应用"为主题，内容主要涵盖航空电子系统综合技术、飞行管理系统、显示与控制系统、机载总线与网络、飞机环境综合监视、通信导航监视、航空电子系统软件/硬件开发及适航审定、客舱与机载信息系统、民机健康管理系统、飞行记录系统、驾驶舱集成设计与适航验证、系统安全性设计与分析和航空电子适航性管理等关键性技术，既有理论又有设计方法；既有正在运营的各种大型飞机航空电子系统的介绍，也有航空电子发展趋势的展望，具有明显的工程实用性，对大飞机在研型号的优化和新机研制具有参考和借鉴价值。本系列图书适用于民用飞机航空电子研究、开发、生产及管理人员和高等学校相关专业师生，也可供从事军用航空电子工作的相关人员参考。

本系列图书的作者主要来自航空工业无线电电子研究所、航空工业西安航空计算技术研究所、航空工业雷华电子技术研究所、航空工业综合技术研究所、中国电子科技集团航电电子公司、航空工业陕西千山航空电子有限责任公司、上海交通大学以及大飞机研制的主体单位——中国商用飞机有限责任公司等专业的研究所、高校以及公司。他们都是从事大飞机航空电子系统研制的专家和学者，在航空电子领域有着突出的贡献、渊博的知识和丰富的实践经验。

大型民用飞机的研制承载着中国几代航空人的梦想，制造出先进的国产大飞机已经成为每个航空人奋斗的目标。本系列图书得到 2019 年国家出版基金的资助，充分体现了国家对"大飞机工程"的高度重视，希望该套图书的出版能够为国产大飞机的研制服务。衷心感谢每一位参与编著本系列图书的人员，以及所有直接或间接参与本丛书审校工作的专家学者和上海交通大学出版社的"大飞机出版工程"项目组，在大家的共同努力下，这套丛书终于面世。衷心希望本系列图书能切实有利于我国航空电子系统研发能力的提升，为国产大飞机的研制尽一份绵薄之力。

由于本系列图书是国内第一套航空电子系列图书，规模大、专业面广，作者的水平和实践经验有限，不妥之处在所难免，敬请读者批评指正！

民机先进航电系统及应用系列编委会

前言

随着我国民用飞机(简称民机)产业的不断发展,以 ARJ21 – 700、C919 及 MA700 为代表的一批国产自主研发民机型号开始进入试飞、总装和投产阶段,民机越来越多的重要功能依赖于先进的航空电子设备实现。随着通信、导航、计算机和虚拟现实等相关技术的快速进步,航空电子系统发展迅速,综合化、智能化及模块化水平不断提高,已成为现代民机先进性的重要标志之一。而民机产品投入市场运营的前提是获得适航批准,因此研制出满足适航要求并具有国际先进水平的航电产品,达到提升我国航空电子产品的研制水平与能力的目的是我国民机产业发展的当务之急。

本书是"大飞机出版工程·民机先进航电系统及应用系列"图书之一,涵盖民机航空电子适航性工作综述、航电系统研发过程、航空电子设备的适航性设计与验证和航空电子设备审定过程等,从研制方及审定方维度提出航电适航要求、符合性分析与验证方法及适航审定流程等内容。其中航电系统研发过程从正向设计角度,结合 SAE ARP 4754A,阐述基于系统工程的航电系统总体研制要求,分别描述航电系统安全性评估、航电系统需求验证方法和流程、航电系统研制活动和过程保证及航电系统项目管理等内容,保证航电系统研制满足适航要求,在此基础上,围绕航电系统研制过程,从航电设备角度,阐述航电设备研制过程中的适航相关要求以及如何开展适航要求的符合性分析与验证工作,最后从审定方角度,阐述航电适航审查要求和流程。

本书各章节作者来自国内专业航空研究所、航空电子公司、大学和适航研究机构等单位,他们长期从事航空电子技术的应用研究与开发活动,颇具学识和工程实践经验。该书从不同侧面、比较全面地介绍了民机航空电子技术适航性技术,其中凝聚了国内众多专家在航空电子技术应用方面的宝贵经验。因此,本书对我国从事民用和军用飞机航空电子技术研究、航空电子设备及系统开发的工程技术人员、工程管理人员及相关专业大学生和研究生均有很高的参考价值。

大型民机的研制承载着几代中国航空人的梦想。本书作为上海交通大学出版社"大飞机出版工程"系列图书之一，也是国内第一本关于民机航空电子系统适航性的专著，系统地总结了国内外航空电子领域专业人士的智慧和成果，并且充分考虑了读者的需要，有较强的系统性、实用性和前瞻性。期望本书能作为从事民机航空电子研究、开发、生产以及管理人员的参考用书，同时也可作为高校航空相关专业的教学和指导用书，为国产大飞机的研制尽一份微薄之力。

本书的编写得到了航空工业无线电电子研究所、航空工业西安自动控制研究所、航空工业西安航空计算技术研究所、北京航空航天大学、中国民航大学、上海飞机设计研究院和中国商用飞机有限责任公司等单位的鼎力支持。本书在编写和审阅中还得到很多同志的大力支持和帮助，一并表示衷心感谢。

编著者力求系统地把世界最新的民机航空电子适航性技术和工作实践体会介绍给读者，本书是国内民机航空电子适航专业的第一本专著，专业性较强，但由于水平有限，书中不妥之处在所难免，敬请读者批评指正。

目录

5　航电设备的适航性分析 / 137

6 航电设备环境试验验证要求分析 / 183

9 航电设备适航设计与验证典型案例 / 309

1

绪论

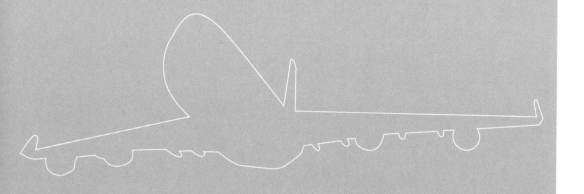

该章明确了航空电子(简称航电)系统适航分析与管理范围和基本概念,系统阐述了国内外民机和系统研制过程类标准发展现状,总结了国内外航电适航要求及相关标准,包括国内外航电适航标准要求分析、航电适航标准体系框架、航电适航相关标准体系,最后对航电设备适航性设计与验证进行了概述。

1.1 航电系统和设备研制过程概述

航电系统是保证飞机完成预定任务达到各项规定性能所需的各种电子产品的总称。航电系统通常包括或由下列系统组成:通信系统、导航系统、座舱显示控制系统、探测系统和信息综合系统等。本书中的航空电子涵盖航电系统以及相关的机载设备。航电系统具有研制周期长、综合集成度高及接口复杂的特点,因此在整个生命周期和各个架构详细级别,航电系统研制都面临诸多挑战。系统工程的正向设计流程是航电系统研发的基础,只有在尽可能短的时间内满足市场需求,才能最大程度地降低研制成本。

航电系统研制过程主要基于国际标准化组织(International Organization for Standardization,ISO)制定的 ISO/IEC/IEEE 15288:2015 和(美国)汽车工程师协会(Society of Automotive Engineers,SAE)制定的航空器材技术规范(Aeronautical Material Specification,ARP)SAE ARP 4754A《民用飞机与系统研制指南(A 版)》(简称 ARP 4754A)。ARP 4754A 修订前一版本对航电系统提供了研制过程指南;ISO/IEC/IEEE 15288:2015 提供了关于生命周期过程划分,如图 1-1 所示,它是航电系统研发主要依据之一。航电系统研制过程包括支持航电系统所必需的支持包的开发。由于运行和维护系统是运营商和维护公司的责任,因此未在航电系统和设备研制过程中进行描述。

ARP 4754A 适用于航电系统研制,是系统工程方法在特定工程领域的方法指南,侧重于以适航取证为导向,使用系统工程的方法,给出高度复杂系统的

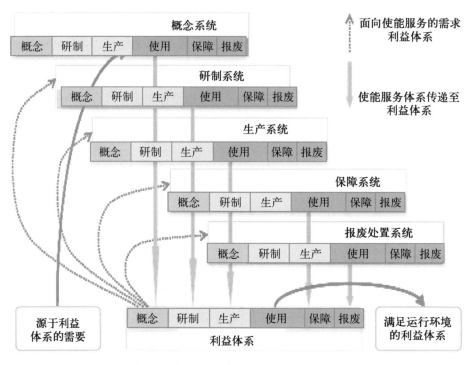

图 1-1　航电系统研制标准参考 ISO/IEC/IEEE 15288：
2015 应用指南(系统生命周期过程)

研制指南。因此,为了推进 ARP 4754A 的实践应用,采用系统分析指导航电系统,以下对其研制过程类标准发展现状进行详述。

1.1.1　适用于航电系统研制的国外标准现状

1) 国际标准化组织持续推进系统工程过程标准的制定与应用

航电系统从产品组成来看是高度集成的复杂系统,从研制过程来看是高度严密的系统工程。国外自 1969 年首个系统工程标准 MIL－STD－499 的提出开始,经过近 50 年的发展,系统工程标准得到了极大的丰富。在现有民用领域内与系统工程相关的标准里,具有权威性的 3 项标准分别是：ANSI/EIA 632：2003 《系统工程设计方法》(简称 EIA 632)、ISO/IEC 26702：2007《系统工程——系统工程过程的应用及管理》和 ISO/IEC/IEEE 15288：2015《系统和软件工程——

系统生命周期过程》等,同时还有 INCOSE 和 NASA 的《系统工程手册》以及欧洲空间标准化合作组织(European Cooperation for Space Standardization, ECSS)的系统工程标准体系。

(1) 权威性的国际标准。ISO/IEC/IEEE 15288:2015 提供了一个通用、完整的框架,用于描述和管理航电系统生命周期,包括 4 个流程组:协议流程、技术流程、技术管理流程和项目使能流程,如图 1-2 所示,其中协议流程和技术流程、技术管理流程与系统研制过程直接相关,而项目使能流程属于企业运营支持流程的范畴。

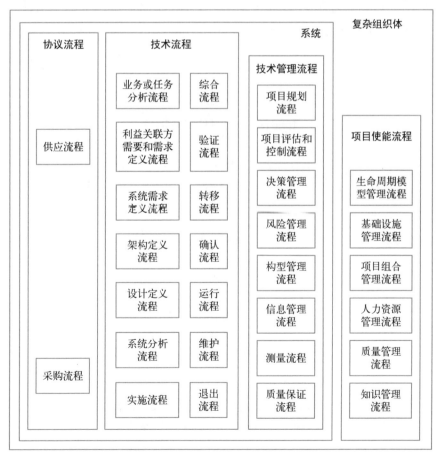

图 1-2　ISO/IEC/IEEE 15288:2015 规定的系统和软件工程——系统生命周期过程

EIA 632 是美国国家标准学会(American National Standards Institute,ANSI)电子工业协会(美国)(Electronic Industries Association,EIA)于2003年发布的标准,该标准旨在使企业通过建立工程和生产质量体系来加强其在全球市场上的竞争力,并以合理的价格或成本及时交付产品。该标准从系统工程的角度将产品流程定义为采购和供应、技术管理、系统设计、产品实现和技术评价5个流程组,对流程组进行展开并提出具体的描述与要求,从而构建了一套标准的系统工程设计方法。EIA 632 规定的内容涉及 ISO/IEC 15288:2002 所规定的4个流程组中的3个(见图1-3),即技术流程、技术管理流程和协议流程,ANSI/EIA 632:1998 没有涉及项目使能流程。再深入比较,EIA 632 并没有涉及系统的使用与维护过程和报废过程。可见,与 ISO/IEC 15288:2002 相比,EIA

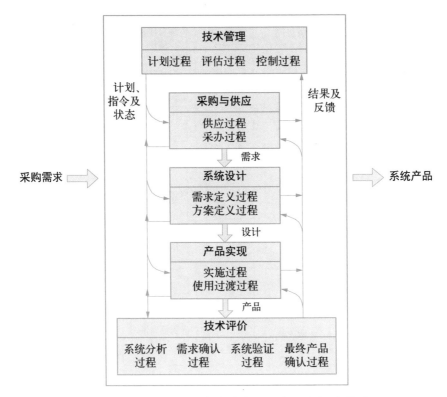

图1-3 EIA 632 规定的系统工程流程之间的关系

632 更多地从技术角度去关注系统产品的研制。

ISO/IEC 26702：2007 是 ISO 和国际电工委员会（International Electrical Committee，IEC）联合发布的标准，该标准阐明了系统工程过程（systems engineering process，SEP）及其在整个产品生命周期中应用的需求，规定了在整个生命周期中所涉及的各种多学科交叉任务，这些任务将利益相关的要求、需求和约束转换为一个系统解决方案。该标准涉及从系统定义阶段到生产、保障阶段，没有提及概念探索阶段及系统报废阶段。ISO/IEC 26702：2007 更多关注产品研制的细节，如图 1－4 所示，对 EIA 632 标准规定的采购与供应方面并没有规定，对技术管理方面也没有太多的内容。因此，ISO/IEC 26702：2007 是比 EIA 632 更低一层次的关于系统工程的标准。

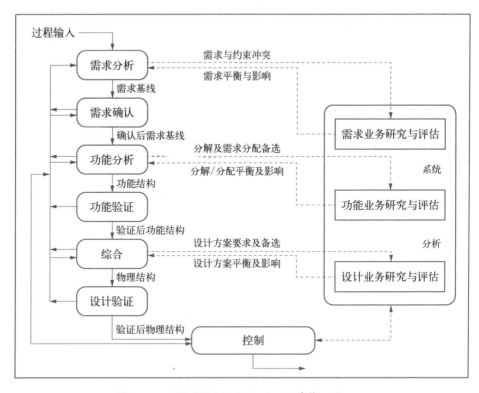

图 1－4 ISO/IEC 26702：2007 系统工程——
系统工程过程的应用及管理

(2) 适用于航电的系统工程手册。INCOSE 的《系统工程手册》是国际系统工程协会(International Council on Systems Engineering，INCOSE)在系统工程领域发布的知识体系中的核心。该书以系统生命周期模型贯穿理论和实践论述的主脉络，依次引出技术、项目、协议、组织项目使能和专业工程等流程活动域，并统一的运用背景环境图的方式描述了上述各流程活动域的内涵；以活动的输入、输出、控制项和使能项四个维度使整体联络成为具有因果循环关系的架构，可视化地展现出生命周期的关注焦点并解释需求开发和验证的必要性；与各方利益关联方不断确认以及适配特定运营环境而不断进行风险和机遇评估的重要性。

NASA 的《系统工程手册》是美国国家航空航天局(National Aeronautics and Space Administration，NASA)对多年系统工程实践经验的总结。该书主要有三个部分的内容：第一部分(第 1～3 章)是结合航天产品的生命周期介绍由多个系统工程流程构成的航天产品开发和控制管理的系统工程引擎；第二部分(第 4～5 章)针对系统工程引擎中的每个流程详细介绍流程实施的过程和指南；第三部分(第 6～7 章)介绍在开展系统工程工作时应当把握的关键技术和相关标准。该系统手册可为工业工程领域产品开发和系统工程组织管理实践提供有益借鉴。

(3) 系统、全面的 ECSS 标准体系。ECSS 是欧洲航天局(European Space Agency，ESA)及欧洲各相关国家的空间机构和组织联合建立的标准化组织。ECSS 标准体系建于 1996 年，是一套充分满足欧洲航天管理和技术需求的系统工程标准体系，能够保证其航天产品的高质量、高可靠性和低成本。

ECSS 标准分为三类：项目管理、航天工程和产品保证。项目管理类标准提供了公共事务管理的统一方法，包括项目分解结构、项目组织、项目阶段和计划、技术状态管理、信息和文件、成本和进度以及综合后勤保障等。航天工程类标准描述了关键的工程学科，包括系统工程、电子和电气、机械、软件、通信、控制、地面系统和运行等。产品保证类标准覆盖了工程活动中涉及的专业学科，包括质量保证、可靠性、安全性、元器件，零件、材料和工艺及软件产品保证等。部分的 ECSS 标准体系清单如图 1-5 所示。

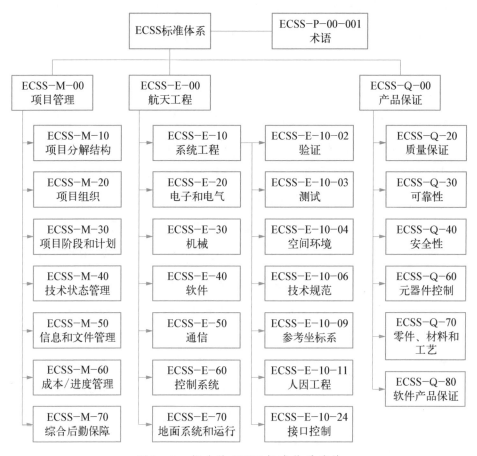

图 1-5 部分的 ECSS 标准体系清单

以 ECSS-E-50 通信系列标准为例,E-ST-50《通信》规定了航天器端到端数据通信系统研制要求的具体规范和术语以及空间通信系统的功能和性能要求。E-ST-50-01 至 E-ST-50-15 分别规定了空间遥测信道编码系统、信息传输和轨道测量跟踪系统以及电气接口等的相关规范,是对图 1-5 中 ECSS-E-10《系统工程》系列标准中有关验证、测试、技术规范和接口控制等要求的实例化。

2) 国外标准化协会针对航空产品研制制定过程符合性标准

在 ARP 4754A 中的研制过程适用于航电系统,是 ISO/IEC/IEEE 15288:

2015 中规定的通用系统工程流程在民机研制领域具体化的类标准，也是适航当局认可的可用于证明类似航电复杂系统开发保证过程的符合性方法（means of compliance，MoC）。ARP 4754A 中的研制过程对应 ISO/IEC/IEEE 15288：2015 中的技术流程，其集成过程中包含技术流程（需求捕获和需求确认）、专业工程（安全性评估）和技术管理流程（构型管理）的内容。ISO/IEC/IEEE 15288：2015 中的项目使能流程包括基础设施管理流程、人力资源管理流程及知识管理流程等，确保组织通过启动、支持和控制项目来获得并提供产品或服务的组织能力，ARP 4754A 不包括上述内容。

ARP 4754A 适用于航电复杂系统研制过程，但是不包括航电软件或电子硬件研制。ARP 4754A 与相关文件间的关系如图 1－6 所示。RTCA/DO－178B/EUROCAE ED－12B《机载系统和设备合格审定的软件考虑（B 版）》（简称 DO－178B）给出了详细的关于软件研制的内容。RTCA/DO－254/EUROCAE ED－80《机载电子硬件研制保证指南》（简称 DO－254）给出了电子硬件方面研制的内容。RTCA/DO－297/EUROCAE ED－124《综合模块化航电系统研制指南与审定考虑》（简称 DO－297）给出了关于综合模块化航电（integrated modular architecture，IMA）系统的研制指南和对合格审定的考虑。SAE ARP 4761《民用机载系统和设备安全性评估过程的指南和方法》（简称 ARP 4761）对安全性评估过程的方法进行了概述。SAE ARP 5150《商业运营中的运输类飞机的安全性评估》（简称 ARP 5150）和 SAE ARP 5151《商业运营中的通用航空飞机及旋翼机的安全性评估》（简称 ARP 5151）给出了在役飞机安全性评估的详细内容。

3）国外先进飞机制造企业构建完善的研制过程符合性标准体系

（1）空客公司研制过程符合性标准文件体系。为了确保在有限成本的约束下生产出满足客户和市场需求的飞机，全球知名航空制造企业已经普遍在研发过程中采用系统工程过程和方法，从行业级、企业级、项目级和产品本身等都形成了完整的程序、方法及数据，并取得了明显成效。

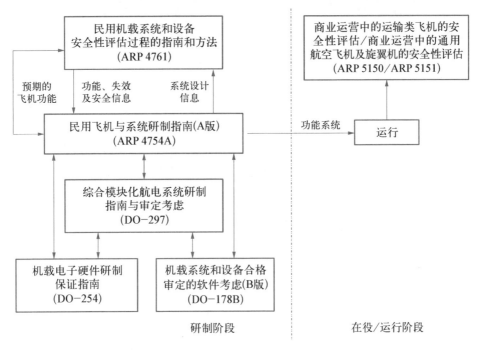

图 1-6　ARP 4754A 与相关文件间的关系

　　空客公司为了保证与外部法律、法规和标准合规的前提下持续改进业务流程，提出了商务管理系统(business management system,BMS)模型,如图 1-7 所示。为了对 BMS 进行详细的定义和描述,空客公司定义了程序文件体系,通过定义空客公司业务需求(Airbus business requirement,ABR)描述治理维度,通过定义空客公司业务流程(Airbus business process,ABP)描述流程维度,通过定义空客公司业务组织(Airbus business organization,ABO)描述组织维度。

　　在流程维度上,空客公司基于一系列通用的系统工程标准,如 ISO 15288、ARP 4754A 等,在其内部建立了一整套研制流程类程序文件体系,如图 1-8 所示,在保证与外部认证要求合规的前提下规范化产品研制过程。这些流程类文件为型号研制提供了完整、必要和有效的支撑,从而保证在满足外部需求和企业战略的前提下,在时间、质量和成本约束下提供正确的产品和服务,满足客户和利益关联方的期望。

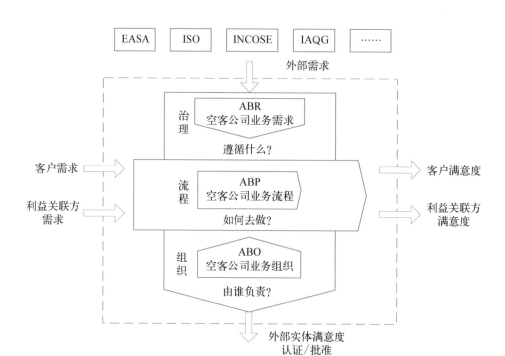

图 1-7　空客公司商务管理系统模型

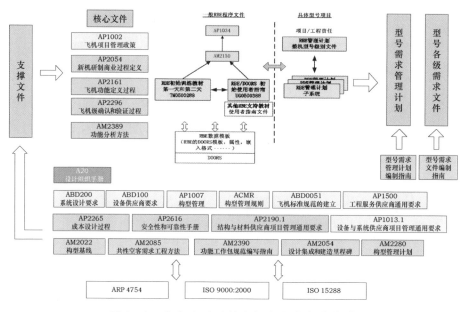

图 1-8　空客公司研制流程类程序文件体系

（2）波音公司构建了覆盖产品生命周期的系统工程过程。波音公司在波音 777 项目中首次明确地按照系统工程方法组织人员、定义流程和建立文档规范，并通过组织设计制造团队，实现数字化产品定义和预装配，从而较大地改进研制过程，提高客户满意度，降低研发成本。其后的波音 787 项目更是进一步大量使用最新的系统工程方法和工具，为项目成功带来了实实在在的好处。

SAE 颁布的美国机械工程师协会（American Society of Mechanical Engineers，ASME）ASME Y 14.41 – 2003《数字化产品定义规范》是基于模型定义的基本规范，以波音公司多年数字化制造经验为基础，经过数次修订被批准为美国国家标准。波音公司在此标准的基础上根据公司具体实践制定了 BDS 600 系列标准，并在 2004 年开始的波音 787 客机设计中，全面采用基于模型定义的新技术，将三维产品制造信息与三维设计信息共同定义到产品的数字化模型中。

1.1.2　适用于航电系统研制的国内标准现状

1）国内缺乏针对类似航电复杂系统的研制过程符合性标准

国标层面以转化 ISO 标准为主，转化 ISO/IEC 26702：2007 形成了 GB/T 26240—2010《系统工程—系统工程过程的应用和管理》，转化 ISO/IEC 15288：2002 形成了 GB/T 22032—2008《系统工程—系统生存周期过程》。行业层面仅对民机研制阶段进行了划分，制定了 HB 8525—2017《民用飞机研制程序》，但缺少规范民机研制过程的具体的支撑性标准。

2）各大飞机制造集团正在积极策划构建系统工程过程标准体系

（1）中国航空工业集团有限公司（简称航空工业）积极规划系统工程标准体系。随着航空产品新型号、新方法和新技术应用的不断深入，国内也深刻地理解了系统工程实施的重要性，特别是目前广泛开展了基于模型的系统工程（model based systems engineering，MBSE）的应用与推广。航空工业的飞机研制单位、系统研制单位以及航空工业综合技术研究所等基础技术研究单位都在开展系统工程应用实施的研究工作,在集团层面初步构建了航空工业系统工程标准体系框架,如图1-9所示。其中技术管理类标准用于描述如何对系统工程的技术活动进行综合、监控和管理,保证系统工程活动的有效开展;技术类标准用于描述如何将客户的需求转化为系统的解决方案以及如何在系统的生命周期中实现和支撑该解决方案,并通过确认、验证等活动为客户提供满足需要的产品和服务;专业工程类标准用于描述为保证产品质量须开展的专业工程活动,并最终为客户提供高质量的产品和服务。

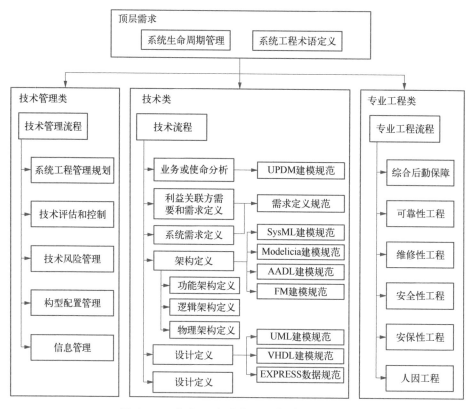

图1-9 航空工业系统工程标准体系框架

中国航空工业第一飞机设计研究院在 MA700 型号上进行了 MBSE 技术的探索应用和技术攻关,制定了需求层次划分和数据组织管理的规范,建立了相应的需求管理流程,梳理出 MA700 型号的各类需求上万条,其中飞机级需求 1 300 多条,并在详细设计阶段,将飞机级需求分解、分配到系统和子系统,为下游系统功能分析和架构设计提供输入。通过运用基于模型的系统工程思想,将原先分散的设计过程和仿真分析综合到一个平台,通过综合设计、分析手段和多学科优化技术,实现各专业学科要求的综合平衡,获得全系统的整体最优解。

(2) 中国商用飞机有限责任公司(简称中国商飞)全力实现系统工程过程集成。中国商飞总结了 ARJ21 和 C919 研制中的经验与教训,于 2015 年在公司总部专门成立了系统工程与项目管理研究部,致力于在全公司推广系统工程的实施,集中对国际标准、各航空企业成熟的方法、现有的流程、工具方法、中国商飞现状及成功的经验等进行了全面的调查研究,于 2016 年完成了《中国商用飞机有限责任公司系统工程手册》的编制,现已出版和再版。

中国商飞构建了民机产品的系统工程过程集,包括技术过程和技术管理过程两大类。技术过程指针对飞机生命周期的系统工程技术类活动,包括市场分析过程、利益关联方需求捕获过程、功能分析过程、需求分析过程、设计集成过程、安全性评估过程、需求确认过程、产品实施过程、产品集成过程、实施验证过程、产品确认过程、交付过程、运行支持过程和报废回收过程;技术管理过程指针对飞机生命周期的系统工程控制和评估等管理活动,包括过程保证过程、决策管理过程、风险和机遇管理过程、构型管理过程、需求管理过程、接口管理过程和取证过程。对比分析了《中国商用飞机有限责任公司系统工程手册》与ARP 4754A 的符合性,确保手册的实用性。

3) 行业层面统一民机研制过程类标准的需求和必要性

虽然国内航空制造企业普遍开展了系统工程方法的理论研究和实践应用,并启动了飞机产品研制的系统工程标准体系和系统工程过程集的构建工作,但都是在各自经验基础上的探索研究,缺少行业层面的统一规划,这必然造成大量的资源浪费。而且随着各自研究的深入,自然会形成不同的体系,彼此难以融合,形成沟通壁垒,不利于整个行业的有序发展。因此有必要在研究的初期,即从行业层面规划统一的民机研制过程类标准体系,有效贯彻包括适航要求在内的各类行业级的管控要求,同时又兼顾不同企业的研制特点,达成广泛的行业共识,为国内民机产业的蓬勃发展提供扎实的标准支撑。

1.2 航电适航要求及相关标准

1.2.1 标准分析

1.2.1.1 国内标准

民机航电系统发展很快,其所依赖的计算机技术、显示控制技术、综合化技术、数据融合技术、自动化技术等,在欧美发达的航空大国已经达到了一个新的高度,相应的标准也已经发布,如所需性能导航(required navigation performance,RNP)标准、数据链标准、CNS/ATM 方面的标准、AFDX 总线标准等,用于指导民机的设计以及适航的合格审定。

ARJ21 飞机是我国航空工业第一次真正按照国际惯例,依据国际标准研制的民机,我国在航电系统设计、电子设备的设计方面与欧美发达国家差距很大。一些民用航电设备、系统,如飞行管理系统(flight management system,FMS)、中央维护系统和综合处理系统等,在波音系列飞机和空客系列飞机上已经使用了几十年,其相应的标准已经很完善,而我国在这些领域的研究还处于摸索和起步阶段,对于航电系统来说,国内可使用的标准很少。

由于 ARJ21 飞机面向国际市场,航电系统采用国际招标的方式,最终美国的罗克韦尔柯林斯公司(Rockwell Collins)中标,所以 ARJ21 飞机航电系统采用美国的标准,没有采用我国的标准。

1.2.1.2 国外标准

支线飞机航电系统设计所使用的标准在 SAE 标准体系中主要分布在航空规范(aeronautical specification,AS)SAE AS 标准体系中,共有 66 项。目前

ARJ21 飞机执行的 SAE 标准共有 12 项,主要涉及自动驾驶仪、适航取证、电子飞行仪表系统(electronic flight instrumentation system, EFIS)、显示器性能、安全性评估、闪电防护、高强度辐射场(high intensity radio frequency, HIRF)以及测试等方面。

目前 ARJ21 飞机执行的航空无线电(联合)公司(Aeronautical Radio Incorporated, ARINC)标准共有 54 项,主要涉及航电设备的规范以及性能标准等。

1.2.1.3　波音标准分析

美国波音公司在波音系列民机的研制过程中,建立了包含上万项标准的标准体系,其中航电系统的设计、综合、验证以及适航过程中所采用的标准体系均是开放性的,既包含本公司的标准,又包含国际标准、区域标准、国家标准和行业协会标准。波音公司标准体系中,航电系统标准体系主要包括如下几个部分:

(1) 技术标准规定(technical standard order, TSO)。

(2) SAE 标准。

(3) (美)军用标准(military standards, MIL)。

(4) ARINC 标准(主要针对机载设备标准)。

(5) 航空无线电技术委员会(Radio Technical Commission for Aeronautics, RTCA)的 RTCA 标准(主要针对机载设备标准)。

(6) 波音制订的公司标准。

1.2.1.4　适航条例中标准的分析

航电系统适航条例主要包含在联邦航空条例(Federal Air Regulations, FAR)FAR - 25 或者中国民用航空规章(China Civil Aviation Regulation, CCAR)CCAR - 25 的 F 分部之中。以 ARJ21 飞机为例,ARJ21 飞机的适航审定基础是:国内适航须满足 CCAR - 25 - R3 的条款要求,国外适航需要满足 FAR - 25 的条款要求。航电系统的适航条例主要有 CCAR - 25.1301(a)(b) （c）（d）、CCAR – 25.1309（a）（b）（c）（d）（g）、CCAR – 25.1316（a）（b）（c）、CCAR – 25.1351（a）、CCAR – 25.1355（c）、CCAR – 25.1357（a）（c）（d）（e）、CCAR – 25.1431（a）（b）（c）、CCAR – 25.1529、CCAR – 25.1581（a）（b）和CCAR – 25.1585（a）等。

当然，为了满足适航的有关条例，还需要一些指导材料和针对航电设备的适航标准，主要有如下几个部分：

（1）ARINC 429 – 16 标记 33 数字信息系统第一部分功能描述、电气接口、标号分配和字格式。

（2）DO – 160X[①]《机载设备环境条件和试验程序（X 版）》。

（3）DO – 178X[①]。

（4）DO – 254。

（5）ARP 4754X[①]。

（6）ARP 4761。

（7）有关的咨询通报。

（8）TSO 标准等。

其中，TSO 标准是针对机载设备颁布的适航标准，是机载设备必须满足的最低性能要求。TSO 包含产品技术要求、所需数据提交、标记要求以及各种说明和限制等几部分内容。许多 TSO 与航空电子设备相关，举例如下：

TSO – C113《机载多功能电子显示器》是典型航空电子设备的 TSO。电子显示系统用于各种用途：显示姿态、空速或高度，显示航路导航，精确制导，显示发动机数据、飞机状态和维护警报等。相同的物理显示设备可能用于所有这些功能以及多种不同类型的飞机。由于认识到这种广泛的适用性，美国联邦航空管理局（Federal Aviation Administration，FAA）发布了 TSO – C113，开发人员可以更容易地使通用显示设备适应各种应用。

---

① X代表根据需求选取标准的不同版本。

TSO‐C113 通常需要的数据如下：适用性说明、环境试验要求、软件要求、零件标记要求、操作说明、设备限制、安装程序和限制、原理图和接线图、设备规范、各部件列表、插图列表、设备调整程序和校正维护程序。

当航空电子设备制造商申请 TSO 批准，且制造商的设备和数据符合 TSO 的要求时，制造商即可收到 FAA 的 TSO 授权。TSO 授权代表对设计数据和制造权的批准。也就是说，所提议的装置在其设计中被认为是可接受的，申请人已经证明了生产相同装置的能力。

在基于 TSO 的项目中，实际提交给 FAA 的数据量因系统类型、特定申请人面对 FAA 时的经验以及 FAA 所在地区而异。在一种情况下，申请人可能被要求提交大量的认证数据；在另一种情况下，申请人的一页信函可能足以令 FAA 发布 TSO 授权。

1.2.1.5　本专业试验与评定标准应用情况

支线飞机航电系统的适航验证试验主要包括实验室验证试验、飞机机上功能验证试验和飞行试飞验证试验。这三种试验的目的是验证飞机航电系统的设计是否满足有关的适航条例要求。我国自行设计的支线飞机 ARJ21 的航电系统适航验证的依据是 CCAR‐25‐R3。

1.2.2　体系框架

航电系统通常包括或由下列系统组成：通信系统、导航系统、座舱显示控制系统、探测系统和信息综合系统等。因而航电系统标准体系框图由此分为通信系统标准、导航系统标准、座舱显示控制记录系统标准、探测系统标准、信息综合系统标准、试验标准及专业基础标准，如图 1‐10 所示。

通信系统标准：通信系统是完成通信过程的全部设备和传输媒介。机载通信系统主要由机载通信设备、机内有线通信设备、通信终端设备和数传引导设备组成。

导航系统标准：导航系统是用来确定飞机位置、速度和航向，并引导飞机按预定航线飞行的整套设备。根据工作原理，导航系统可分为他备式导航系统

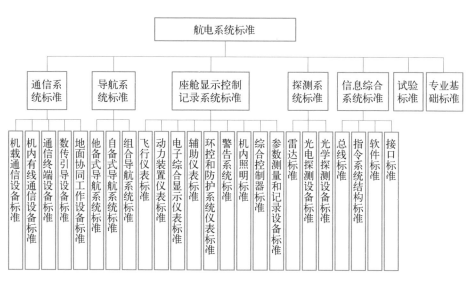

图1-10 航电系统标准体系框架

和自备式导航系统。为发挥不同导航系统的优点，出现了组合导航系统。他备式导航系统又称地面基准式导航系统，导航数据是由飞机上的导航设备依靠外部的基准导航台取得，包括各类无线电导航系统；自备式导航系统的导航数据完全依靠飞机自身的导航设备取得，包括惯性导航、大气数据导航、多普勒导航和天文导航等。

座舱显示控制记录系统标准：座舱显示控制记录系统是飞机的人机接口。按功能分为显示仪表、综合控制器及参数测量和记录设备三大类。显示仪表按功能可分为飞行仪表，动力装置仪表电子综合显示仪表及辅助仪表等。

探测系统标准：探测系统通过电磁、光、声和磁等技术探测机外的目标、云雨和地物地貌等信息，包括雷达、光电探测设备和光学探测设备等。

信息综合系统标准：信息综合系统是以大功率计算机为基础建立的，该大功率计算机的操作系统可以独立处理应用软件，并保持软件模块甚至最关键功能的软件模块间的健康划分。计算机嵌入硬件模块的机箱中，形成一个共同机箱设计、共享容错处理、集中电源供电及灵活的飞机接口的子系统。

1.2.3　航电系统适航相关标准体系表

由于型号构型的差异,不同型号航电系统采用的设计标准也会不同,本节以 ARJ21 飞机的航电系统标准体系为例,给出航电系统适航相关设计标准体系表(见表 1-1),供相关设计人员借鉴。

表 1-1　航电系统适航相关设计标准体系表

序号	标　准　名　称	参　考　标　准
1	机载电子设备通用规范	MIL-E-5400T
2	航空电子设备完整性大纲要求	
3	机载电子设备定型试验要求	
4	电子系统及有关测试装置设计准则	MIL-STD-415D
5	航空电子设备设计数据要求	MIL-D-18300D
6	机载电子设备热性能评定试验通用规范	MIL-T-23103
7	机载电子系统设计准则	AR-35
8	机载电子设备故障检测	
9	航空电子设备设计准则	
10	机载电子设备产品型号命名方法	
11	机载计算机通用规范	
12	飞机飞行控制系统计算机规范	MIL-C-38037
13	航空电子系统接口控制文件	MIL-STD-2222
14	机载十六位计算机内总线规范	
15	机载计算机模块设计要求	
16	民机综合电子模块结构接口	ARINC 650
17	民机航空电子标准模块维修和测试系统	ARINC 608
18	飞行数据采集及系统	ARINC 717
19	数字频率、功能选择(DFS)	ARINC 720
20	通信、报话及记录系统	ARINC 724

序号	标　准　名　称	参　考　标　准
21	飞行告警计算机系统	ARINC 726
22	航空电子设备冷却系统	ARINC 728
23	机载计算机输入程序	ARINC 603
24	设备 BIT 和使用导则	ARINC 604
25	机载甚高频接收机通用规范	DO - 156
26	机载甚高频发射机通用规范	DO - 157
27	飞机选择呼叫装置通用规范	RTCA - 25 - 59/DO - 93、ARINC 714
28	飞机无线电信标接收机通用规范	DO - 138、DO - 142
29	机载高频实时选频通信设备通用规范	
30	机载高频接收机通用规范	ARINC 719
31	飞机天线罩通用规范	MIL - A - 83456
32	机载音频记录系统规范	DO - 170
33	旅客广播系统通用规范	ARINC 574
34	音频综合系统规范	
35	飞机头载耳机	RTCA - 257 - 58/DO - 90
36	娱乐系统通用规范	ARINC 732
37	机内通话系统规范	ARINC 715
38	驾驶舱声音记录系统	ARINC 557
39	驾驶舱综合数据系统	
40	驾驶舱系统控制和监控	
41	飞机静电放电通用技术条件	MIL - D - 9129D
42	避雷器设计通用技术条件	MIL - A - 9094D
43	机载卫星接收机通用规范	
44	机载通信控制器要求	

(续表)

序号	标 准 名 称	参 考 标 准
45	机内有线通信设备	
46	空地对话语音要求	
47	通信终端设备	
48	数传引导设备通用规范	
49	大气数据、惯性基准系统规范	ARINC 704
50	大气数据系统规范	ARINC 706
51	航姿和定位系统规范	ARINC 705
52	备用导航系统规范	
53	备用大气数据系统规范	
54	备用航姿和定位系统规范	
55	仪表着陆系统规范	ARINC 710
56	微波着陆系统规范	DO - 177、ARINC 727
57	指点信标系统规范	ARINC 711
58	自主定位系统规范	
59	气象雷达系统规范	DO - 134、DO - 138、ARINC 708
60	近地告警系统规范	ARINC 723 - 1
61	测距器系统规范	ARINC 709
62	空中交通管制系统规范	ARINC 718
63	自动测向系统规范	ARINC 712
64	全向信标(VOR)系统规范	ARINC 711
65	全球定位系统规范	
66	无线电管理系统规范	
67	飞行管理系统计算机规范	ARINC 702
68	运输类飞机静压系统设计与安装	SAE 920 - 68

序号	标　准　名　称	参　考　标　准
69	高度告警装置和系统	SAE 1061 - 71
70	运输机防撞系统人机接口准则	SAE 4153 - 88
71	雷达信标(二次雷达)通用规范	
72	精密进场雷达通用规范	
73	塔康导航系统	MIL - N - 36365
74	塔康导航设备的安装和验收通用规范	MIL - V - 49042
75	塔康信号格式要求	
76	伏尔导航系统	
77	无线电罗盘通用规范	ARINC 579
78	中波导航机通用规范	MIL - R - 25519
79	机载超短波定向通用规范	
80	罗兰 C/D 导航系统	
81	奥米加导航系统	ARINC 580
82	机载卫星导航接收机通用规范	
83	机载雷达通用规范	
84	多普勒导航雷达	
85	雷达高度表通用规范	
86	机载雷达罩通用规范	
87	信息与显示	
88	座舱显示、控制及综合设计安装标准	
89	飞行显示器安全规则	
90	机载电子显示器光度和色度测量方法	ARP 1782
91	飞机座舱信息显示原则	
92	飞机显示系统通用规范	
93	电子显示器	ARP 4102/7 - 88
94	驾驶舱平视显示器	SAE 4102/8 - 88

（续表）

序号	标　准　名　称	参　考　标　准
95	运输类飞机驾驶舱仪表和显示设计目标	ARP 1068 - 71
96	驾驶舱中心仪表顶控板和飞行工程师控制板	SAE 724 - 62
97	飞机控制按钮设计	SAE 493 - 64
98	民机 CRT 显示的设计目标	SAE 1814 - 88
99	机载直流 CRT 显示的光度和色度测试程序	ARP 1782 - 89
100	动力装置监视器通用规范	
101	系统监视器通用规范	
102	飞机内部照明设备通用规范	MIL - L - 18276
103	飞机照明和信号灯颜色通用规范	MIL - L - 25050/A
104	飞机驾驶舱照明灯通用规范	MIL - L - 8484C
105	飞机仪表板照明设备安装通用规范	MIL - L - 5667B
106	飞机仪表整体照明、仪表红光照明	
107	设计规范	SAE 582A - 67
108	航空航天飞行器机组人员区域机电照明设计规范	SAE 922 - 68
109	飞机仪表红光照明通用规范	MIL - L - 25461D
110	飞机仪表白光整体照明通用规范	MIL - L - 27160
111	航空仪表通用规范	
112	转速表通用规范	
113	航空电测量指示器技术要求	
114	飞机仪表和仪表板安装要求	
115	气压高度表通用规范	MIL - A - 27198B
116	无线电高度表通用规范	
117	编码高度表通用规范	
118	空速表通用规范	MIL - I - 27135
119	马赫数表通用规范	MIL - T - 27274B
120	升降速度表通用规范	MIL - I - 27162

序号	标 准 名 称	参 考 标 准
121	指示地平仪通用规范	
122	转弯侧滑仪通用规范	MIL‐I‐7267E
123	（迎）攻角指示器通用规范	
124	飞机飞行仪表和发动机仪表性能试验和容差	MIL‐L‐5949F
125	气流偏离仪表	SAE 794‐68
126	大气数据航位推测系统	MIL‐C‐5414F
127	磁航向基准系统通用规范	
128	捷联航向姿态基准系统通用规范	
129	机载捷联惯性导航装置通用规范	
130	光纤陀螺	
131	激光陀螺	
132	挠性陀螺	
133	挠性加速度计	
134	飞机显示控制系统通用规范	
135	飞行员操纵传感器通用规范	
136	全、静压传感器通用规范	
137	全、静压传感器设计和安装	
138	直读地平仪通用规范	
139	远读地平仪通用规范	
140	指引地平仪通用规范	
141	航道罗盘通用规范	
142	总温传感器通用规范	MIL‐P‐27723C
143	航空时钟通用规范	
144	攻角传感器通用规范	MIL‐I‐19229B
145	液压刹车压力表通用规范	
146	刹车压力表通用规范	

（续表）

序号	标　准　名　称	参　考　标　准
147	舵面位置指示器	MIL－I－7063A
148	襟翼位置指示器通用规范	MIL－I－7067
149	起落架位置指示器通用规范	MIL－I－6839B
150	座舱温度表通用规范	
151	座舱压差表通用规范	
152	氧气余压表通用规范	
153	液氧量表通用规范	
154	氧气压力示流器通用规范	
155	磁性状态指示器	
156	大气数据计算机通用规范	
157	航向姿态系统	ARINC 705
158	垂直陀螺通用规范	
159	组合式发动机仪表通用规范	
160	喷口位置表通用规范	
161	油门杆位置表通用规范	
162	扭矩表通用规范	
163	桨矩表通用规范	
164	动力装置监视器通用规范	
165	燃油油量表通用规范	
166	燃油流量表通用规范	MIL－I－38143A－79
167	压力比表通用规范	
168	滑油压力表通用规范	MIL－I－25130B－87
169	滑油温度表通用规范	
170	排气温度表通用规范	
171	振动表通用规范	
172	进气道板位、锥位表通用规范	

序号	标 准 名 称	参 考 标 准
173	其他显示设备用仪表标准	
174	飞机告警系统通用规范	
175	飞机火警告警系统通用规范	
176	失速告警装置规范	
177	飞机音响告警系统通用规范	
178	飞机话音告警系统通用规范	
179	合成话音及参数要求	
180	飞机撤离信号系统	SAE 1178 - 81
181	驾驶舱告警系统	SAE 4102/4 - 88
182	垂直导航系统的适航审批	AC 20 - 130
183	综合多传感器飞行管理系统的适航批准	AC 20 - 131A
184	交通告警和防撞系统(TCAS)适航和操作审批	AC 20 - 132A
185	飞机电子、电气系统闪电间接影响防护	AC 20 - 137
186	FAR - 25 部飞机电子显示系统的安装	AC 25 - 11
187	FAR - 25 部飞机设备、系统和安装	AC 25 - 1309
188	FAR - 25 部飞机自动飞行系统的安装	AC 25 - 1329
189	运输类飞机飞行管理系统的审批	AC 25 - 15
190	用于运输类飞机审定的试飞指南	AC 25 - 24A
191	工作在高强度辐射场（HIRF）的机载电子电气设备的合格审定	AC/AMJ 20.1318
192	机载电子电气设备闪电间接效应的保护	AC 21 - 137
193	非必需的杂项电子设备安装指南	AC 25 - 11
194	运输类飞机电子显示系统	AC 25 - 12
195	航空运输设备盒子和托架	ARINC 404A
196	数字信息传输系统规范	ARINC 429 - 14
197	甚高速数据总线	ARINC 453

(续表)

序号	标　准　名　称	参　考　标　准
198	民航客机设备接口	ARINC 600 - 16
199	控制、显示接口	ARINC 601
200	机内自测试设备的使用和设计导引	ARINC 604 - 1
201	机载计算机高速数据加载器	ARINC 615 - 3
202	通过以太网接口上传软件数据的加载器	ARINC 615A - 1
203	用于航空电子设备终端系统的 ACARS(飞机通信、寻址和报告系统)协议	ARINC 619
204	空中交通管制数据链在 ACARS(飞机通信、寻址和报告系统)空地网络中的应用	ARINC 622 - 4 - 2001
205	机载维修系统设计指南	ARINC 624 - 91
206	航空电子应用软件标准接口	ARINC 653
207	驾驶舱显示系统与用户系统的接口	ARINC 661
208	飞机数据网络	ARINC 664
209	软件加载标准	ARINC 665
210	飞行控制计算机系统(FCCS)	ARINC 701 - 1
211	先进的飞行管理计算机系统	ARINC 702A - 3
212	推力控制计算机系统(TCCS)	ARINC 703 - 2
213	无线电高度表	ARINC 707 - 6 - 1998
214	具有预先探测风切变能力的机载气象雷达	ARINC 708A - 3 - 1999
215	机载测距设备	ARINC 709
216	MARK 2 机载仪表着陆系统接收机	ARINC 710 - 10
217	MARK 2 机载甚高频全向信标接收机	ARINC 711 - 10
218	机载自动定向仪系统	ARINC 712 - 7 - 1992
219	MARK 3 机载选择呼叫系统	ARINC 714 - 6 - 1990
220	旅客广播放大器	ARINC 715
221	机载甚高频通信收发机	ARINC 716

序号	标　准　名　称	参　考　标　准
222	机载 FDR 通信收发器	ARINC 717
223	飞行数据采集和记录系统规范	ARINC 717 - 8
224	航空无线电包括飞行数据采集和记录系统	ARINC 717 - 9
225	MARK 4 空中交通管制无线电收发机（ATCRBS/MODE S）	ARINC 718A - 1 - 2004
226	机载高频/单边带系统	ARINC 719
227	近地告警系统	ARINC 723
228	电子飞行仪表	ARINC 725 - 2
229	飞机警告计算机系统	ARINC 726 - 1
230	MARK 2 空中告警和防撞系统	ARINC 735A - 1 - 2003
231	全球导航卫星系统传感器	ARINC 743A - 4 - 2001
232	飞行数据记录仪	ARINC 747 - 2 - 1998
233	甚高频数据无线电	ARINC 750
234	甚高频数据无线电通信设备	ARINC 750 - 4 - 2004
235	驾驶舱音频记录器（CVR）	ARINC 757
236	驾驶舱音频记录仪	ARINC 757 - 4 - 2005
237	通信管理单元	ARINC 758 - 2 - 2005
238	通信管理单元 MARK 2	ARINC 758 - 2 - 2005
239	地形跟踪和告警系统	ARINC 762 - 1 - 2000
240	自测试设备设计和使用设计指南	ARINC Report 604 - 1
241	机载维护系统设计指南	ARINC Report 624 - 1
242	运输类飞机设备及安装	ARINC 408A
243	导航系统数据库	ARINC 424 - 15
244	手持话筒	ARINC 538B - 1
245	具有前向风切变探测功能的记载气象雷达	ARINC 708
246	多用途显示控制装置设备规范	ARINC 739 - 1

(续表)

序号	标 准 名 称	参 考 标 准
247	座舱打印机	ARINC 740 - 1
248	运输类飞机适航标准	CCAR - 25 - R3
249	空中交通管制发射机应答器设备最低性能标准	DO - 112 - 1961
250	机载 ILS 定位仪接收机设备最低性能标准	DO - 131A - 1978
251	机载 ILS 下滑道接收机设备最低性能标准	DO - 132A - 1978
252	机载 VOR 系统最低性能规范	DO - 149 - 1972
253	机载 DME(频率范围 960～1 215 MHz)最低性能标准	DO - 151A - 1978
254	机载 VOR 接收机(频率范围 108～118 MHz)最低性能标准	DO - 153A - 1978
255	机载近地告警设备最低性能标准	DO - 161A - 1976
256	机载 HF 通信收发机(频率范围 1.5～30 MHz)最低性能标准	DO - 163 - 1976
257	机载电子电气设备可靠性	DO - 167 - 1981
258	ADF 设备最低性能标准	DO - 179 - 1982
259	机载 TCAS 最低性能标准	DO - 185
260	机载无线电通信设备(频率范围 117.975～137.000 MHz)最低性能标准	DO - 186B - 2005
261	使用多传感器的机载区域导航设备最低性能标准	DO - 187 - 1984
262	机载 DME(频率范围 960～1 215 MHz)最低运营标准	DO - 189 - 1985
263	机载 ILS 下滑道接收机(频率范围 328.6～335.4 MHz)设备最低运营标准	DO - 192 - 1986
264	机载 ILS 定位仪接收机(频率范围 108～112 MHz)设备最低性能标准	DO - 195 - 1986
265	机载 VOR 接收机(频率范围 108～117.95 MHz)最低运营标准	DO - 196 - 1986

序号	标　准　名　称	参　考　标　准
266	机载使用 GPS 作为辅助的导航设备最低运营标准	DO‑208‑1991
267	机载音频系统和设备最低性能标准	DO‑214‑1993
268	机载气象雷达(带前视风切变功能)设备最低性能标准	DO‑220‑1993
269	区域导航 RNP 最低性能标准	DO‑236B‑2003
270	交通信息座舱显示指导	DO‑243‑1998
271	电子地图显示器上显示的导航信息的最低性能标准	DO‑257A‑2003
272	机载设备环境条件和试验程序(A 版)	DO‑160A
273	机载设备环境条件和试验程序(B 版)	DO‑160B
274	机载设备环境条件和试验程序(C 版)	DO‑160C
275	机载设备环境条件和试验程序(D 版)	DO‑160D
276	机载设备环境条件和试验程序(E 版)	DO‑160E
277	使用无线电频率范围为 1.5～30 MHz 的高频通信发射和接收设备的最低性能标准	DO‑163
278	机载系统和设备合格审定的软件考虑(A 版)	DO‑178A
279	机载系统和设备合格审定的软件考虑(B 版)	DO‑178B
280	机载电子硬件研制保证指南	DO‑254
281	飞机 VDL 模式 2 物理、网络节点和网络层的最低使用性能标准	DO‑281
282	飞机用话筒(非碳粉式)	ETSO‑C58a
283	欧洲民用航空设备关于飞行数据记录器的最低性能规范	EUROCAE MOPS ED‑55
284	欧洲民用航空设备音频记录系统最低性能说明	EUROCAE MOPS ED‑56A
285	联邦标准、颜色	FED‑STD‑595
286	P‑1 型自动驾驶仪的伺服放大器	MIL‑A‑7736A‑58
287	P‑1 型自动驾驶仪	MIL‑P‑6837A‑58

(续表)

序号	标 准 名 称	参 考 标 准
288	P-1型自动驾驶仪的电动舵机	MIL-S-7787A-58
289	用于25部(运输类)飞机LED显示器的设计目标	ARP 4256
290	高度综合和复杂飞机系统的合格审定考虑	ARP 4754
291	民用飞机系统和设备进行安全性分析的指导和方法	ARP 4761
292	飞机闪电环境和相关试验波形	ARP 5412
293	运输类飞机电子、电气系统闪电间接影响	ARP 5413
294	飞机闪电分区	ARP 5414
295	运输类飞机电子、电气系统闪电间接影响使用手册	ARP 5415
296	飞机闪电测试方法	ARP 5416
297	飞机高强度辐射场(HIRF)环境审定指导	ARP 5583
298	非稳定型磁航向仪(磁罗盘)	AS 398A
299	液晶显示器性能要求	AS 8034
300	自动驾驶仪	AS 402B
301	空中交通管制应答机	TSO-C112
302	ATC天线	TSO-C66b、TSO-C74c、TSO-C112、TSO-C119
303	过速告警仪表	TSO-C101
304	飞机微波着陆系统(MLS)接收设备	TSO-C104
305	气象和地形图雷达指示的选装设备	TSO-C105
306	大气数据计算机	TSO-C106
307	高度表、压力感应类型	TSO-C10b
308	飞机被动雷暴检测设备	TSO-C110a
309	空中交通管制雷达信标系统、模式选择机载设备	TSO-C112
310	飞机多用途电子显示器	TSO-C113
311	使用多传感器输入的飞机区域导航设备	TSO-C115b

序号	标 准 名 称	参 考 标 准
312	运输类飞机风切变告警和规避导引系统	TSO - C117a
313	地形提示和警告系统飞机个性化模块	TSO - C117a、TSO - C129a、TSO - C145、TSO - C151b
314	交通告警和防撞系统(TCAS)设备,TCAS II	TSO - C119b
315	水下定位装置(声学)(自带电池)	TSO - C121
316	音频记录系统	TSO - C123a
317	飞行数据记录器	TSO - C124a
318	用于由于无意识发射的双向无线电通信,防止通道堵塞的设备	TSO - C128
319	使用 GPS 的飞机附加导航设备	TSO - C129a
320	地形提示和告警系统	TSO - C151a
321	使用无线电频率范围为 117.975～137.000 MHz 的甚高频通信收发机设备	TSO - C169
322	转弯和侧滑指示器	TSO - C2d
323	工作在 1.5～30 MHz 频率范围内的高频通信发射设备	TSO - C31d
324	使用无线电频率范围为 1.5～30 MHz 的高频通信接收设备	TSO - C32d
325	下滑天线	TSO - C34b
326	工作在 328.6～335.4 MHz 频率范围内的飞机仪表着陆系统侧滑接收设备	TSO - C34e
327	甚高频导航 NAV - 4500	TSO - C34e
328	VOR、LOC 天线耦合器	TSO - C34e、TSO - C36e、TSO - C40c
329	飞机无线电指点信标接收设备	TSO - C35d
330	工作在 108～112 MHz 频率范围内的 ILS 航向信标接收设备	TSO - C36e
331	使用无线电频率范围为 117.975～137.000 MHz 的甚高频通信发射设备	TSO - C37d

(续表)

序号	标　准　名　称	参　考　标　准
332	使用无线电频率范围为 117.975～137.000 MHz 的甚高频通信接收设备	TSO‑C38d
333	转动和侧滑仪表	TSO‑C3d
334	工作在 108～117.95 MHz 频率范围内的 VOR 接收设备	TSO‑C40c
335	飞机自动定向仪设备	TSO‑C41d
336	温度仪表	TSO‑C43c
337	燃油流量表	TSO‑C44b
338	最大允许空速指示系统	TSO‑C46a
339	压力仪表——燃油、滑油和液压	TSO‑C47
340	电力转速表：磁阻(指示器和发电机)	TSO‑C49b
341	倾斜和俯仰仪表	TSO‑C4c
342	音频选择器板和放大器	TSO‑C50c
343	飞行指引仪设备	TSO‑C52b
344	指点信标天线	TSO‑C53c
345	失速警告设备	TSO‑C54
346	燃油和滑油量仪表	TSO‑C55
347	悬臂式话筒耳机组和扬声器	TSO‑C57a
348	悬臂式话筒耳机组和扬声器	TSO‑C57a/ETSO‑C57a
349	飞机用话筒(非碳粉式)	TSO‑C58a
350	气象雷达收发机组件	TSO‑C63c
351	测距器天线	TSO‑C66b、TSO‑C74c、TSO‑C112、TSO‑C119
352	测距器收发机	TSO‑C66c
353	姿态航向计算机	TSO‑C6d
354	非稳定型磁航向仪(磁罗盘)	TSO‑C7c

序号	标　准　名　称	参　考　标　准
355	无线电高度表天线	TSO - C87
356	垂直速度表(爬升率)	TSO - C8e
357	飞机近地告警设备	TSO - C92c
358	马赫数表	TSO - C95

1.3　航电设备适航性设计与验证概述

针对航电设备,其适航性设计与验证的要求主要规定在机载设备技术TSO标准中。TSO是对民用航空器上机载设备规定的最低性能标准,是民用航空器上的机载设备必须执行的最低安全要求。TSO一般的组成主要包括目的、使用范围、要求、标记、申请资料要求、制造人资料要求和随设备提交给用户的资料要求等几部分。

TSO本身并不规定技术要求,技术要求主要包括在其引用技术文件中。引用技术文件在TSO的"要求"部分,主要包括最低性能标准、环境试验要求、软件要求、硬件要求。其中最低性能标准规定了民用航空器上的机载设备必须遵守的最低性能要求;环境试验要求规定了民用航空器上机载设备按最低性能设计后进行环境条件验证推荐的标准环境条件和试验程序;如果机载设备包含软件,则在软件要求部分推荐了软件开发参考的技术文件;对于包含复杂电子硬件的设备,则在硬件要求部分推荐了硬件开发可参考的技术文件。

针对航电系统FAA共颁布了75项TSO,引用标准86份,航电设备的适航性设计与验证工作通过这些引用标准实现。目前有效的65项TSO及其引用标准如表1-2所示。

表 1 - 2 TSO 及其引用标准

序号	标 准 号	标 准 名 称	TSO 引用标准
1	TSO - C2d	空速表	(1) AS 8019 空速表 (2) DO - 160B 机载设备环境条件和试验程序 (3) DO - 178A 机载系统和设备合格审定的软件考虑
2	TSO - C3e	转弯侧滑仪	(1) AS 8004 转弯测滑仪的最低性能标准 (2) DO - 160E (3) DO - 178B (4) DO - 254
3	TSO - C4c	倾斜俯仰仪	AS 396B 倾斜俯仰仪
4	TSO - C5f	非磁性航向仪(陀螺稳定型)	(1) AS 8021 非磁性航向仪(陀螺稳定型) (2) DO - 160B (3) DO - 178A
5	TSO - C6e	磁性航向仪(陀螺稳定型)	(1) AS 8013A (2) DO - 160E (3) DO - 178B (4) DO - 254 (5) AC 20 - 152
6	TSO - C7d	非稳定型磁性航向仪(磁罗盘)	AS 398B 非稳定型磁航向仪(磁罗盘)
7	TSO - C8e	垂直速度(爬升率)表	(1) AS 8016 垂直速度(爬升率)表 (2) DO - 160E (3) DO - 178B (4) DO - 254
8	TSO - C10b	压力敏感型高度表	AS 392C 压力敏感型高度表
9	TSO - C16a	电热式皮托和皮托静压管	(1) AS 8006 电热式皮托和皮托静压管最低性能规范 (2) DO - 160E
10	TSO - C34e	工作在 328.6～335.4 MHz 无线电频率范围内的仪表着陆系统(ILS)下滑接收设备	(1) DO - 160B (2) DO - 178 (3) DO - 192 工作在 328.6～335.4 MHz 频率范围内的机载仪表着陆系统下滑接收装置的最低性能标准

序号	标 准 号	标 准 名 称	TSO引用标准
11	TSO-C35d	机载无线电信标接收设备	(1) DO-138 机载电气电子设备和仪器环境条件和试验程序 (2) DO-143 工作在75 MHz 机载无线电信标接收设备最低性能标准
12	TSO-C36e	工作在 108～112 MHz 无线电频率范围内的机载仪表着陆系统（ILS）航向信标接收设备	(1) DO-160B (2) DO-178A (3) DO-195 工作在108～112 MHz 频率范围内的机载仪表着陆系统航向信标台接收装置最低性能标准
13	TSO-C40c	工作在 108～117.95 MHz 无线电频率范围内的甚高频全向信标（VOR）接收设备	(1) DO-160B (2) DO-178A (3) DO-196 工作在108～117.95 MHz 频率范围内的机载甚高频全向无线电信标接收装置最低性能标准
14	TSO-C41d	机载自动定向设备（ADF）	(1) DO-160B (2) DO-178A (3) DO-179 自动定向仪最低性能标准
15	TSO-C43c	温度表	(1) AS 8005 温度表的最低性能标准 (2) DO-160C (3) DO-178B
16	TSO-C44c	燃油流量表	(1) AS 407B 燃油流量表 (2) DO-178B
17	TSO-C45b	歧管压力表	(1) AS 8042 歧管压力指示仪 (2) DO-160E (3) DO-178B (4) DO-254
18	TSO-C46a	最大允许空速指示器系统	FAA（美国联邦航空标准局—最大允许空速指示器系统）
19	TSO-C47a	燃油,滑油和液压压力仪表	(1) AS 408C 压力表-燃油、滑油和液压 (2) DO-160E (3) DO-178B (4) DO-254
20	TSO-C49b	磁滞电动转速表（指示器和发电机）	(1) AS 404B 磁滞电动转速表（指示器和发电机） (2) AS 407B 燃料流量计 (3) DO-178B

（续表）

序号	标准号	标 准 名 称	TSO 引用标准
21	TSO - C54	失速警告仪	AS 403A 失速警告仪
22	TSO - C55a	燃油和滑油油量表（活塞式发动机航空器）	(1) AS 405C 燃油和滑油油量指示仪 (2) DO - 160E (3) DO - 178B (4) DO - 254
23	TSO - C59a	机载选择通话设备	(1) DO - 93 机载选择式通话设备的最低性能标准 (2) DO - 178B (3) DO - 160E (4) DO - 254
24	TSO - C63d	机载气象雷达设备	(1) DO - 160A (2) DO - 173 机载脉冲式气象和地图测绘雷达的最低性能标准 (3) DO - 178
25	TSO - C66c	工作在无线电频率为 960～1 215 MHz 范围内的距离测量设备（DME）	(1) DO - 160C (2) DO - 178B (3) DO - 189 工作在 960～1 215 MHz 频率范围内的机载距离测量装置最低性能标准
26	TSO - C74d	空中交通管制雷达信标系统（ATCRBS）机载设备	(1) DO - 138 机载电气电子设备和仪器环境条件和试验程序 (2) DO - 144 机载空中交通管制应答系统最低性能特性
27	TSO - C87a	机载低空无线电高度表	FAA 标准（机载低空无线电高度表）
28	TSO - C92c	机载近地警告设备	(1) DO - 160C (2) DO - 161 机载近地警告装置最低性能标准 (3) DO - 178B
29	TSO - C93	机载标准微波着陆系统中间转换器设备	(1) DO - 138 机载电气电子设备和仪器环境条件和试验程序 (2) DO - 160
30	TSO - C95a	马赫表	(1) AS 8018 马赫表最低性能标准 (2) DO - 160E (3) DO - 178B (4) DO - 254

序号	标准号	标准名称	TSO引用标准
31	TSO‐C101	超速警告仪	(1) AS 8007 过速告警装置最低安全性能 (2) DO‐160B (3) DO‐178A
32	TSO‐C102	直升机用机载雷达进场和信标系统	(1) DO‐160A (2) DO‐172 直升机进场着陆和信标系统雷达最低性能标准 (3) DO‐178
33	TSO‐C104	微波着陆系统（MLS）机载接收设备	(1) DO‐160A (2) DO‐177 机载着陆系统微波接收装置最低性能标准 (3) DO‐178
34	TSO‐C105	气象和地形雷达显示器辅助显示设备	(1) DO‐160A (2) DO‐174 显示非雷达采集的天气和地图测绘数据可选设备最低性能标准 (3) DO‐178
35	TSO‐C106	大气数据计算机	(1) AS 8002 大气数据计算机最低性能标准 (2) DO‐160B (3) DO‐178A
36	TSO‐C109	机载导航数据存储系统	(1) DO‐160B (2) 美国全球系统公司—机载导航数据存储系统、系统最低性能标准
37	TSO‐C110a	机载被动式雷雨探测设备	(1) DO‐160B (2) DO‐178A (3) DO‐191 雷雨探测装置最低性能标准
38	TSO‐C112c	空中交通管制雷达信标系统、模式选择机载设备（ATCRBS/Mode S）	(1) DO‐160B (2) DO‐178A (3) DO‐181 机载空中交通管制雷达信标系统模式选择装置最低性能标准
39	TSO‐C113a	机载多功能电子显示器	(1) AS 8034 机载多目标电子显示器最低性能标准 (2) ARP 1068B 运输类飞机驾驶舱用仪器、显示器和副驾控制装置标准 (3) DO‐160B (4) DO‐178A (5) RS‐503 显像管 X 射线测量的推荐方法

（续表）

序号	标　准　号	标 准 名 称	TSO引用标准
40	TSO-C115b	采用多传感器输入的机载区域导航设备	(1) DO-160C (2) DO-178B (3) DO-187 机载导航装置用多输入传感器最低性能标准
41	TSO-C117a	运输类飞机机载风切变警告与逃离引导系统	(1) ARP 4102/11 机载风切变系统 (2) DO-160C (3) DO-178B
42	TSO-C118	TCAS Ⅰ 型空中交通报警和防撞系统机载设备	(1) DO-160B (2) DO-178A (3) DO-197 机载空中交通警告和防撞系统Ⅰ装置最低性能标准
43	TSO-C119d	TCAS Ⅱ 型空中交通报警和防撞系统机载设备(TCAS)	(1) DO-185B (2) DO-300 (3) DO-160F (4) DO-178B (5) DO-254
44	TSO-C121b	水下定位信标(音响) (自备电源)	(1) AS 8045 水下定位设备(声学)最低性能标准 (2) DO-160E (3) DO-178B (4) DO-254
45	TSO-C122a	防止因同时发送造成双通道无线电通信波道闭锁的装置	(1) DO-209 用于防止在双向无线电通信时无意识发射引起的通道阻塞装置最低性能标准 (2) DO-160E (3) DO-178B
46	TSO-C123b	驾驶舱话音记录器	(1) ED-112 机载记录系统冲击保护最低性能标准 (2) DO-160E (3) DO-178B (4) DO-254
47	TSO-C124b	飞行数据记录器系统	(1) ED-112 机载记录系统冲击保护最低性能标准 (2) DO-160E (3) DO-178B (4) DO-254

序号	标 准 号	标 准 名 称	TSO引用标准
48	TSO‐C126b	406 MHz 应急定位发射机（ELT）	(1) DO‐204A (2) DO‐160F (3) DO‐178B (4) DO‐254
49	TSO‐C128a	双向无线通信中用于防止意外传输导致通道拥塞的设备	(1) DO‐207 用于防止在双向无线电通信时无意识发射引起的通道阻塞装置最低性能标准 (2) DO‐160E (3) DO‐178B
50	TSO‐C137a	航空器便携式扩音器	(1) AS 4950A 运输类飞机便携式扩音器设计和性能标准 (2) DO‐160E
51	TSO‐C139a	航空器音频系统和设备	(1) DO‐214 航空器音频系统和设备的音频系统特征及最低性能标准 (2) DO‐160E (3) DO‐178B (4) DO‐254
52	TSO‐C144a	无源机载全球卫星导航系统（GNSS）天线	(1) DO‐228 机载全球卫星导航系统天线最低性能标准 (2) DO‐160E (3) DO‐178B (4) DO‐254
53	TSO‐C145c	使用卫星增强型全球定位系统（GPS）机载导航传感器	(1) DO‐229D 全球定位系统、广域放大系统机载设备最低工作性能标准 (2) DO‐160E (3) DO‐178B (4) DO‐254
54	TSO‐C147	交通咨询系统（TAS）机载设备	(1) DO‐160D (2) DO‐178B (3) DO‐197A 机载空中交通警告和防撞系统 I 装置最低性能标准
55	TSO‐C151c	地形探测和警告系统	(1) DO‐160D (2) DO‐161A 机载近地警告设备最低性能标准 (3) DO‐178B (4) DO‐200A 航空数据处理标准

序号	标 准 号	标 准 名 称	TSO 引用标准
56	TSO - C154c	基于 978 MHz 通用访问收发机的广播式（UAT）和自动相关监视（ADS - B)设备	(1) DO - 282A 通用存取无线电收发器自动监视发送装置最低性能标准 (2) DO - 242 自动跟踪监视广播（ADS - B)最低航空系统性能标准 (3) DO - 243交通信息座舱显示初始实施指南 (4) DO - 267 飞行信息服务广播(FIS - B)数据传输的最低飞行系统性能标准(MASPS) (5) DO - 160E (6) DO - 178B
57	TSO - C155a	记录器独立电源	ED - 112 防撞机载系统最低运行性能规范
58	TSO - C158	航空移动高频数据链接(HFDL)设备	(1) DO - 160D (2) DO - 178B (3) DO - 262 航空电子设备支持下一代卫星系统的最低运行性能标准
59	TSO - C160a	VDL 模式 2 通信设备	(1) DO - 281A (2) DO - 160E (3) DO - 178B (4) DO - 254
60	TSO - C163a	在 117.975～137.000 MHz 频率范围内 VDL 模式 3 运行的通信设备	(1) DO - 271C 在 117.975～137.000 MHz 频率范围内 VDL 模式 3 运行的通信设备最低性能标准 (2) DO - 160E (3) DO - 178B (4) DO - 254
61	TSO - C169a	工作范围在 117.975～137.000 MHz 的 VHF 无线电通信收发设备	(1) DO - 186A 运行在 117.975～137.000 MHz 频率范围内机载无线电通信设备最低性能标准 (2) DO - 160D (3) DO - 178B
62	TSO - C176	航空器驾驶舱图像记录器系统	(1) ED - 112 机载记录系统冲击保护最低性能标准 (2) DO - 160E (3) DO - 178B

序号	标 准 号	标 准 名 称	TSO 引用标准
63	TSO - C177	数据链路记录器系统	(1) ED - 112 机载记录系统冲击保护最低性能标准 (2) DO - 160E (3) DO - 178B (4) DO - 254
64	TSO - C190	有源机载全球卫星导航系统（GNSS）天线	(1) DO - 301 全球导航卫星系统最低性能标准 (2) DO - 160E (3) DO - 178B (4) DO - 254
65	TSO - C194	直升机地形防撞警告系统（HTAWS）	(1) DO - 309 直升机地形防撞警告系统最低性能标准 (2) DO - 160E (3) DO - 178B (4) DO - 254

2

基于系统工程的
航电系统总体研发过程

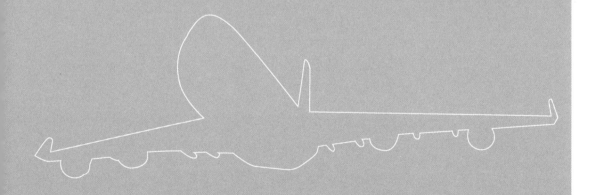

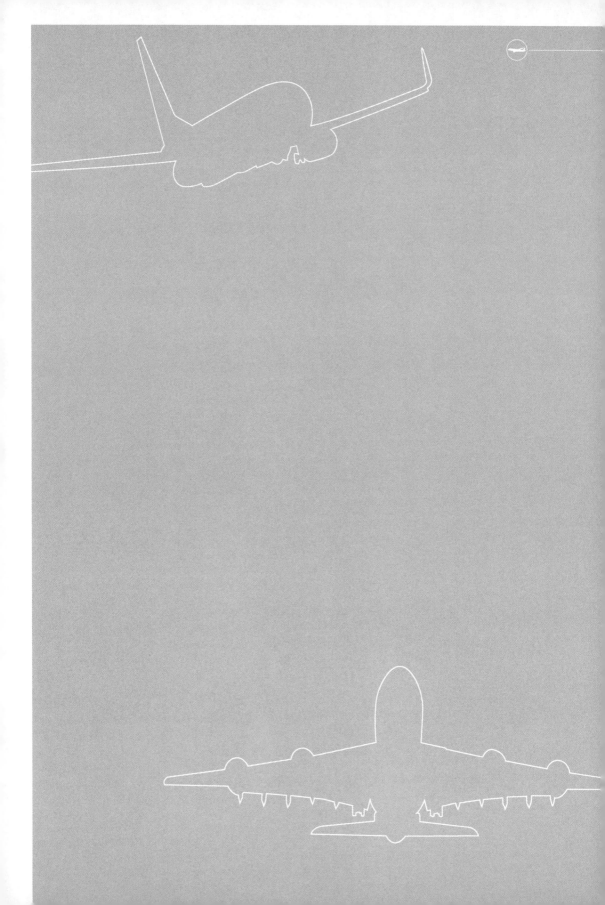

本章以 ARP 4754A 为指导,结合航电系统研制的复杂性特征,阐述基于系统工程的航电系统正向研制流程,综合对比美国国防部(Department of Defense,DoD)的系统工程过程、EIA 632 标准以及 ARP 4754A 飞机和系统研制过程模型,给出航电系统系统工程实现的通用过程模型,在此基础上,阐述了航电适航与研制过程之间关系,包括航电系统研制过程相关指南、航电系统研制计划、航电系统适航符合性分析与验证活动。

2.1　概述

现今民机的综合航电系统多采用开放式结构和先进数据总线技术,集成度越来越高,功能也越来越强大。从波音 777 到波音 787 和空客 A380,综合航电系统的技术已经达到了前所未有的水平,其典型特征是 IMA 设备和远程数据采集终端的大量使用。这些系统的应用预示了综合航电技术的发展趋势。

由于航电系统越来越复杂(功能集成性和与其他系统交互性),尤其数字数据总线(digital data bus,DDB)的运用,航电集成性增加,航电系统研制保证等级(development assurance level,DAL)提高,系统之间交互的增强,航电研制过程显得更加复杂,因此有必要从项目早期阶段,便开展基于系统工程的航电系统生命周期研制工作。

另外,从适航角度来看,基于系统工程的航电系统研制过程也是符合适航要求的重要技术途径。中国民用航空局(Civil Aviation Administration of China,CAAC)颁布的适航规章提出的适航性要求已与国际接轨,其认可的民机与系统研制过程符合性要求也与国外适航当局保持一致。可接受和推荐的方法主要是 SAE 制定的 ARP 4754A。该指南适用于高度综合集成的复杂系统,而航电系统是飞机所有系统中集成度最高的复杂关联系统;该指南也可满足适航规章对航电系统研制过程符合性要求。目前,我国正在研制的 C919 和

MA700以及论证中俄宽体客机项目和民用重型直升机项目航电系统研制过程都必须符合适航对研制过程符合性的要求。

目前按照美国航空运输协会(Air Transport Association of America, ATA)航电系统划分如表2-1所示。

表2-1 航电系统相关 ATA 章节划分

ATA 章节	系 统 名 称	系 统 描 述
22	自动飞行系统	该系统是指所有为飞机提供飞行自动控制的单元和组件,包括控制方向、航向、姿态、高度和速度的单元和组件
23	通信系统	该系统是指所有在飞机内部之间、飞机之间或飞机与地面站之间通信手段的装置和组件,包括语音通信、数据通信、载波通信用的组件、扬声器、所有的发射与接收设备以及有关的天线等
31	指示、记录系统	该系统指所有仪表、仪表板和控制器的分布图以及各独立系统中状态的视觉或听觉警告系统的程序总称。包括记录、存储或计算来自各独立系统的数据的各种装置,以及把指示仪表综合成为与任何具体关系无关的中央显示系统和仪表的系统、装置
34	导航系统	该系统指为飞机提供导航信息的装置和组件系统,包括甚高频全向信标仪(VOR)、全压、静压、仪表着陆系统、飞行指引仪、罗盘和指示器等
39	高强度辐射场(HIRF)、闪电防护(间接效应)	自定义
40	闪电防护(直接效应)	自定义
42	综合模块化航电(IMA)	自定义
44	客舱系统	该系统是指为乘客提供娱乐以及为飞机内部和飞机客舱与地面站之间提供通信的装置和组件,包括语音、信息、音乐和图像等的传送,不包括属于第23章或第46章的卫星通信、HF、VHF、UHF以及所有发射与接收设备和天线等
45	中央维护系统(CMS)	该系统是指与飞机多个系统相互联系和作用的单元、组件和关联系统,包括使用计算机综合的和(或)标准的故障隔离程序找出单个系统或组件失效的检查和故障隔离程序

(续表)

ATA 章节	系统名称	系 统 描 述
46	信息系统	该系统是指提供相应手段,在纸质、缩微胶卷或缩微胶片等传统介质上存储、更新和检索数字信息的单元和组件,包括专门用于信息存储和检索功能的单元,如电子图书馆集中存储器和控制器,不包括为其他用途安装的和与其他系统共享的装置或组件,如驾驶舱打印机或通用显示器

由于航电系统涉及多个 ATA 子系统,难以针对每个子系统论述其研制过程,因此本章将重点针对航电系统高度综合集成特点,从项目起始阶段就按照系统工程思想(需求提出、需求分析、需求确认和验证),从设计规范、需求捕获和分析、研制过程、研制程序及接口控制等几方面阐述航电系统生命周期的研制工作,并提供满足适航性和符合性的研制程序。

2.2　航电系统研制的复杂性

航电系统是十分复杂的机载产品,研发过程也是十分复杂的过程,要求产品研制项目管理水平十分成熟,保证项目成本和产品实现的平衡。所以,产品研发企业大多都主动应用先进的管理研发理念和措施,包括项目管理、系统工程和其他的管理技术,保证企业的商业投资战略在可接受的成本(包括财务成本、时间成本和管理成本)范围内实现民机产品研制企业的商业投资战略。

航电系统研发的复杂性主要表现在如下几个方面:

(1) 项目规模大。航电系统研发项目需要大量的人力和物力,为了能够按照时间和质量要求并在预算内将产品及时投入市场,除了主制造商之外,往往还需要与多个研制伙伴和子供应商的工程师在项目研制过程中紧密合作。

(2) 产品组成复杂。航电系统相对于其他机载产品而言产品组成十分复杂,各组成子系统、零件必须能够不发生故障平稳地交互工作,并且产品本身还需要与机上其他系统设备等协调工作,往往需要在更高一层的系统中进行集成。

(3) 产品安全和适航审定要求高。航电系统研制项目最重要的是保证系统的运行安全。运行安全受多个方面的因素影响,其中最重要的是航电自身的固有安全性设计,如果未来在商业运行中发生的飞行事故被证明是错误设计造成的,则将严重损害研制企业信誉,可能导致公司所有型号飞机停飞。因此,航电系统研制项目需要在时间有限的产品研制过程中满足相关适航审定当局建立的强制性安全法规要求,并向审定当局成功演示适航符合性,这些无疑都增加了项目的复杂性。

(4) 产品的客户化程度较高。航电系统属于机载系统中客户化要求较高的产品,不同的航空公司对产品有不同的定制化要求,甚至同一航空公司的不同批次产品的要求也可能不同。每个客户可能在人机交互、操作方式和显示内容等方面有专门的定制要求。这些都对航电系统的设计和生产流程产生重要的影响,也是产品参与市场竞争的重要方面,可能成为优势,也可能成为短板。

(5) 研制过程涉及面广。航电系统研制过程涉及大量的子系统产品研制过程,这些过程须是正确的和完整的,并应让所有参与项目的人知晓并遵照执行。在 EIA 632 中提出,产品的研制过程中需要有 33 个过程,ARP 4754A 中对于可能造成重大安全性影响的 DAL(DAL A 和 DAL B)产品研制需要至少47 个过程目标,这些过程目标需要在产品研制生命周期中进行有效的管理和控制,否则必然导致产品不能满足项目目标和适航审定目标的实现,使产品研制企业面临巨大的财务风险。

(6) 研制周期长。航电系统作为机载产品研制周期较长,推出新产品的速率远低于现代民用产品的更新速率。这对航电系统的研制带来了前所未有的挑战,不仅面对由于机载产品技术的飞速发展、设计工具的迅速更新换代带来的挑战,也面临客户要求可能产生的重大变化,这迫使项目组织和管理要具有深入应用不同管理学科所需的全面技能,并发挥相应的学科优势。除了基本的岗位技能培训之外,还需投入人员的技能培训,引进和补充专业知识。

(7) 项目管理不确定因素多。航电系统项目管理中涉及的项目管理内容不同于传统的项目管理方法,如"项目管理知识手册(project management body of knowledge,PMBOK)"。传统的项目管理方法主要应用尽管在项目初期会有一些未确定的因素,但是在后续的项目过程中较少出现未知因素。而航电系统研制项目是动态的项目过程,不仅在项目初期会有许多未知的顶层要素,而且在后续项目的执行过程中也将会不断出现许多未知的因素,如某些系统是全新研制,而某些系统和设备是重用之前已完成研制的产品,在研制中和后续的集成、验证中都可能出现不协调和不一致的情况。所以要求项目管理有较快的学习速度,并具有较为灵活和成熟的项目管理手段和技巧迅速应对项目中出现的新问题。

(8) 市场化竞争激烈。航电系统的研制是在市场环境中通过市场方式开展的研制活动,具有研制周期长、研制成本高、产量少和产品竞争激烈的特点。项目的最终成功是通过研制企业研制出对民机特定机型市场具有吸引力的产品的能力决定的,这就要求研制企业须不断地提高产品研制过程和产品自身的质量,努力压缩研制成本,缩短研制周期。任何新型号航电系统研制项目必然不能完全沿用以往的产品研制过程,应从技术和管理方面进行改进,在研制过程中必须不断地跟踪和调整,消除对飞机产品的研制活动产生不利影响的因素。市场化导致民机市场是买方主导的市场,相对于飞机制造商而言,飞机的用户如航空公司具有更多的话语权和选择权。这就需要在研制项目中对研制过程进行控制,最终能够生产出被市场接受的具有竞争性的产品。

(9) 文化的多元性。在具体的航电研制项目中,设计的项目团体或团队应具有多元化特点,以便有效地营造出多元化的项目研制环境,才能建立有效的交流和沟通机制,提高项目的执行效率,按时保质完成任务。

2.3 民机产品研制的系统工程过程

系统工程是为了更好地实现系统的最优化,对系统的组成要素、组织结构、信息流和控制机构等进行分析研究。它运用各种组织管理技术,使系统整体与局部之间的关系协调和相互配合,实现总体的最优运行。系统工程是在现代化的"大企业""大工程"及"大科学"出现后,研制的产品构造复杂、换代周期短、生产社会化、管理系统化和科学技术高度分化又高度综合等历史背景下产生的。如 20 世纪美国的阿波罗计划就是成功地应用了系统工程方法使计划得以成功实现。

典型产品研制的系统工程过程是一个自上而下的、全面的和反复迭代的问题求解过程,并且在产品的研制过程或阶段中被逐步地施加和应用在不同研制层级的产品中。

典型的系统工程过程包括"需求分析""功能分析和分配"和"设计集成",并且通过"系统分析和控制(权衡)"的技术工具进行平衡和控制,如图 2-1 所示。

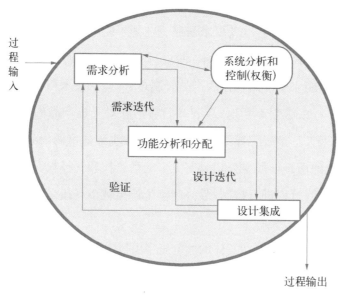

图 2-1 DoD 的系统工程过程

　　现代复杂产品的研制项目都需要应用系统工程方法。该方法已被用于控制和追踪决策和需求、维护技术的基线、管理接口、管理风险、追踪成本和时间进度、追踪技术表现、验证需求是否满足及审核研制进展等产品研制的多个领域，支持项目实现所需的产品解决方案，以便生产令客户满意的产品。

　　图2-2显示了根据EIA 632标准结合航电系统研制特点演化的产品研制通用过程模型。

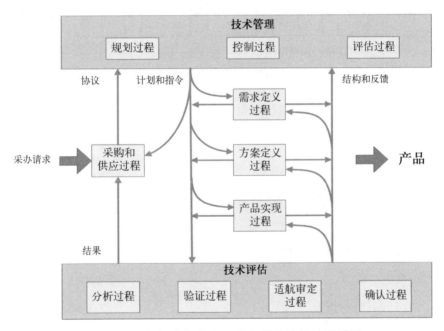

图2-2　航电系统系统工程实现的通用过程模型

　　在此模型中包括规划过程、控制过程、评估过程、需求定义过程、方案定义过程、产品实现过程、采购和供应过程、分析过程、验证过程、适航审定过程和确认过程11个主要的过程。

　　11个过程也完全包括了ARP 4754A关注的在民机产品研制生命周期中的10个过程。ARP 4754A中的民机和系统研制过程模型如图2-3所示。图中表示了基于适航审定和安全性的角度所关注的民机产品研制4个方面的15个主要过程，分别如下：

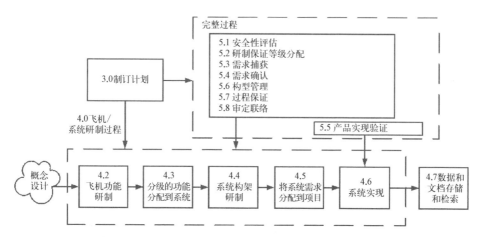

图 2-3　SAE ARP 4754A 民机和系统研制过程模型

（1）产品规划，包括规划过程。

（2）产品研制。

a. 飞机功能研制。

b. 分级的功能分配到系统。

c. 系统架构研制。

d. 将系统需求分配到项目。

e. 系统实现。

（3）研制保证过程。

a. 安全性评估。

b. 研制保证等级分配。

c. 需求捕获。

d. 需求确认。

e. 构型管理。

f. 过程保证。

g. 审定联络。

h. 产品实现验证。

（4）符合性验证过程，包括数据和文档存储和检索。

2.4 航电适航与研制过程之间的关系

本节首先阐述航电系统研制过程的相关设计指南规范，包括 SAE 标准 ARP 4754A 和 ARP 4761、FAA 咨询通告 AC 25.1309、欧洲航空安全局（European Aviation Safety Agency，EASA）咨询通告 AMC 25.1309、RTCA 标准 DO‐160G、DO‐178B、DO‐254 和 DO‐297 等，然后以 IMA 为例，简要阐述适航要求符合性分析与验证过程。

2.4.1 航电系统研制过程指南

我国研制和使用的航电系统首先须满足 CCAR/FAR 的第 23 部、第 25 部、第 27 部或第 29 部中的相关要求，包括功能、性能、安装以及安全性等方面。在适航审定过程中针对航电系统架构和开发过程的特殊性，还应参考如下标准文件。

（1）DO‐297。DO‐297 是由美国 RTCA 特别委员会 SC 200 联合 EUROCAE 工作组 WG‐60 共同编制的，目的在于向 IMA 系统适航认证过程中的利益关联方，包括 IMA 系统集成商、硬件开发商、应用开发商和适航认证申请人等，提供 IMA 模块、应用、系统开发过程和增量认可的认证方法。在 DO‐297 中提出，增量认可是针对 IMA 模块化架构的一种认证方法，主要是以获得批准和通过适航认证为目标，接受或确定 IMA 模块、应用和（或）未装机 IMA 系统能满足特定要求，获取审定局方认可的一种过程。增量认可分解为多项任务，通过获得审定局方对单个任务的信任，最终实现整个系统适航认证的目标。

（2）TSO‐C153《综合模块化硬件单元》。TSO‐C153 是由 FAA 针对航电硬件部件颁布的技术标准规定,包含对航电硬件模块和机柜(或机架)的整体要求。TSO－C153标准对航电硬件的功能、功能限制、失效状态分类、功能和环境鉴定、软件/硬件研制保证、构型管理、质量控制以及偏离等方面提出了要求。此外,该标准还对产品标识、产品申请、制造和随行的数据进行了规定,明确了申请人必须提供的产品数据。TSO－C153在附录中对硬件单元的最低性能标准(minimum performance standard,MPS)的开发提出了准则,包括通用要求、环境要求和测试等各方面需要设计考虑和需要验证的内容。

(3) 功能TSO标准。对于独立完成飞机系统功能的机载设备或系统通常可以通过获得技术标准规定批准的方式进行适航,如TSO－C113《机载多功能电子显示器》等。在航电系统中将涉及多个TSO功能执行原分立式系统中各TSO设备的功能,但并不存在独立的TSO设备。为了解决这一问题,FAA提出的功能TSO批准的概念,并在AC 20－170中列举了部分航电系统中可能涉及的TSO功能。功能TSO的申请人应证明当航电系统加载了功能软件时,满足功能TSO中所有适用的要求,包含其中关于环境试验的要求。所有安装在TSO－C153批准过机柜中的软件或硬件单元应该依据飞机型号的特殊设计要求进行定义,满足型号的不同要求,同时还应满足对应TSO标准中的最低性能标准。

(4) 软件/硬件开发过程相关标准。针对软件/硬件开发过程,下述标准集合了工业界的工程经验,是机载设备开发确保最佳的行业实践经验的集合,FAA已接受其作为认证的符合性方法。

a. DO－178。DO－178提出了机载系统和设备中的软件开发提供软件生命周期中各过程的目标。航电系统软件开发过程应涵盖达到这些目标所进行的活动,并形成符合DO－178目标的证据,确保软件以一定的置信度完成其预定功能,符合适航要求。

b. DO－254。DO－254主要为机载电子硬件研制保证提供指南,它适用于复杂电子硬件(FPGA或CPLD),也适用于硬件电子模块。同DO－178B一样,DO－254中相应等级的目标在IMA系统硬件开发过程中也同样需要考虑,并形成相关证据文件。

c. RTCA/DO‐160/EUROCAE ED‐14《机载设备环境条件和试验程序》(简称 DO‐160)。对于航电系统的环境鉴定试验,应按照 DO‐160 中规定的条件和程序进行。TSO‐C153 的附录 1 列出了满足 TSO 最低性能标准的环境鉴定试验(equipment qualification test,EQT),试验应根据 DO‐160 中的程序和类别进行。EQT 应用于有功能的 TSO 环境鉴定,也可用于飞机型号合格证(type certification,TC)、补充型号合格证(supplement type certification,STC)、修正型号合格证(amended type certificate,ATC)或修正的补充型号合格证(amended supplement type certification,ASTC)的环境鉴定。在 AC 20‐170 附录 A 中 FAA 制定了环境鉴定试验的指南,主要针对 TSO‐C153 和功能 TSO 环境鉴定试验。

(5) ARP 4754A。在航电研制过程中,ARP 4754A 作为系统开发过程指南。ARP 4754A 以当前世界民机研制的工程实践和最新技术发展为基础,以满足审定局方的系统安全性要求为首要目标,以审定与产品保证、需求确认与设计验证为主要内容,给出了对民机系统研制过程的指导。ARP 4754A 是应 FAA 的请求而编制的民机研制指导材料,它符合美国 FAR‐25 和欧洲 EASA CS‐25 以及其他类航空器适航标准的相关要求。ARP 4754A 的指导材料覆盖飞机以及机载系统的设计过程,不包括某些特定的内容,如详细的软件或电子硬件开发、安全性评估过程、运行中的安全性活动、飞机结构设计、主最小设备清单和构型偏离清单等。

在 1996 版的 ARP 4754 发布至今的二十多年时间里,其越来越广泛地被全世界的民机制造商和民机系统供应商采用,成为民机系统研制过程保证的权威标准,尤其是其中给出的 DAL 分配原则得到了欧美适航审定局方认可并被民机整机和系统制造商普遍应用。ARP 4754A 自 2010 年发布以来,在国外民机项目上的应用情况尚不明确,但 FAA 已于 2011 年 9 月 30 日颁布了 AC 20‐174 *Development of Civil Aircraft and Systems*,在该 AC 中明确认可将 ARP

4754A 作为民用航空器研制中对 FAR‑23、FAR‑25、FAR‑27 及 FAR‑29 的符合性的一种手段。

（6）ARP 4761。该指南针对民机适航合格审定中 FAR/JAR 25.1309 的要求，给出了安全评估的程序和方法。标准中列出了一套系统化的符合性验证方法，但不是唯一的符合性验证方法，标准的部分内容也可用于 FAR/JAR 25.1309 之外的设备。标准介绍了飞机级安全性评估概念及所需的工具，并且全面考虑了飞机的使用环境。

当飞机改型或者系统变更需要验证时，标准中的方法通常仅用于新的设计或者改型及系统更改所影响的地方。改型中所保留的设计，也可以采用其他方法表明符合性如服役经验等来检查其符合性。

2.4.2　航电系统研制计划

航电系统研制计划是描述航电系统开发过程中的顶层文件。航电系统的研制计划主要包括如下几方面内容：

（1）组织结构及主要职责。

（2）制订实现目标要求的活动。

（3）涉及的途径和资源。

（4）适用的项目计划和项目层次关系计划。

（5）航电系统开发和项目管理规则。

（6）输入、输出和接口的清单。

（7）航电系统开发过程中与飞机开发阶段链接。

（8）航电系统主开发计划确定的主要里程碑和关键事件。

图 2‑4 从航电系统设计过程、支持过程和约束过程三个维度说明了民机系统常规核心研制过程。

航电系统研制过程涉及的人员包括系统设计师、系统研制过程保证人员、接口系统设计师、系统构型管理员、航电系统集成测试人员和飞机总工程师等，

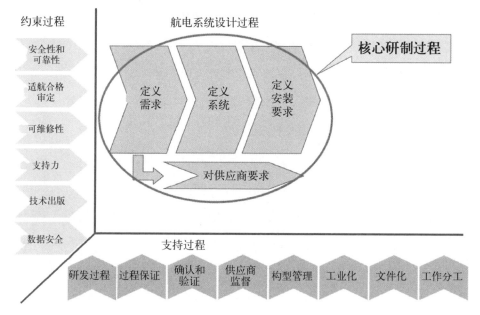

图 2-4　民机系统常规核心研制过程

航电系统研制过程活动包括如下几方面：

（1）识别航电系统的研制保证等级、复杂性及重用级别，分析可能影响项目的风险。

（2）识别航电系统的主要接口，协调研制计划。

（3）执行该产品结构分解（product breakdown structure，PBS），识别航电系统架构组成和相关的工具。

（4）定义开发航电系统中的主要步骤。

（5）确定组成航电系统的研发过程和它们之间的联系。

（6）定义审查过程，并确保交付文件与审查计划的要求一致。

（7）确定每个工作包的数量和范围，执行工作结构分解（work breakdown structure，WBS）。

（8）确定航电系统每个工作包的输入、输出、接口、工作量及职责，确保数据的可用性，每个子系统之间的数据，涉及用于安装和布线必要的数据。

（9）定义航电系统的主研制计划，提供主要里程碑和关键事件，并考虑到测试方法开发的规划限制，在测试方法假设技术说明中详述。

（10）提供航电系统研制过程相关的项目管理进度计划。

（11）确定研发过程负责人、技术手段和必要的周期性执行项目管理报告，提供连续的发展进度审查过程管理报告。

2.4.3 航电系统适航符合性分析与验证活动

以航电系统 IMA 为例，简要说明满足 DO-297 的适航符合性分析与验证过程。在 FAA 发布的 AC 20-170 接受了 DO-297 作为 IMA 审定方可以接受的一种方法。IMA 开发、集成、验证和批准 4 个阶段的所有关键活动都须执行适航符合性分析与验证，如图 2-6 所示。任务 1 指模块符合性（IMA 开发）；任务 2 指应用软件、专用硬件的符合性（IMA 集成）；任务 3 指 IMA 系统的符合性（IMA 验证）；任务 4 指 IMA 系统的飞机级符合性（IMA 批准）。但新研 IMA 的审定过程并不涉及 DO-297 中提出的模块或应用的更改和重用（见图 2-5 中任务 5 和任务 6），需结合设计标准。

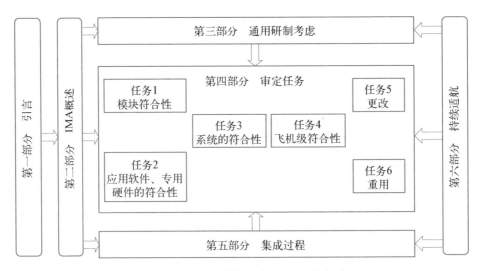

图 2-5　IMA 适航任务认证任务组成

本节仅对 4 项任务分析。

1) 任务 1：模块符合性

DO-297 中提及的模块不仅指单一硬件模块(如电源模块、处理器模块)，也可以是软件(如核心服务软件)或软件/硬件的组合，还可以是 IMA 平台。模块符合性通过提供一系列证据文件表明模块的特性、功能和接口满足预期需求。申请人至少须向审定局方提供如下文件：模块符合性计划(model aspect plan，MAP)、模块需求规范(module requirement specification，MRS)、模块的确认与验证数据、质量保证记录、模块配置索引(module configuration index，MCI)、配置管理记录、模块符合性完成总结(module acceptance approval completion summary，MAACS)、模块符合性数据手册(module acceptance data book，MADB)、问题报告以及其他生命周期数据。可以看出，同其他复杂机载系统一样，模块符合性的过程是按照系统工程的方法进行的，须逐步进行计划、需求、开发及验证等过程活动，并生成证据文件。应注意的是，模块符合性也可以通过获得 TSO-C153 批准的方式进行。

2) 任务 2：应用软件、专用硬件的符合性

IMA 系统中的应用软件和专用硬件只有和 IMA 模块或平台集成时，才能执行飞机系统级功能。任务 2 实际进行的是 IMA 系统的软件/硬件集成活动。对于任务 2，推荐使用审定局方和 IMA 开发方共同认可和成熟的软件/硬件开发标准和指南(如 DO-178 和 DO-254)进行。提交给审定局方的符合性证据文件应当按照标准中对应开发保证要求的目标证据文件准备。不同于传统机载系统中软硬件符合性证据文件，IMA 系统应用软件或专用硬件还应考虑重用问题应准备的文档，如接口定义及适用说明等。

3) 任务 3：系统的符合性

IMA 系统符合性任务的主要目的是证明模块、宿主应用和平台通过系统集成能够持续地执行预期的功能，同时不会对其他模块和应用产生危险影响。因此任务 3 的实质是 IMA 系统的验证。DO-297 建议 IMA 系统符合性采用结构化

方法,符合性过程的活动均应纳入 IMA 系统合格审定计划(play of airworthiness certification,PAC)和 IMA 系统确认和验证计划,最终确认验证结果和系统约束、限制,并且所用工具应纳入 IMA 系统完成总结文件中。IMA 系统认可最终应该表明各种应用、模块和平台资源之间能够正确地交互;IMA 系统符合相关规章、指南和飞机需求;IMA 系统构型正确。

4) 任务 4:飞机级符合性

IMA 系统的飞机级符合性实际类似联合式航电架构下飞机级验证活动,主要是为了表明系统能够实现预期功能,并与飞机其他系统之间的交互正常,满足飞机安全性目标,并且符合相关规章的要求。

IMA 系统的飞机级符合性同样应按照结构化的方式进行,形成飞机级 IMA 系统 PAC,该计划应在任务 3 中的 IMA 系统 PAC 基础上增加飞机级安全性评估和持续适航指令的内容。任务 4 中提及的 IMA 系统 PAC 以及 IMA 系统确认验证计划应该比任务 3 中更高一个层次,建议纳入飞机的 IMA 系统 PAC 和 IMA 系统确认验证计划。

飞机 TC/STC/ATC/ASTC 申请人应证明 IMA 系统构型满足适用飞机的审定基础,其中包括功能性能、协同性能、安全性评估、环境鉴定、系统集成试验、飞行试验、软件/硬件开发保证及其他符合性证明活动。

IMA 系统认证过程伴随着一系列 IMA 系统适航符合性分析和验证活动,目的在于向审定局方表明 IMA 模块、平台、宿主应用和 IMA 系统均满足飞机级需求和相关规章,同时满足飞机的安全性要求。

IMA 系统适航符合性验证活动按照硬件模块测试、独立系统功能测试、IMA 系统集成测试、机上地面试验和飞行试验过程进行,如图 2-6 所示。IMA 系统适航符合性验证活动应伴随审定任务进行,所有验证活动应该在 IMA 系统确认和验证计划中详细说明。

除了在图 2-6 中列出的系统适航符合性验证活动外,IMA 系统的安全性评估也是整个系统适航符合性验证活动中重要的一部分。系统安全性评估应

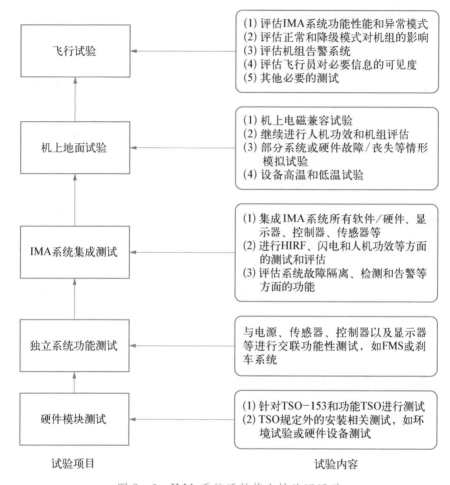

图 2-6　IMA 系统适航符合性验证活动

按照 ARP 4754A 和 ARP 4761 中推荐的安全性评估流程进行,在评估过程中应注意如下问题:

(1) 低级失效危害的功能是否影响安全关键功能。

(2) 是否对为防止可能同时对多个功能产生有害影响的单点故障和可预见的失效组合采取了保护措施。

(3) 系统架构中安全性相关功能及对飞机功能分配和宿主应用施加的限制条件。

（4）系统健康监控、资源管理和故障管理能力。

2.5 航电系统安全性评估

本节就安全性评估过程与航电系统研制过程之间的相互关系,结合航电系统特点以及 ARP 4761 中安全性评估方法,论述航电系统安全性评估过程,包括功能危险性评估(functional hazard assessment,FHA)、初步系统安全性评估(preliminary system safety assessment,PSSA)、系统安全性评估(system safety assessment,SSA)、共因分析(common cause analysis,CCA),并详细说明与运营安全性(ARP 5150 和 ARP 5151)之间的相互关系,完整地阐述了航电系统从概念设计到报废整个生命周期中安全性评估过程。

2.5.1 安全性评估过程与系统研制过程之间的基本关系

航电系统安全性评估过程用于表明对合格审定要求(如 FAR/JAR 25.1309)的符合性,以及用于满足公司内部安全性标准的要求。安全性评估过程包括在航电系统研制期间实施并更新的具体评估,还包括与其他的系统研制过程相互作用。ARP 4761 对主要的安全性评估过程做了详细说明,概述如下。

（1）FHA:检查分析航电系统功能,确定潜在的功能失效,并根据具体的失效状态对功能危险进行分类。FHA 在研制过程的早期开展,并随着新的功能或失效状态的确定而更新。在整个设计研制周期中 FHA 文件须实时更新。

（2）PSSA:确立具体航电系统或项目的安全性要求,初步表明预期的航电系统架构能满足已确立的安全性要求。在整个系统研制过程中,持续更新PSSA,最终得出航电系统安全性评估。

（3）SSA:通过收集、分析及用文件证明的方式验证,实施的航电系统是否满足由 PSSA 确立的安全性要求。

（4）CCA：确立并验证航电系统与项目之间物理的及功能的分隔、隔离及独立性要求，并验证这些要求都得以满足。

此外，应创建航电系统安全性工作计划管理安全性评估过程。在研制过程中跟踪航电系统 FHA 中已确定的失效状态，主动处理各类问题，使设计实现满足安全性准则。

以上 4 种安全性评估过程和系统研制过程之间的基本关系如图 2-7 所示。实际上，在这些关系的内部和这些关系之间有很多反馈回路，航电系统安全性评估工作所需的详细程度取决于系统实现的综合度和复杂度。应制订航电系统安全性评估过程的计划并实施管理，保证确定了所有的相关失效状态，

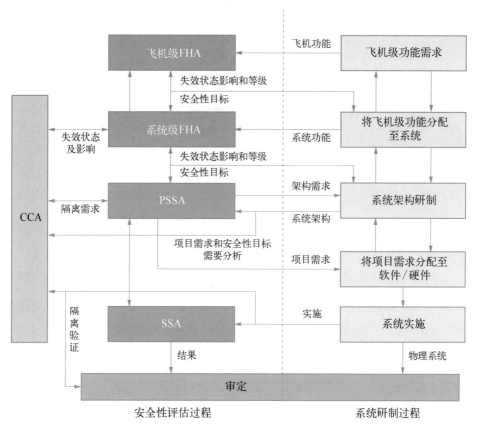

图 2-7　安全性评估过程与系统研制过程之间的基本关系

并考虑了所有导致这些失效状态的重要失效组合。安全性评估过程对确立适当的系统安全性目标以及确定实现过程满足这些目标非常重要。

2.5.2 系统功能危险分析

FHA 应提供如下与每一个航电系统功能相关的信息：

（1）确定相关失效状态。

（2）确定失效状态的影响。

（3）基于已确定的影响（如灾难性的、危险的/重大的、较大的、较小的或无安全性影响），对每一个失效状态进行分类；并根据如 AC 25.1309 – 1A、AC 23.1309 – 1D 及 AMC 25.1309（扩展并包括了"无安全性影响"分类）中的定义，分配必要的安全性目标。

（4）在评估每个失效状态时，简要叙述考虑了何种情况、做了何种假设（如不利的运行或环境情况及飞行阶段）。

实施 FHA 的目的是明确每个航电系统功能失效状态的情况和严重程度，包括对其分类的原理。同时须保证飞机级和航电系统级之间的危险和失效状态具有可追溯性。

研制过程中航电系统实现的选择，可能引入多个失效状态的共同原因，这些共同原因可能跨越航电系统或功能边界。应对航电系统的实现进行评审，以确定是否存在这些情况以及是否应将其增加到航电系统级 FHA 中。

对航电系统中多通道余度的功能，不仅要做每一个通道故障的危险分析，还要做这些通道组合故障的分析，最后进行全部通道丧失情况的飞机级危险分析。故障模式分析，既包括单一故障引起的顺序性和连锁性故障分析，也包括在几个结构及层次上同时发生故障的分析，还包括对基础和共性故障（如电源中断）的影响分析以及对特殊故障（如某一数据/传感器差错）的影响分析。这些故障应进行标识，根据其影响及程度进行分类，决定处理手段和程序。此外，还要考虑系统内部故障的包容性和可隔离性以及与飞机其他系统的相互关系。

FHA 也应分析故障和安全设计技术,重点防止航电系统内故障不向外部扩展,至少不会破坏系统外其他系统运行的类似功能,如不应该影响备份显示器和控制器正常工作;必须考虑航电系统发生故障后对其他系统的影响,特别要避免顺序性或连锁性故障。典型的设计一般要考虑如下因素:

(1) 高能部件发生故障后,如何迅速释放其能量(旋转部件如何尽快停止,高电能部件如何安全放电/断电)。

(2) 环境温度控制失常后系统如何工作。

(3) 液体意外污染。

(4) 局部燃烧。

(5) 电源中断(机械损坏或者电连接老化)。

(6) 电源超压。

(7) 安装、操作和维修错误。

(8) 发动机损坏和碎片打击。

(9) 由于发动机故障产生的额外高能量振动。

(10) 飞机轮胎爆破。

(11) 跑道路面碎片打击。

(12) 飞鸟撞击。

(13) 高强度辐射源。

(14) 闪电。

(15) 灰尘。

(16) 爆炸(人为破坏)。

(17) 蓄电池、电瓶故障。

2.5.3 初步系统安全性评估

PSSA 是对提出的航电系统架构进行系统性检查,以确定失效如何导致航电系统 FHA 中确定的失效状态。航电 PSSA 的目标是完善航电系统或设备的安全性需求,并确认提出的航电架构能够合理地满足安全性需求。PSSA 可以确定保护性措施(如隔离、机内测试、监控、独立性、安全性和维修性任务间隔等)。SSA 及其他文件应该以 PSSA 的输出作为其输入,包括但不限于系统要求、软件要求及硬件要求。PSSA 是与设计定义相关的反复迭代的过程。PSSA 在航电系统研制的多个阶段进行。在最低层级,PSSA 确定了与航电硬件及软件安全性有关的设计要求。

PSSA 应针对航电系统内所有部分,如电源、计算机、接口、显示器和控制器等形成完整的故障数量、隔离特征和可靠性分析,必须保证飞机不会因这些故障产生灾难性后果,也必须消除系统在开发过程中产生或隐藏的安全问题。在发生故障的假设前提中,除非特别规定条件诸如电气起火,否则必须假设和逐一分析某一故障是否将造成安全方面的重大影响,如电路板故障、模块故障、连接器故障、导线束短路或折断。

2.5.4 系统安全性评估

SSA 是对所实现的航电系统的一种系统性和综合性评价,以表明其满足相关的安全性要求。PSSA 与 SSA 的区别在于 PSSA 是评价所提出的航电架构和生成系统及项目安全性要求的方法,而 SSA 是验证实施的设计满足 PSSA 定义的安全性要求的方法。

SSA 综合各种分析的结果,验证整个航电系统的安全性,并考虑了 PSSA 所确定的安全性方面的问题。SSA 过程的资料包括如下相关的分析和证明结果信息:

(1)先前已认同的外部事件概率清单。

(2)系统描述,包括功能和接口。

(3)失效状态清单(FHA 及 PSSA)。

(4)失效状态的影响等级(FHA、初步飞机级安全性评估(preliminary aircraft safety assessment,PASA)及 PSSA)。

（5）失效状态的定性分析（如故障树分析（fault tree analysis，FTA）、故障模式及影响摘要（failure modes and effects summary，FMES）、马尔科夫分析（Markov analysis，MA）和关联图（dependence diagram，DD））。

（6）失效状态的定量分析（如 FTA、FMES、MA 和 DD）。

（7）从 CCA 得到的结果。

（8）安全性相关的任务及时间间隔（如 FTA、FMES、MA 和 DD）。

（9）航电系统的功能研制保证等级（function development assurance level，FDAL）（PASA，PSSA）。

（10）电子软件/硬件项目研制保证等级（item development assurance level，IDAL）（PSSA）。

（11）对 PSSA 中的安全性要求结合到设计和（或）试验过程中的验证。

（12）非分析验证过程的结果（如试验、演示及检验）。

2.5.5　共因分析

为满足安全性或规章要求，航电功能、子系统或设备可能要求具有独立性。因此，确保这种独立性的存在，或者确保缺乏独立性的情况是可接受的。CCA 提供用以验证独立性或确定具体相关性的工具。应排除导致灾难性失效状态的共因事件。CCA 可确定能导致灾难性的或危险的/严重的失效状态的单个失效模式或外部事件。CCA 可分为如下 3 个用以辅助安全性评估的研究领域：

（1）特定风险分析（particular risk analysis，PRA）。

（2）共模分析。

（3）区域安全性分析。（zonal safety analysis，ZSA）

这些分析可在航电系统设计过程的任何阶段进行，但很显然，在设计过程的早期对航电系统架构和安装的潜在影响进行分析是最经济的。然而，只有当研制完成时，对这些分析的证明才是可行的。

PRA 评估的是由航电系统外部事件或影响所定义的风险，这些事件或影响可能违背失效独立性声明。除按照适航规章要求进行分析的特定风险外，其他由航电系统已知外部威胁而导致的特定风险也应进行分析。这些特定风险可能同时影响几个区域，而 ZSA 仅限于对每个特定区域进行 PRA。

　　共模分析是为验证 SSA（FTA/DD 或 MA）中确定的失效事件在实际实施中是独立的。共模分析应该分析研制、制造、安装、维修和机组差错以及损害其独立性的航电系统部件失效的影响，也应考虑功能及其监控器的独立性。相同航电系统可能对造成多个系统或项目失效的同一种失效和（或）故障是敏感的。初步共模分析的结果是 DAL 分配的关键。

　　ZSA 针对飞机的每个区域进行。该分析的目的是确保安装满足对基本安装、系统间干扰或维修差错的安全性要求。

3

航电系统
需求验证流程

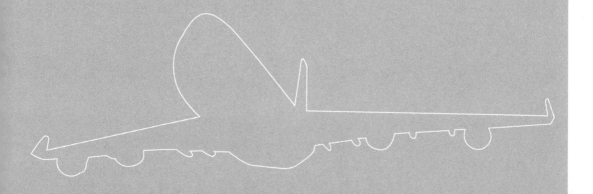

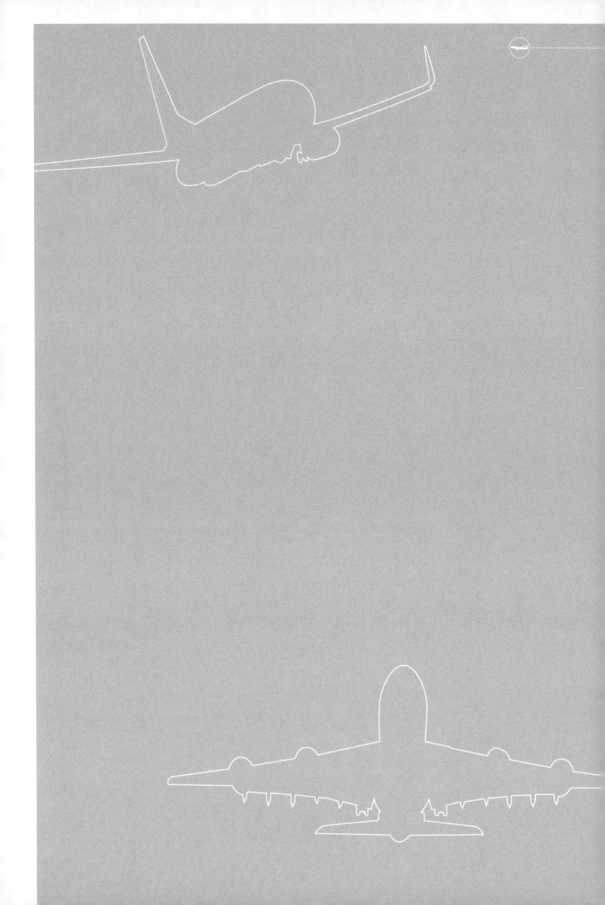

本章按照确认和验证(validation and verification,V&V)系统工程思想,开展航电系统需求分解与分析,明确航电系统需求类型,包括功能需求、安全性需求、性能需求、接口需求,开展从飞机级到航电系统级、子系统和项目(软件/硬件)的需求捕获工作,给出两种需求捕获方法,以案例说明航电系统需求捕获过程,重点阐述了航电系统需求验证方法和流程,包括需求验证过程目标和模型、验证严酷度和计划、需求验证方法及需求符合性验证数据。

3.1　航电系统需求

3.1.1　航电需求标识和捕获

需求是驱动航电系统研制项目成本、时间进度、所需技能、所需资源、确认和验证计划以及市场交付和运行的主要因素,因此必须清晰地定义在航电系统研制过程中的需求。需求不仅包括产品本身的需求,还包括了项目需求和使能产品需求。错误的需求或不能有效控制的需求管理,必然导致客户不能得到期望的产品,或是不能按时获得期望的产品以及以合理的和有竞争性的价格获得期望的产品。因此航电系统研制的首要任务是识别和确认利益关联方的需求,开展需求分析将利益关联方的需求转换为航电研制项目的需求,并将需求在研制项目中正确传递和分解,即进行需求标识。

其中,航电系统研制的典型利益关联方包括飞机制造商、飞机产品的最终用户,包括航空公司、飞行员、货运公司、适航审定局方(如 CAAC、FAA 和 EASA 等)、子供应商和研制伙伴等。

在完成需求标识后开展需求的捕获活动。尽管航电系统研制项目顶层的需求来源多样,但主要的需求来源是航空运输系统的运行剖面、适航法规和飞机客户。在此过程中,按照相应的标识统计相关需求的数量,并建立相应的需求数据库,建立系统级的顶层需求文件,并纳入需求数据库进行管理。

有些需求仅仅与商业或经济问题相关,并不影响安全性或合格审定的需求。如下的需求类型用于航电研制活动的各个阶段(如功能、系统和项目)。

1) 安全性需求

与航电系统级功能相关的安全性需求包括可用性和完整性的最低性能约束。这些安全性需求应通过 2.5 节所述的安全性评估过程确定。通过对相关功能失效状态的确定和分类,确立航电系统功能相关的安全性需求。所有功能都有相应的失效模式和对飞机的影响(即使分类为"无安全性影响")。与安全性相关的功能失效模式可能对飞机安全性有直接或间接的影响。针对预防失效状态或提供安全性相关功能的需求,应通过研制等级单独进行确认和追溯。

2) 功能性需求

功能性需求定义了设计人员必须实现航电系统的功能,从而满足了使用需求,功能性需求确定了航电系统某特定功能必须执行到什么程度,这些需求应是定量的。功能性需求由用户需求运行约束、规章限制和实际施行组成,在定义功能性需求的同时,应开展与功能相关的安全性评估。

3) 客户需求

客户需求会随着飞机型号、系统特定功能或系统类型的不同而变化。客户需求包括运营商的预期载荷、航路系统、使用经验、维护概念和期望的特性。

4) 运行需求

运行需求定义了飞行机组与功能系统之间、维护人员与飞机系统之间、其他飞机支持人员与相关功能及设备之间的接口。活动、决定、信息需求和时间形成了主要的使用需求。定义运行需求时应考虑正常和非正常的情况。

5) 性能需求

性能需求定义了航电系统对飞机和其运行有用的特性。除定义预期的性能类型外,性能需求还包括功能的一些细节,如精度、保真度、范围、解析度、速度和响应时间等。

6）物理和安装需求

物理和安装需求与航电系统的物理特性和飞机环境相关,包括尺寸、安装要求、动力、冷却、环境限制、可见度、接近方式、调整、搬运和存储。生产限制在这些需求中起一定作用。

7）维修需求

维修需求包括计划的和非计划的维修需求,并且与具体的安全性相关功能有关。失效探测率或故障隔离率等因素也很重要。维修需求也应定义外部试验设备的信号和连接。

8）接口需求

接口需求包括物理系统与项目的互联以及相关具体通信的特性。接口包括所有源输入和目的输出的定义,应详尽描述接口信号的特征。

3.1.2　需求捕获方法

用于需求捕获的方法很多,通常使用自上而下和自下而上两种方法,简要介绍如下。

1）自上而下方法

自上而下方法主要是将航电系统分解成多个较小的功能模块,这些功能模块进一步分解成更小的子功能子模块,如图 3-1 所示,它描述了一个典型的需求捕获过程,给出了与 FMS 相似地对航电系统的需求定义。在这样的一个系统中,容易理解改进导航功能这一基本需求,充分定义各种导航模式实施手段如 VOR 惯性导航系统(inertial navigation system, INS)和全球定位系统(global positioning system, GPS)。

2）自下而上方法

自下而上方法如图 3-2 所示,此方法最适用对航电系统中的一些较低等级功能有很好的了解,并且这些功能已有明确记录且可以用多个子模块表示的情况。具体方法是增加一个新功能单元到一个已建立的系统方案中。然而,当

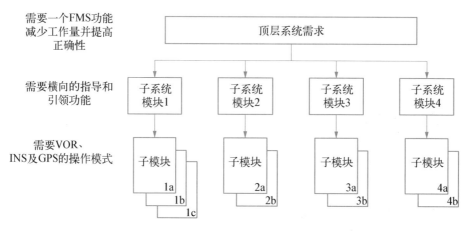

图 3-1　自上而下的需求捕获方法

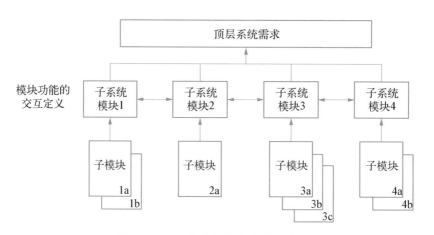

图 3-2　自下而上的需求捕获方法

各个子系统间的相互关系还没有完全被理解的时候,将低层模块集成到较高层模块的过程会出现一些困难。在这种情况下,从下层建立上层需求可以获得更完整的需求。具体实例是将飞机系统集成到一个综合公共设备管理系统中,此时,通信系统、导航系统、自动飞行系统等系统的独立需求将被很好地理解。依靠自下而上的工作方法,可以更好地理解和证明候选系统之间的相互关系以及采用集成方法的意义。事实上,为了更好地进行需求分析,航电系统研发可以联合使用上述两种方法。

3.1.3　需求确认流程

所有被收集的顶层需求必须逐一进行审查,检查这些顶层的需求是否必需、清晰、一致,是否表达简洁和无歧义,是否可实现和是否与相关的利益关联方达成一致协议。在此期间任何矛盾或问题应与相关的利益关联方协商、沟通并解决。当所有的顶层需求都正确和完整,被所有的利益关联方接受并达成协议,顶层的需求才算经过了确认。经过确认的顶层需求将被纳入航电系统的市场需求和目标文件,作为产品设计工作的主要输入。为了保证航电系统需求确认工作的顺利开展,需求确认可划分为如下四个阶段:

1) 需求草稿阶段

由经验丰富的工程师对航电需求进行评审,确定航电需求满足需求编写原则,即航电需求是明确的、可度量的、可测试和可实现的。但是,航电需求还未建立至上一层级的追溯关系。只要有一条需求未满足追溯关系,就说明该份需求文件还处于草稿阶段。

2) 需求成熟阶段

在满足航电系统需求草稿阶段的基础上,文件中所有航电需求满足对上一层级的追溯,通过链接追溯可以分析得到需求的 FDAL,则航电需求处于成熟阶段。

3) 需求确认计划阶段

航电需求编写完成后,需求确认执行人编写航电需求确认计划,需求确认计划定义了具体的方法以确认需求、确认时间进度安排以及确认角色等,该阶段属于需求确认计划阶段。

4) 需求确认矩阵阶段

每条航电需求分配都需要确认执行人。如果需求是草稿阶段则只能为该条航电需求分配确认执行人,不能选择确认方法来进行确认。因为在需求草稿阶段,航电 FDAL 还未确定,因此无法选择确认方法。

直到航电需求处于成熟阶段,才能编写确认矩阵,包括选择确认方法、阐明确认过程、提交确认证据、选择确认结论等。因为航电需求只有处于成熟阶段时才有 FDAL 等级,根据 FDAL 等级选择相应的确认方法。填写完确认方法、确认过程和确认证据,得到航电需求确认结论,确认矩阵达到完成阶段,撰写航电需求确认总结报告(见图 3-3)。

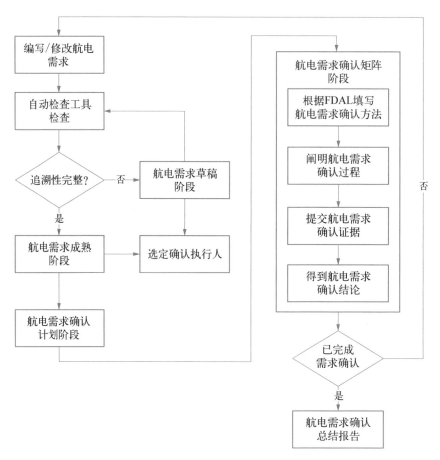

图 3-3　自下而上的需求确认过程

3.1.4　需求确认方法

需求的确认过程是确保航电系统提出的需求正确和完整,且产品能满足客户、用户、供应商、维护人员、审定局方以及飞机、系统和项目研制人员的需求(如飞行机组可能需要操作通信导航系统及使用相应的功能,审定局方应对非期望操作进行限制）。若航电系统确认工作的模式由研制方制订，则应在确认计划中定义一个结构化的过程。

在理想情况下，在设计实施开始前应进行航电需求的确认。然而，实际上直到航电系统得以实现并能够在其操作环境下进行测试之后才有可能进行需求确认。所以，需求确认通常是贯穿研制周期的一个持续的阶段性过程。需求确认工作的各个阶段将不断增强对于需求正确性和完整性的置信度。

航电系统的需求确认过程应涉及所有相关的技术领域，包括安全性评估过程。经验表明，应重视需求的制订和确认，这样可以在航电研制周期的早期识别细微的错误和遗漏，并且减少随之带来的重新设计次数和避免系统性能不当。试验可以同时实现需求验证和确认的目的。这项工作的目的是检查系统是否满足需求以及需求是否适用于航电系统的运行环境。应通过协调验证和确认计划实现这两个目的。

1）需求确认过程的目标

航电需求确认过程的目标是保证需求的正确性和完整性，对需求进行检查以确保这些需求是必要和充分的，这是确认过程中的关键步骤。航电需求确认过程另外一个目标是限制系统内或相关系统间出现非预期功能的潜在可能。

2）需求确认过程的模型

在航电需求定义的每个层级都要确认需求和假设，包括航电系统、子系统以及软硬件的需求确认，还有航电系统和子系统层级 FHA 的确认。图 3－4 给出了扩展的需求确认过程模型。需求确认过程的输入包括航电系统描述（包含运行环境）、航电系统需求、航电系统架构定义以及 DAL。

需求的确认过程可用于航电系统不同层级的确认，并且可用于支持航电系统合格审定，总结如下。

（1）确认计划。确认计划应定义具体的方法确认需求、应收集的数据、数据存储及需求确认的时间进度安排。

（2）严酷度的制订。一旦在安全性评估过程中分配和确认了航电系统

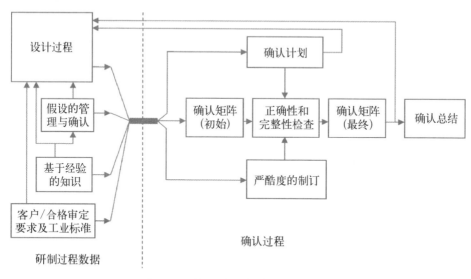

图 3-4　扩展的需求确认过程模型

DAL,须将必要的确认严酷度应用到航电系统需求中。

（3）正确性和完整性检查。正确性表示一种程度,指需求航电系统是否是清楚的、可验证的,与其他需求是否是相符合的,以及对系统需求集是否是必要的。完整性表示一种程度,指当航电系统满足了一组正确的需求时,这组需求是否在所确定运行环境的生命周期各个阶段的所有运行模式下满足客户、用户、维修人员、审定局方以及航电系统研发人员等方面的需求。

（4）假设的管理与确认。在航电系统研制项目中,一些在需要时作出的假设(或判断)不能够直接得到证明。如果对错误假设的后果进行了评估与记录,那么这些假设本身不会影响合格审定。但是,关于这些假设的基础和范围很可能被误解,结果将危及安全需求的实施。因此,应基于具体航电系统及 DAL确认这些假设(明确的或隐含的)并确立它们的合理性和依据。假设可能在航电研制过程的早期已使用,作为以后能得到的更明确理解的替代。航电系统的研制是迭代的、并行的,不仅有自上而下的过程,而且可能会有自下而上的过程。航电系统内相互关联的系统和项目可能在不同的研制阶段来支持航电系统设计过程。为了推进航电系统的研制,可能不得不基于假设而非基于具有追溯性的需求来开展工作。在这些情况下,确认工作应能表明确实获得了明确的理解或可接受的依据,并且理解与相应假设之间的矛盾都已解决。

应对任何基于假设制订的航电需求进行确认并进行追溯。一些需求是基于所假设的更高层级的需求,这些需求应在合格审定时确定。

假设的确认过程主要是确保假设说明清晰、发布合适和通过支撑数据证明是合理的。

用于确认假设的过程包括评审、分析和试验。若一个错误假设的结果极可能降低安全性,确认方法应能表明系统是如何设计的,即如何限制和界定错误假设可能导致的结果。

假设的分类如下:

a. 要考虑与空中交通管制、维护、货物、人员、飞行动力学、ATC 系统、性能、操作程序及与乘客相关的操作/环境假设因素(如暴露时间、交通密度、维修间隔及性能限制)。通常很难或不可能与这些系统的所有者在需求方面达成一致,需要飞机设计人员假设飞机操作环境。当在操作环境上达成一致时,其他个体、文件/标准可能可以代表这些系统的所有者。

b. 应考虑与航电系统接口及可靠性相关的设计假设。可以通过借鉴已有的工业经验和惯例确定这些假设。通过航电系统接口的假设处理与所交换数据的含义或逻辑关系相关的问题(如格式、完整性、潜伏性和解决方案);航电系统接口的假设也可能关注数据信号的物理特性(如电压水平、阻抗和信噪比)。航电系统接口假设的实例有数据总线信息误读的概率、所有相关接口系统错误数据的正确处理、故障包容及错误输入的特性等。

c. 关于可靠性方面的假设包括生命周期失效率模型是否适当;对于无效派遣的考虑、计划维修任务及其频率是否适当;零件的降额是否适当;对于潜在失效的潜伏和暴露周期的考虑、失效模式和影响分析(failure modes and effects analysis,FMEA)的完整性以及确立或证明平均故障间隔时间(mean time between failures，MTBF)预计的试验数据是否适当；已服役零件的适用性。

d. 使用性假设通常是假设检修和修理措施不降低航电系统安全性。可通过对检修和修理程序的评审确认该类假设。

e. 应考虑安装假设(如分割、隔离、线缆绑定、布线尺寸、环境、电源接入、断路器尺寸、通风、排水、污染源、装配集成、接地和屏蔽)。可通过评审进行安装假设的确认，包括工业标准和惯例、有选择的试验机/样机、模型、原型机或生产绘图、硬件的检查。

(5) 确认矩阵。航电系统确认过程包括确认矩阵的准备工作，确认矩阵引用了需求和确认结果，包括适用的软件/硬件性能、衍生需求、环境和操作考虑以及基于假设和支撑材料的需求。每个需求的来源应是确定的。确认矩阵应在研制过程中定期更新，并包括在确认的总结中。

3) 需求正确性检查

在航电系统确认过程期间，应对失效状态等级和指定需求的正确性进行评审并证明其合理性。应在航电系统需求的每个层级进行正确性检查。

航电需求正确性检查须考虑如下因素：

(1) 需求描述的正确性。

a. 需求有唯一明确的解释。

b. 作为一条需求是可以确定的。

c. 需求不是多余的。

d. 该需求与其他需求无冲突。

e. 需求不包含错误。

f. 需求能从根本上满足。

g. 需求的表述以"什么""何时"及"何种程度"的形式而不是以"怎样去做"的形式表达。

h. 需求允许有具体的偏差的限制条件。

i. 需求是可验证的。

j. 如果是衍生需求,有依据支撑。

k. 需求的来源正确且已得到确定。

l. 需求如有多重特征,将其分割为单独需求是否更好。

(2) 对于要完成的需求集,该需求是必要的。

(3) 需求集是否合并为单独的需求更好。

(4) 需求集正确地反映了安全性需求。

a. 包含了所有由安全性评估衍生而出的需求。

b. 航电系统失效状态分类正确且已确定。

c. 考虑了不安全设计和设计错误的影响。

d. 包含了可靠性、可用性及容错方面的需求。

4) 需求完整性检查

需求集本身的完整性可能很难进行证明。作为实施需求完整性检查的基础,可利用航电系统需求类型清单,包含航电系统需求可能具有的类型。完整性可被视为需求确认过程的输出,包含模板与检查单,需要实际客户、用户、维修人员、合格审定局方和研制人员的参与。

(1) 模板和检查单。使用基于经验并以标准规范的形式制订的模板,可有助于发现遗漏项并防止产生不完整的需求,航电系统制造商和评审人员可使用检查单检查需求完整性。此检查单应包括对航电系统有较大影响的各个方面及适用的接口,确保需求和预期得到满足。

在编制检查单时应考虑如下因素,评估各个需求层级的完整性:

a. 依据可追溯性和支持原理,需求应明显能满足上一层的需求。

b. 与航电系统相互关联的其他系统及航电子系统都包含在系统需求集之中。

a) 包含了分配给航电系统的所有更高层级的功能。

b) 表明了安全性需求。

c) 表明了规章标准和指南。

d) 表明了工业和公司设计标准。

e) 表明了飞行操作和维修方案。

c. 确定了与其他系统、人员和过程的接口。

d. 对每个航电系统接口相关的限制条件(如协议、装备构型和时间选择)的定义应足够详细,使接口实现。

e. 所属接口的系统、人员或过程的行为属性能够被接口的两端作为需求予以捕获和接受。例如,发动机系统提供数据给飞行显示系统,飞行显示系统如何使用数据及机组人员如何对数据做出反应,应作为一个接口需求获得发动机控制系统的所有人同意。

f. 对于一个规定动作,是否应有一个对应的禁止动作? 如果有,定义了这个禁止动作。

g. 功能需求集完全分配并追溯到航电系统架构。

h. 在航电系统架构中,电子软件/硬件间的功能分配明确。

i. 清楚地定义和描述假设。

(2)用户、操作者和维护人员的参与。获取完整需求集的困难之一是用户不总是清楚航电系统的哪些行为表现是必需的,尤其是对航电系统增加的功能。用户有很多得出需求的方法,例如,操作和维修场景的早期获取以及原型机的使用都是得出需求的方法。这些并不是最好的方法,但是作为建议,它们有助于确定遗漏的需求。

a. 运行和维护场景。设计过程的早期,确定遗漏需求的有效方法是记录航电系统如何运行来响应用户的输入并完成期望目标,如在研制过程的早期定义运行和维修手册中的场景。这样可以预见航电系统在不同的操作情况下如何满足用户需求。这种预见性有助于确定航电系统遗漏的行为动作或防护措施,而这些遗漏的内容可以在航电系统场景和需求中体现。

对于一个给定的航电系统功能,应考虑各种不同的场景描述在不同环境和操作模式下的情况。通过一个确定的航电系统或人员自始至终的每一个操作步骤、每个场景检验了用户操作的一系列步骤。

　　航电系统场景,不仅应包括可能的航电系统运行环境和运行模式,也应包括非正常的运行条件;应考虑各场景中每一个步骤可能出现的误操作;应对这种误操作的管理和防护进行定义或者这种情况本身可能成为另一个场景。场景也可用于确认功能的分配。飞行员启动发动机就是一个场景的例子。主要场景应描述飞行员的所有操作:飞行员开始启动发动机,随后是每个协同系统执行的动作,最后发动机达到空转状态。非正常情况下的场景可能包括空中辅助启动和风车启动。与非正常情况相关的场景可能源自飞行员不正确的启动和协同系统的响应方式,也可能是发动机启动过程中异常熄火。发动机在启动中熄火可以包含在另一场景中,该场景定义了系统或人员为保证发动机启动而采取的步骤。

　　有大量方法用于制订和记录场景(如状态图和时序图),研发人员也可开发特殊的方法,如美国国防部架构框架(Department of Defense Architecture Framework,DoDAF)方法。

　　b. 原型机或建模。对于航电系统而言,原型机是预期航电系统的模型,可以基于软件/硬件,并不一定与研制的航电系统相同。原型机允许航电系统的用户与航电系统模型进行交互,以便发现遗漏的需求、需要禁止的系统行为以及在与用户交互过程中具有的潜在问题。

　　原型机对于真实航电系统反映程度的高低决定了确定遗漏需求的效果。开发原型机的工具应尽可能地缩短研制的时间。

　　应以结构化的方式开发航电系统模型。例如,模型元素的子集可作为一个单元或完整的内容处理和表述,且模型元素的子集可能被多次使用。用于需求确认的模型,在通常情况下使用在研航电系统的环境模型,因为环境模型与原型机相互关联,原型机的设计方案是基于那些需求而制订的。环境模型代表了在研航电系统的环境,在演练系统或真实系统时提供较高的功能覆盖度。

5) 需求确认的严酷度

航电系统的 FDAL 及软件/硬件的 IDAL 决定了确认的严酷度。航电系统需求确认过程中的独立性也取决于 DAL。须在航电系统需求捕获与确认工作之间应用独立性。航电确认计划应包括对应用了独立性的确认工作的描述。在航电需求确认过程中，满足独立性的最常见的方法是独立评审需求数据及相关依据，确定是否有充分的证据表明航电需求的正确性及需求集的完整性。其内容包括工程评审以及顾客、用户、维修人员、合格审定当局和航电项目研发人员的评审（尽管所有的确认方法都可能不能直接保证独立性，如分析、场景、相似性和需求追溯性，但是这些确认方法的结果和适用性是可以检查的，且应由航电系统 DAL 表明符合独立性需求）。

6) 需求确认方法

对于航电系统，有多种方法可支持需求确认工作。这些方法包括追溯性、分析、建模、试验、相似性经验方法和工程评审。需求确认应考虑航电系统预期和非预期功能。对航电预期功能的需求进行确认时，应评估航电预期功能的需求是否能通过目标通过/失败准则。当不能直接确认是否存在非预期功能时，可采用专门的试验和具有针对性的分析降低非预期功能出现的概率。

（1）追溯性。追溯性是确认航电系统和软件/硬件需求的一个必不可少的组成部分。对于航电系统单个需求，可以追溯其上层（飞机级）需求，或可通过确定具体的设计决策、确定具体的设计数据进行追溯，也就是应该对获得该需求的来源进行追溯。

追溯性本身可以从完整性角度充分表明航电较低层级的需求满足较高层级的需求。然而，航电在设计决策或设计细节中将增加额外的需求，从而获得相应的依据。应通过相应的依据来证明航电较低层级的需求如何满足上一层级的需求。有些低层级的需求可能不能对上一层级的需求（如衍生需求）进行追溯，这些需求应通过相应的依据来证明其有效性。

应评审无法追溯的航电需求确定其是否属于如下内容之一：

a. 作为航电研制过程的一部分衍生需求。

b. 遗漏的但应增加的上一层需求。

c. 应进行管理的假设。

（2）分析。有各种分析方法和技术用于确定航电需求是否可以被接受。ARP 4761 中描述了一些具体的与安全性相关的分析方法。在早期与合格审定当局商讨 FHA 及 PSSA 的可接受性，可帮助确认安全性相关需求。

（3）建模。航电系统模型（场景模型、功能模型和性能模型）可用于对需求进行确认。

（4）试验。专门的试验、模拟或演示可用来对航电需求进行确认。可以利用实物模型、原型机、模拟器或实际软件/硬件，对研制过程中的需求进行确认。应注意确保任何模拟能充分代表实际的系统、接口及安装环境。项目验证试验也可用于支持对用以软件/硬件设计的需求进行确认。

（5）相似性经验方法。该方法是通过比较已取证的相似系统的需求来进行航电需求的确认。航电系统的使用经验越多，相似性经验方法所具有的说服力越大。只有在获得充足的使用经验时，才能使用相似性经验方法。在如下情况下，可以使用相似性经验方法：

a. 系统、项目有相同的功能、失效状态等级，它们的操作环境相同，且对它们的使用也相似。

b. 系统、组件在等效环境下执行相似的功能。

（6）工程评审。在评审、检查和演示过程中，个人经验的应用能够支持评估航电系统需求的完整性和准确性。在验证过程中测试实施之前，如果根据评审人员的经验能够确定航电系统与以前的系统具有相似性，在此类情况下，航电需求的联合评审是一种对衍生需求进行确认的有效方法。应对评审工作包括评审参与人及其角色进行记录。评审结果的价值取决于评审的详细程度以及评审人员的经验。

表 3-1 给出了 FDAL A 至 FDAL E 的确认方法和资料。如为了确认

FDAL A 或 FDAL B 的航电需求,可使用分析、预期功能的试验以及直接可用的相似性经验等方法来确立航电需求的正确性和完整性。对于一些航电需求的确认,我们可使用一种方法检查正确性,使用另一种方法检查完整性。

表 3-1　需求确认数据和方法

方 法 和 资 料	FDAL A 级和 FDAL B 级	FDAL C 级	FDAL D 级	FDAL E 级
PASA/PSSA	R①	R	A②	A
验证计划	R	R	A	N③
验证矩阵	R	R	A	N
验证摘要	R	R	A	N
需求追溯性	R	R	A	N
要求的基本原理阐述	R	R	A	N
分析、模型和试验	R	建议的	A	N
相似性经验	A	建议的	A	N
工程判断	R	建议的	A	N

① 推荐作为合格审定的需求。
② 可协商作为合格审定的需求。
③ 不需作为合格审定的需求。

对于航电系统每个需求,应先确定推荐和可允许方法的组合,然后加以应用。这种组合能够确立航电系统需求确认所必需的置信度。

7) 需求确认资料

(1) 确认计划。需求的确认计划应贯穿于整个航电研制过程。计划应概述如何表明航电需求是完整和正确的,是如何对假设进行管理的。该计划应包括如下内容:

a. 使用的方法。

b. 要收集和生成的资料。

c. 应记录什么(如总结、评审或调查研究)。

d. 适时获取需求确认信息的方法。

e. 当需求有变更时,如何维持及管理确认工作的状态。

f. 属于确认工作的角色和责任。

g. 关键确认工作的规划。

h. 在不同设计层次和研制的不同阶段管理假设的方法。

i. 通过确认工作提供需求定义的独立性的方法。应与验证计划进行协调,明确可以作为部分验证工作的一些确认过程。

(2) 需求确认追踪。

可以用需求确认矩阵或者其他适当的途径对航电系统需求确认过程的状态进行跟踪。需求确认跟踪的详细程度应依据与航电需求所对应的 FDAL 等级,并且应在确认计划中加以描述。建议在合格审定计划中描述初步的跟踪程序并及时予以更新。在确认总结中应包含最终的资料。具体格式可由申请人自行决定,但至少应包括如下内容:

a. 航电系统需求。

b. 航电系统需求的来源。

c. 所属功能。

d. 航电系统 DAL。

e. 所使用的需求确认方法。

f. 确认的支持证据参考。

g. 确认结论(有效、无效)。

(3) 需求确认总结。需求确认总结应确保航电需求得到了适当的确认。总结应包括如下内容:

a. 确认计划的参考以及描述任何严重偏离计划的情况。

b. 确认矩阵。

c. 支持资料和资料源的确定。

3.1.5 需求分析

需求分析是航电系统研制过程中的一项重要活动,主要是对航电系统设计所需的相关信息进行完整性和一致性的确认。建立具有完整的、一致的和明确分类的航电系统需求至关重要,可防止在研制期间及进入使用期后可能出现的一些较为重大的问题。当识别和确定了主要顶层需求后,应针对顶层需求逐条开展可行性分析。典型的可行性分析过程如图3-5所示。通常民机产品研制项目涉及的多个客户及不同的利益关联方的需求是矛盾和相互冲突的,因此须在需求分析过程中进行详细的研究、分析和权衡,确保未来的民机产品研制项目可行,且项目能满足大多数利益关联方的需要。

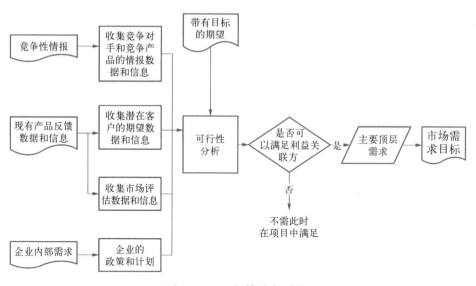

图3-5 可行性分析过程

3.1.6 需求分解和传递

完成了需求的可行性分析,即分析和确定了产品主要的顶层需求,将相关的需求纳入相应层级的产品需求描述文件中,并将需求按产品结构和过程结构进行分解,传递给相关的内部利益关联方或者子供应商。

3.2　航电系统需求验证方法和流程

3.2.1　需求验证过程目标和模型

航电系统需求验证过程包括如下几个方面：

（1）确定正确地实现了航电系统预期的功能。

（2）按照需求研制航电系统并确定满足了航电系统需求。

（3）对于实现的航电系统，确定保证了安全性。

图 3-6 给出了系统实现的每个层级需求总体验证过程的模型。

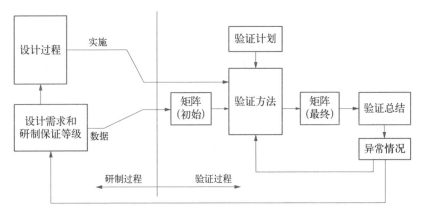

图 3-6　系统实现的每个层级需求总体验证过程的模型

航电系统验证过程包括如下三个部分：

（1）计划：包括航电系统必需的资源、活动的先后次序、须提供的资料、所需信息的校对、具体工作和评估准则的选择及产生专门用于验证的软件/硬件。

（2）方法：包括在航电系统验证工作中使用的验证方法。

（3）资料：包括在航电系统验证过程中产生结果的证据。

航电系统验证的等级由 FDAL 和 IDAL 确定，验证过程的输入包括一组已记录的航电系统需求和对将进行验证的航电系统或子系统的完整描述，其中这些需求是对已实现的航电系统或子系统的需求。

可能需要用多种验证方法证明航电系统需求的符合性。如可能需要结合物理试验进行分析，确保覆盖了最坏的情况。

在验证航电系统预期功能的过程中，应报告任何已知的异常状态（如非预期的功能或不正确的表现）以及对其的评审和处理。通过检查验证过程、设计实施过程或需求定义过程，确定异常状态源是否正确合理。

应该注意的是，由于航电系统研制过程是反复迭代的，验证过程在可能设计过程中不断反复进行。

3.2.2 验证严酷度和计划

需求验证的严酷度由航电系统的 FDAL 和软件/硬件的 IDAL 确定。附加的验证严酷度应与 DAL 相当，在验证过程中满足独立性的最常见的方法是验证方法的独立开展，如由未参与航电系统设计的个体和组织制订验证方法。验证计划应描述已应用独立性的验证工作。

需求验证计划阶段应开展如下工作：

（1）确定与开展航电系统验证工作有关的角色和职责，并阐述航电系统设计和验证工作之间的独立性。

（2）航电系统构型的确定，包括定义任何具体的试验设备、设施和任何需要进行验证的软件/硬件的特性。

（3）定义具体的验证方法，以表明对基于 DAL 的每个航电系统需求的符合性。

（4）定义准则，评估由每个已应用的验证方法产生的证据（如成功准则）。

（5）确定主要的验证工作以及相关工作之间的顺序。

（6）确定验证资料。

3.2.3 需求验证方法

需求验证工作的目的是验证实现的航电系统满足了在预定运行环境下的

需求。如下四种基本方法可用于航电系统或项目的验证。

1）检查或评审

检查或评审包括对航电系统研制过程文件、图纸、软件/硬件的检查及航电需求验证已得到了满足，通常使用检查单或类似的支持工作进行检查或评审。检查系统或项目是否符合已确立的实施过程和工艺是一种典型的检查、评审方式。

2）分析

通过对航电系统或项目进行详细的检查（如功能性、性能和安全性）提供符合性的证据，评估航电系统或项目在正常和非正常状态下如何按照预期的需求运行。

3）建模

航电系统可以通过计算模拟和试验相结合建模，在航电系统行为可以确定的情况下，也可完全通过计算模拟。为了获得航电系统早期的信息或达到其他目的，建模可能也用于航电系统参数的评估。

4）试验或演示

试验是通过运行航电系统飞行或实验室试验验证需求得以满足的方式，为正确性提供可复验的证据。试验包含如下两个目标：

（1）表明实现的航电系统执行了预期的功能。对航电预期功能进行的试验，包括对需求中确立的目标通过/失败准则的评估。

（2）确保实现的航电系统不会执行影响安全性的非预期功能（不是设计中的已知部分），为验证提供置信度。在正式的航电试验过程中，应确定系统非预期的运行带来的影响。值得注意的是不能通过试验确定非预期功能是否完全不存在。

对全部或部分航电系统进行试验时，试验中使用的程序应足够详细，确保其他人可以再现试验结果。应报告实验中未覆盖的问题，跟踪纠正措施，并对更改的航电系统进行再试验。

对于每个航电系统试验,应该确定如下内容:

(1) 在建立航电系统试验准则过程中,应考虑输入的可变性。

(2) 航电系统试验的目的和原理。

(3) 航电系统试验验证的所有需求。

(4) 期望的结果和各结果之间允许的误差。

航电系统试验结果资料应包含如下内容:

(1) 使用航电系统试验规范的版本。

(2) 使用工具和设备的参考标准或版本及使用的校准数据。

(3) 每个航电系统试验的结果,包括通过/失败说明。

(4) 预期结果与实际结果之间的差异。

(5) 航电系统试验过程成功或失败的声明,包括与验证计划之间的关系。

对于进行航电系统功能模拟试验的相关试验设施应降低探测不正确或非预期功能的概率,包括如下内容:

(1) 环境模型为航电系统试验模拟输入,在某种程度上代表了实际的服役情况以及用户控制输入信息。

(2) 环境模型为航电系统试验系统输出,并根据高层级的需求计算和体现航电系统的行为。

(3) 航电系统试验系统高层级的参数应清晰地表现。

(4) 应通告和记录重要的事件(如告警信息和失效),满足高层级的需求。

5) 相似性和服役经验

验证的置信度可能来源于对航电系统设计和安装的评定以及其他飞机上相同航电系统的或其他相似系统的合格服役经验的证明。

6) 推荐的验证方法

表 3-2 列举了多种推荐的并可接受的航电系统验证方法和资料与 DAL 之间的关系。这些方法所需的范围和覆盖程度也依赖于 DAL,也可能受到已知的特定故障状态的影响。如用于验证 A 级或 B 级的实施工作可能包括分

析、检查或评审,并且也应包括某种形式的试验。每种方法的应用范围或需要产生的资料是与合格审定当局协议的结果,这些协议的结果基于合格审定航电系统。

表 3－2　航电系统需求验证方法和资料与 DAL 之间的关系

方法和资料	DAL			
	A 和 B	C	D	E
验证举证	R[2]	R	A[3]	N[4]
验证计划	R	R	A	N
验证程序	R	R	A	N
验证总结	R	R	A	N
ASA/SSA	R	R	A	N
检查、评审、分析或试验[1]	R	R	A	N
试验,非预期功能	R	A	A	N
服役经验	A	A	A	A

① 这些方法提供了相似的验证程度。可根据航电系统架构或所实现的具体功能选择最有效的方法。DO－178B 和 DO－254 定义了适用于软件/硬件的试验,这些试验是基于 IDAL 确定的。
② 推荐作为合格审定的要求。
③ 可协商作为合格审定的要求。
④ 不需作为合格审定的要求,根据需要表明安装和环境的兼容性。

3.2.4　需求符合性验证数据

验证资料的目的是证明已经实施了验证过程,这些证明可能需要与表 3－2 相一致的符合性证据支持合格审定数据的要求。最有效的方法是在航电系统研制中始终根据验证矩阵开展工作并编写验证总结报告。

1) 验证计划

验证计划确立了航电系统的实现过程满足需求方案,典型的航电验证计划包括如下内容:

(1) 开展航电验证活动的人员、组织及其职责。

(2) 描述航电系统设计和验证工作的独立程度。

（3）航电系统验证方法的应用。

（4）产生的航电系统验证资料。

（5）主要验证工作的进度表。

（6）确定从项目（软件/硬件）验证工作中获得的航电系统验证活动的置信度水平。

因为航电系统需求验证过程的某些方面也可能支持对具体需求的确认，所以验证计划应与确认计划相协调。

2）验证矩阵

应制订航电系统验证矩阵或等效的追溯性文件追溯验证过程的状态。验证矩阵的详细程度应基于航电系统 DAL，包括如下内容：

（1）航电系统需求。

（2）相关的航电系统功能。

（3）使用的验证方法。

（4）航电系统验证程序与参考的结果。

（5）航电系统验证结论（如通过/失败，验证的覆盖度总结）。

3）验证总结

验证总结提供了明确清晰的证据，这些证据表明航电系统的实现满足了相应的需求。验证总结应包括如下内容：

（1）以验证计划为基准的参照和对验证计划任何重大偏离的描述。

（2）所分配的 DAL。

（3）航电系统验证矩阵。

（4）报告任何影响安全性的开口项，并评估对安全性的影响。

（5）确定支持资料和资料源。

（6）验证覆盖度总结。

4

航电系统研制
过程和项目管理

本章主要介绍航电生命周期研制活动和过程保证过程,内容涵盖系统、软件/硬件的研制过程,研制阶段包括概念阶段、定义阶段、设计阶段、构建阶段、试验阶段、运行阶段以及退役阶段。按照系统工程 V&V 思想,阐述航电系统在生命周期各个研制阶段应开展的相关工作内容,给出航电系统研制过程保证过程,包括研制保证过程目标、研制计划应用的持续评估、系统研制评审过程保证、系统供应商过程保证监控以及改型(合格审定后)的系统过程保证活动。

4.1　航电系统研制过程

4.1.1　航电系统产品生命周期

对于航电系统研制项目而言,项目的过程活动是由项目所要实现产品的功能性和复杂程度、项目的范围、过程的复杂程度、产品需求的稳定性、产品的重用性、企业产品研制的策略、供应商产品和能力的可用性等多种因素综合决定的。

常规航电系统产品研制遵循系统工程研制过程顺序,即需求阶段、设计阶段、集成阶段、验证和研制阶段。

ISO/IEC/IEEE 15288:2015 中解释了产品是通过在"生命周期"中完成一系列"行动"的结果,并且是由产品研制/提供组织中的人采用包含了这些行动的"过程"来执行和管理这些"行动"的。

航电系统产品的研制是航电系统研制企业内部一个完整的、通用的生命周期过程,包含了需求捕获和定义、设计、生产、使用、支援和退役报废的完整过程。"生命周期"是航电系统研制的基本框架,支持航电系统产品在生命周期中满足所需的功能。所以,"生命周期"也是开展航电系统产品研制规划的基础。

航电系统研制规划活动参照对产品技术和研制组织体系流程的政策和标准等,对航电系统"生命周期"中不同阶段内的"一系列行动"进行定义,确定"行动"的目标和企业内已经包含了这些"行动"的过程以及定义"行动"所需的资源,分配相应的职责。

从航电系统供应商企业的角度,航电系统的生命周期包含或表示为企业级产品生命周期、项目生命周期和产品级产品生命周期三个层次,下文将逐一详细论述。

4.1.1.1 企业级产品生命周期

所谓企业级产品生命周期是指民机产品的生命周期,包括可行性分析阶段、概念阶段、详细设计阶段、研制阶段、运行服役阶段和报废处置阶段等划分阶段。企业级产品生命周期是企业内所有产品、组织、流程、人员等都必须遵循的生命周期划分阶段,在民机产品研制企业内部具有通用性,适用于企业内所有的产品项目以及与之相关的所有活动。

国内外各种文献对产品的生命周期都有论述和定义,如 ISO/IEC/IEEE 15288:2015 中给出的产品生命周期包含了概念阶段、研制阶段、生产阶段、使用和支持阶段及报废退役阶段,如表 4-1 所示。

表 4-1　ISO/IEC/IEEE 15288:2015 产品的生命周期阶段划分

概念阶段	研制阶段	生产阶段	使用阶段	报废退役阶段
			支持阶段	

INCOSE 的《系统工程手册》中给出的典型高技术产品商业系统集成商的产品生命周期包含了产品研究时期、产品实现时期和产品运行使用时期,并对每个时期进行了细分,如表 4-2 所示。

表 4-2　典型高技术产品商业系统集成商的产品生命周期阶段划分

产品研究时期				产品实现时期			产品运行使用时期		
用户需求定义阶段	概念定义阶段	系统规范阶段	采购准备阶段	供应商选择阶段	研制阶段	验证阶段	部署阶段	运行和维护阶段	退役阶段

资料来源:INCOSE《系统工程手册》4.0 图 3.3。

INCOSE 的《系统工程手册》中也给出了典型高技术产品商业生产制造商的产品生命周期，包含了产品研究时期、产品实现时期和产品运行使用时期，并对每个时期进行了细分，如表 4-3 所示。

表 4-3　典型高技术产品商业生产制造商的产品生命周期阶段划分

产品研究时期			产品实现时期			产品运行使用时期		
产品需求阶段	产品定义阶段	产品研制阶段	工程模型阶段	内部实验阶段	外部实验阶段	全面生产阶段	制造、销售和支援阶段	退役阶段

资料来源：INCOSE《系统工程手册》4.0 图 3.3。

中华人民共和国工业和信息化部在 HB 8525—2017 民用飞机研制程序中给出了对民机产品生命周期的定义，包含了需求与概念论证、初步设计、详细设计、试制与验证和批量生产等五个阶段，如表 4-4 所示。HB 8525—2017 作为中华人民共和国工业和信息化部颁布的民机研制程序，代表了国内民机研制投资人对民机产品生命周期的理念。

表 4-4　HB 8525—2017 对民机产品生命周期的定义

需求与概念论证阶段	初步设计阶段	详细设计阶段	试制与验证阶段	批量生产阶段

波音公司在波音 777 项目中采用的生命周期定义，包含了方案定义阶段、构型定义阶段、产品定义阶段、冻结时期阶段和生产阶段等五个阶段，如表 4-5 所示。

表 4-5　波音公司民机产品生命周期

方案定义阶段	构型定义阶段	产品定义阶段	冻结时期阶段	生产阶段

空客公司在空客 A380 项目中采用的产品生命周期定义是公司层面的标准化程度较高的产品生命周期定义，全面用于空客公司内所有机型的研制项目，加强了公司内部的产品质量过程控制。空客公司在民机产品研制过程中定

义了民机产品的研制生命周期,包含了可行性分析前阶段、可行性分析阶段、概念阶段、定义阶段和研制阶段等五个阶段,每个阶段进行了子阶段划分,如表4-6所示。

表4-6 空客公司民机产品生命周期阶段划分

可行性分析前阶段	可行性分析阶段			概念阶段		定义阶段		研 制 阶 段						
业务观察	分析市场态势	分析市场需要	识别和确定飞机概念	优化飞机级概念	巩固飞机级构型基线	冻结飞机级规范和商业建议	设计飞机部件	开始生产零件	制造零件、组件和实验	开展总装	开展地面试验并准备首飞	获取TC并验证飞机符合标准规范	实现运行成熟度要求	完成基本型飞机级研制

民机研制的航电系统是典型的高技术商业产品,本书采用的航电系统研制生命周期参考了 HB 8525—2017 和上述多个产品生命周期的定义,研制阶段顶层包括了与 HB 8525—2017 相同的五个阶段,为更深入的分析,将五个阶段划分为子阶段和子子阶段,阶段层次架构如下所示。

1) 需求和概念论证阶段

(1) 可行性分析前阶段。

(2) 可行性分析阶段。

a. 市场趋势分析。

b. 市场和产品顶层需求分析。

c. 产品顶层概念定义。

2) 初步设计阶段

(1) 初步的概念定义。

(2) 详细的概念定义。

3) 详细设计阶段

(1) 详细定义。

（2）详细设计。

4）试制与验证阶段

（1）试制阶段。

a. 零件试制。

b. 装配件/部段试制。

c. 总装试制。

（2）地面验证。

（3）符合性验证。

（4）交付。

5）批量生产阶段

（1）产品成熟前。

（2）产品成熟后。

根据上述不同的产品研制生命周期定义,本文采用的民机产品研制生命周期阶段的划分如图 4-1 所示。

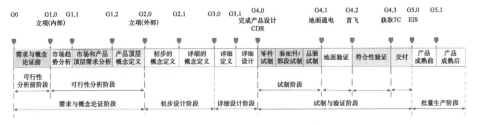

图 4-1　本文采用的民机产品研制生命周期阶段划分

4.1.1.2　项目生命周期

项目生命周期阶段的名称和数量取决于参与项目的一个或多个组织的管理与控制需要、研制项目本身的特征及所在的应用领域。生命周期可以用某种方法加以确定和记录,可以根据所在组织或行业的特性或者所用技术的特性确定或调整项目的生命周期。通常每个项目都有明确的起点和终点,但具体的可交付成果及项目期间的活动因项目的不同有很大的差异。无论什么项目,项目生命周期都为管理项目提供了基本的框架。

项目生命周期是企业级产品生命周期在产品项目管理领域的具体应用,是在企业环境内具体的产品项目中应用的生命周期。项目产品生命周期的剪裁依据应来自企业关于内部项目设立和管理的顶层政策以及对相关项目的剪裁规范或剪裁指南,并根据具体项目的目标属性如产品全新研制项目或改型改进项目等,结合不同项目的目的、范围、复杂程度和外部约束等条件,考虑时间、进度、人员和资源等要素的可用性、资金的约束和限制条件,符合企业级产品生命周期的定义,适用于项目内所有的产品、交付物及与之相关的所有活动和所涉及的资源等做调整。

本书中的项目生命周期是指从企业内的产品研制立项开始,直至项目研制的产品和服务交付,并最终达到产品的市场目标要求为止的时间段。通常项目的期望结果是随配套的民机获得审定局方颁发的设计组织批准(design organization approval,DOA)和生产组织批准(production organization approval,POA)、TC/PC 或者航电系统本身通过中国技术标准规定(Chinese technical standard order,CTSO)批准,技术指标和可靠性指标达到项目设立时所确定的目标。

在实现项目目标后,通过项目实现的产品、使能产品、技术数据和文档等都将返回企业,纳入企业级产品生命周期,项目终结或者项目在企业内继续存续直到企业级产品生命周期的终结。

项目的规模、涉及范围和复杂性各不相同,但是不论项目的大小和繁简,所有的项目都呈现项目可行性阶段、项目规划阶段、项目执行和控制阶段及项目关闭阶段的生命周期结构,并且由于项目目标的时间限制,上述的四个通用项目生命周期并非是串行的,在项目执行或实施过程中需要并行开展,如图 4-2 所示。

上述项目生命周期适用于企业内不同规模或复杂程度的产品研制项目,提

图 4-2　通用项目生命周期模型

供了企业内不同项目的通用参照系,避免在不同项目执行过程中由于研制层级、复杂程度和视角不同可能引起的不必要的判断和评估错误。

4.1.1.3　产品级生命周期

产品级生命周期是对企业内或项目内任意单一产品生命周期的阶段划分,是从单一产品的研制开始到产品在运行使用中因失效报废或过时报废为止的时间段。在企业或项目环境内,不同的项目参与方的产品都有其相应的产品生命周期,可以是民机整机和系统、设备或嵌入其中的软件/硬件,产品的研制规划中需要将不同层级的产品级生命周期纳入完整的研制规划中。通常可根据产品利益关联方普遍接受的产品分解层次将产品级的产品生命周期划分如下:

(1) 飞机级产品生命周期(含大部段级产品)。

(2) 系统级产品生命周期。

(3) 子系统和设备级产品生命周期。

(4) 软件/硬件级产品生命周期。

通常飞机整机的产品级生命周期与民机产品研制企业级产品生命周期是一致的,系统级、子系统级、机载设备、软件/硬件有各自的生命周期,与飞机整机的产品生命周期在项目中并行开展研制活动,如图 4-3 所示。

4.1.1.4　产品研制生命周期与项目生命周期

产品生命周期通常包含顺序排列不相互交叉的一系列产品阶段。产品阶段的划分并非是一成不变的,一般应遵照企业内确定的产品生命周期阶段划分要求制订。产品生命周期的最后阶段通常是产品报废退出市场或使用。项目生命周

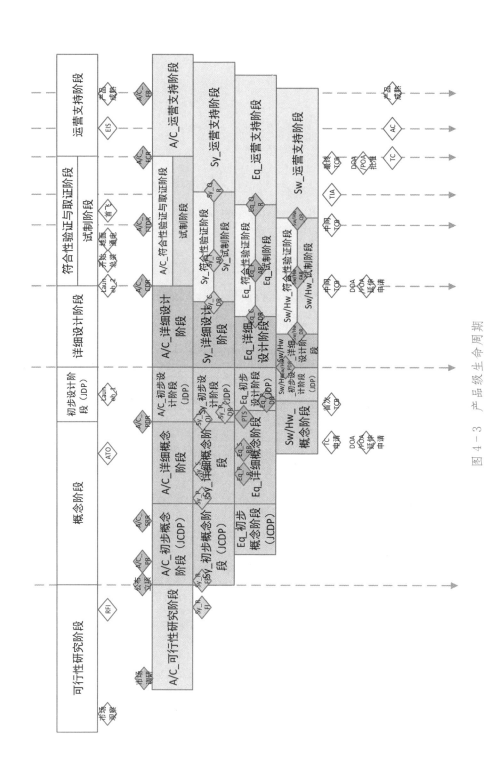

图 4-3 产品级生命周期

期包含在一个或多个产品生命周期中,反映了产品的研制过程,从民机产品的设想在民机研制企业内建立开始到产品投入市场并达到预期的技术成熟度为止。

典型产品研制项目生命周期与产品生命周期的对比映射如图 4－4 所示。

4.1.2　航电系统研制阶段划分

民机产品的研制是一项系统工程,特点是产品技术复杂,时间经历长,涉及众多利益关联方的参与,产品的研制过程是一个反复迭代和逐步成熟的过程。航电系统由于功能复杂(功能集成性和与其他系统交互性)和系统集成性增加,研制过程更加复杂。航电系统研制的每个阶段(或者在产品的成熟阶段,多个层级的生命周期活动)具有不同的特点,因此,需要将产品研制的过程划分为若干个顺序排列的阶段进行规划和管理。考虑项目特有的产品研制顶层目标、不同阶段的活动特点和不同研制过程间的关联关系,每个阶段须设置不同的里程碑,项目应依次通过各个里程碑并完成相应的检查,包括确认在里程碑处应交付成果是否已经到位和是否已经达到了规定的成熟度要求等。

参照 HB 8525—2017《民用飞机研制程序》,将航电系统研制的阶段划分为如下五个阶段:

(1) 需求与概念论证阶段。

(2) 初步设计阶段。

(3) 详细设计阶段。

(4) 试制与验证阶段。

(5) 批量生产阶段。

为管理复杂的研制活动,针对具体的项目,往往还需要将每个阶段划分为更细致的子阶段或子子阶段。

由于受到民机产品企业内外部社会环境、企业文化、技术和管理成熟度、工业基础水平等多个因素的影响,所以每个民机产品研制企业具体研制阶段的划分有所不同。

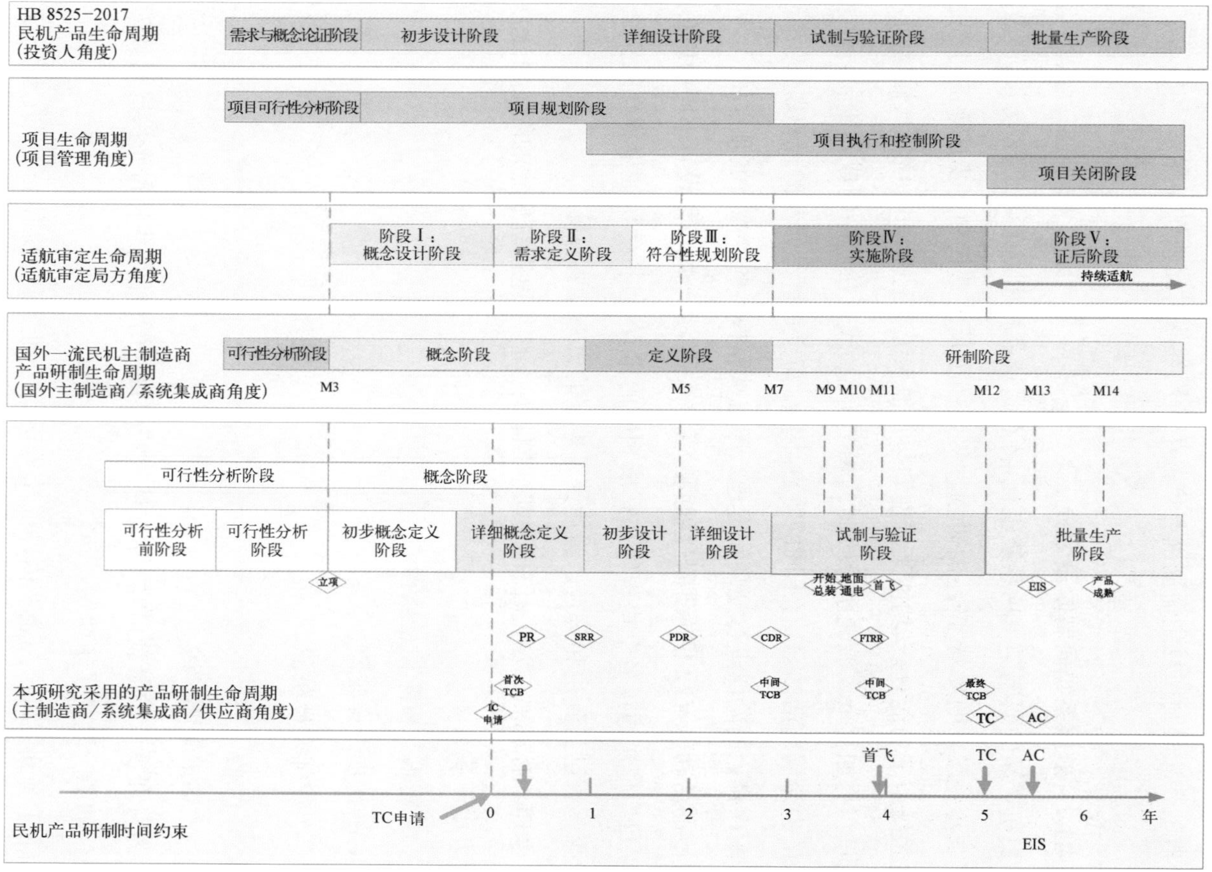

图 4 - 4 项目生命周期与产品生命周期的对比映射

4.1.2.1 需求与概念论证阶段

需求与概念论证研究阶段是指产品研制企业尚未对外公开声明或宣称开始研制某型产品之前的阶段。此阶段可分为可行性分析前阶段和可行性分析阶段两个子阶段,如图4-5所示。

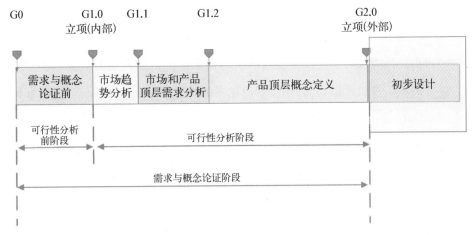

图 4-5 需求与概念论证阶段

可行性分析前阶段指研制企业内对未来或后续的产品尚未形成具体的概念或想法的阶段。在此阶段,产品制造商的主要工作内容是维持现有产品的安全和持续运行,观察和对比竞争机型的产品技术、市场运行和后续产品的发展趋势,捕获和解决现有客户使用现有产品中遇到的问题和抱怨,捕获和识别后续新产品或改型产品的研发机会和顶层策略,响应飞机主制造商发出的招标书(request for proposal,RFP),根据其提供的系统顶层需求,结合自身的经验和产品,提供相应的系统级解决方案,预计产品进入市场的窗口期并逐步形成企业后续产品的目标和期望。

4.1.2.2 初步设计阶段

初步设计阶段是企业在完成了需求与概念论证阶段的工作,从对外公布研制下一代产品开始至完成飞机级初步设计审查之间的阶段。初步设计阶段可划分为初步的概念定义和详细的概念定义两个子阶段,如图4-6所示。

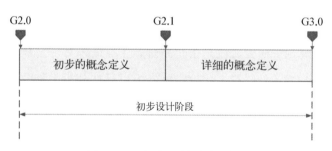

图 4 - 6　初步设计阶段划分

初步设计阶段的主要任务是对需求与概念论证阶段确定的产品的商业机会进行更加细致的评估,完善初步的商业案例模型(business case,BC),捕获初步的系统需求,与飞机主供应商联合工作,获得初步可行的航电系统设计方案,沟通和确定最终的系统级需求的符合性方法并达成一致。

建立由多个工程联合概念组组成的集成产品工作组(integrated product team,IPT),确定主要的系统需求,开发航电系统关键节点说明书,构建航电系统初步设计方案,航电系统供应商可据此进行竞标;形成航电系统提案征求书;评估工业部门与航电技术风险以及商业风险;检查完成的设计及一系列技术解决方案的可行性。

4.1.2.3　详细设计阶段

详细设计阶段是在完成了初步设计阶段工作,从选择最终的系统设计方案至完成飞机级关键设计审查之间的阶段。详细设计阶段可划分为详细定义阶段和详细设计阶段,如图 4 - 7 所示。

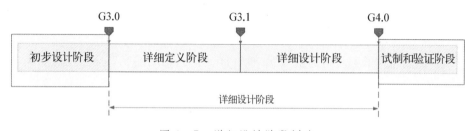

图 4 - 7　详细设计阶段划分

详细设计阶段的任务是与子供应商对系统级方案开展联合设计,开展系统级系统需求审查(system requirements review,SRR),冻结系统级需求,包括系统接口需求。制订和完善系统方案,完成系统级初步设计审查,结合系统级需求,沟通和确定最终的系统级需求的符合性方法并达成一致。签订产品研制合同,并在设备级关键设计审查后,完成系统级关键设计审查。

4.1.2.4　试制与验证阶段

试制与验证阶段是产品研制生命周期中最重要的阶段,在冻结产品全部设计方案和构型后最终实现产品研制。

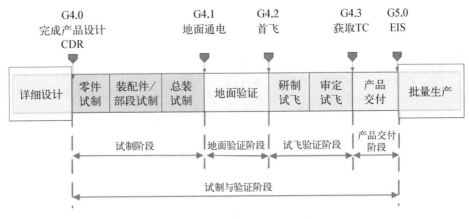

图 4-8　试制与验证阶段划分

试制与验证阶段可以划分为试制阶段、地面验证阶段、试飞验证阶段和产品交付阶段四个子阶段。

试制阶段的主要任务是用按合同交付的经过鉴定的工作包产品完成部件装配、飞机总装和完成机上地面通电。

地面验证阶段的主要任务是系统随飞机完成地面验证,包括各系统的功能试验、结构的全机静力试验(限制载荷)、全机地面振动试验和铁鸟多系统综合试验等,完成首飞前的准备,通过首飞完备性审查,获得首飞批准。

试飞验证阶段的主要任务是系统随飞机在飞机首飞后完成试飞,验证飞机的试飞测试改装,开展和完成试飞验证活动。随飞机完成审定条款的适航符合性演示,提交适航符合性报告,在获得审定局方批准后,获得审定局方颁发的 TC。

产品交付阶段的主要任务是在获得审定局方颁发的 TC 之后,完成首架交付飞机的配套产品生产制造。

4.1.2.5 批量生产阶段

批量生产阶段是从完成首次交付开始,对交付产品的运行成熟度进行跟踪和统计分析,制订相应的改进措施,确认产品的顶层技术指标已经达到了飞机顶层要求,实现产品的稳定生产和交付,开展持续适航活动,直至民机产品报废退役为止阶段,如图 4-9 所示。

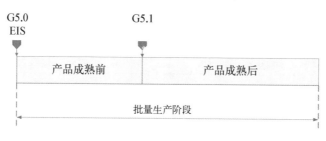

图 4-9 批量生产阶段划分

4.1.3 航电系统架构研制

航电系统架构确立航电系统结构及边界,并在该结构及边界内实施具体的项目设计满足建立的航电系统需求。可以考虑多个候选航电系统架构实现设计。候选的航电系统架构通过技术成熟度、设计实施进度、生产能力、合同义务、经济性、经验及行业领先状况等因素来评估。

通过航电功能和性能分析、PSSA 和 CCA 等过程对候选航电系统架构进行迭代式评估,以确定满足航电系统的功能和顶层安全性需求的可行性。

随着航电系统架构工作的深入,由于技术、架构、系统和项目接口或设计实施选择等因素的影响,产生的衍生需求更加清晰。这些衍生需求也需要进行评估以分析其对较高层级需求的潜在影响。

此项工作的输出是航电系统架构定义及顶层航电系统功能和相关较低层

级安全性需求的分配。输出中还应包括航电接口、系统约束条件(物理的和环境的等)和系统综合的需求。

4.1.4　航电系统到软件/硬件分配

航电系统架构的制订与航电系统需求至软件/硬件的分配是紧密联系的、反复迭代的过程。每次循环都加深对衍生需求的理解和确定,航电系统级需求到软件/硬件的分配原理也更加清晰。当在最终航电架构中满足了所有需求时,该过程即完成。向软件/硬件分配和分解需求时,应保证可以完全实现分配和分解的需求。

由于分配中产生的衍生需求可能与航电系统、软件/硬件有关,因此须考虑根据分配的需求在航电系统级、软件/硬件进行设计实现的验证。

该分配工作的输出包括分配到每个软件/硬件的需求及适合的安全性目标和 DAL。必要时应包括软件/硬件集成的需求。此项工作的输出也可用于更新 PSSA。

4.1.5　航电系统研制实施

航电系统的实施有从航电系统过程到软件/硬件过程的信息流和从软件/硬件过程到航电系统过程的信息流、航电软件/硬件设计及制造、航电软件/硬件的集成以及航电系统综合四个要点。

1) 航电系统过程到软件/硬件过程与软件/硬件过程到航电系统过程的信息流

(1) 航电系统过程到软件/硬件过程的信息流。航电系统需求分解并分配到基于航电系统架构确定的软件/硬件。航电软件/硬件需求的分解和分配应遵循系统过程。

当航电需求分配到软件/硬件时,需参考 DO - 178B(软件)、DO - 254(电子硬件)及其他现有工业指南,上述指南提供了关于架构、DAL 和功能分解(包括冗余管理)。此时,对于将航电需求分配至软件/硬件这项工作以及航电系统架构、冗余管理和需求分解都已完成。

作为航电需求分配的一部分,传递到软件/硬件过程包括如下资料:

a. 分配到航电硬件的需求。

b. 分配到航电软件的需求。

c. 每个航电需求的 DAL 及对相关失效状态的描述(如适用)。

d. 对航电硬件失效分配的失效率和暴露时间间隔。

e. 航电系统描述。

f. 航电设计约束条件,包括功能隔离、分隔、其他外部接口要素和划分要求的数据、模型以及项目研制的独立性要求。

g. 根据实际适用性,在航电软件/硬件研制层级实施的系统验证工作。

h. 已通过航电系统过程进行工作或评估的、由软件/硬件过程向系统过程提供的数据可作为系统过程可接受证据。如此处所述的工作可以是对软件过程所提供的衍生需求通过系统过程进行评估确定这些需求是否会对 SSA 产生任何影响。

(2) 航电软件/硬件过程到系统过程的信息流。支持航电系统级的研制工作和完整过程的资料中应包括如下信息:

a. 有待根据航电系统需求和安全性评估评价的衍生需求(软件/硬件)。

b. 已实现的航电软件/硬件架构的描述能充分地证明航电架构具备独立性和故障包容能力(如硬件隔离和软件分隔)。

c. 在航电软件/硬件研制层级开展的航电系统、软件/硬件验证工作的证据。

d. 须合并到 SSA 中的航电硬件失效率、故障探测覆盖范围、CCA 和故障潜伏时间间隔。

e. 可能影响航电系统、软件/硬件要求,或者会影响软件/硬件衍生要求的问题或文件更改,应对照航电系统、软件/硬件要求或者安全性评估进行评价。

f. 任何使用限制、构型确认、状态约束条件、性能、时间控制和精确度等特性。

g. 将航电系统软件/硬件集成到系统中的资料(如安装图纸、原理示意图和零部件清单)。

h. 拟定的航电系统软件/硬件验证工作的详细内容,这些工作有待在航电系统级验证期间开展。

此外,需证明在此过程中与分配的航电系统软件/硬件 DAL 相符的工作都已完成,包括通过各种工具完成的任何保证。

(3) 硬件设计生命周期与软件生命周期过程间的信息流。在航电软件/硬件的生命周期过程之间传递的信息流应贯穿于系统过程中。包括如下资料:

a. 航电系统软件/硬件集成需要的衍生需求,如协议的定义、时间控制约束条件和软件/硬件之间的接口方案。

b. 航电系统软件/硬件的验证工作需要协调的事项。

c. 航电系统软件/硬件之间不兼容性的确定,这可以是报告和纠正措施过程的一部分。

2) 航电系统软件/硬件的设计和制造

航电系统软件/硬件设计和制造的过程应对分配给各软件/硬件的需求提供可追溯性。如果航电系统软件/硬件的实现与需求分配及航电架构定义是平行进行的,那么须有足够的规范确保捕获航电衍生需求,并确保在航电实现过程中所有的功能需求得以满足。

这一阶段的输出包括航电系统软件/硬件集成程序、发布的硬件图纸、软件源代码以及相关的生命周期资料、适用的研制保证资料、试验板或原型机硬件(如适用)以及实验室和飞行试验件。

3) 航电系统软件/硬件综合

根据航电系统特性和使用的研制过程,初始的软件/硬件的集成可能应用于试验板、原型机、计算机仿真或者实验室和飞行试验件。输出结果是在构型控制下的、基于研制保证资料和航电系统软件/硬件生命周期资料的设备。在设计、制造过程中产生的详细程序应用于验证航电软件/硬件集成的所有需求都得以满足。

制订接口文件对于促进电子软件/硬件集成过程是有利的。这能保证电子软件/硬件能够提供兼容的功能(如电子硬件被正确地初始化和内存映射等)。

4) 航电系统综合

通常,航电系统综合从软件/硬件及分系统综合开始逐步进行直至完成航电系统综合。

模拟航电系统运行环境可以在铁鸟台或在飞机上实施。在飞机上进行综合具有较高的有效性,但是通过实验室或模拟环境常能得到更有针对性的或更节省成本的结果。业界有各种不同的用于航电系统综合的具体程序。

在航电系统集成过程中,如果发现不足,则应返回到适当的研制或完整的工作阶段(需求捕获、分配或确认、实现和验证等),寻找解决方法并重新执行集成过程。

当所有的迭代工作结束时,这一工作的输出是一个经过验证的航电综合系统及证明航电系统满足全部功能需求及安全性需求的资料。

航电系统综合要确保全部航电系统的正确运行,不论是单独运行还是安装后与飞机上的其他系统协同运行。这项工作提供了满足系统相互间需求(作为一组需求)的方法,也提供了发现并消除非预期功能的可能。

4.2 航电系统研制过程保证

4.2.1 研制过程保证目标

航电系统研制过程保证如图4-10所示,工作的目标包括如下几方面:

(1) 确保航电系统、软件/硬件研制所有必要的计划得以制订和保持。

(2) 确保航电系统研制工作和过程按照研制计划开展。

(3) 提供证据以表明工作和过程是严格按照计划进行的。

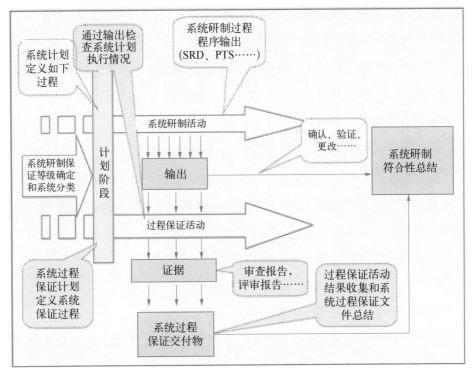

图 4-10　航电系统研制过程保证

4.2.2　研制计划过程保证

航电系统研制计划过程保证设计人员包括系统过程保证人员、系统配置管理主管、系统 V&V 主管、安全性和可靠性专家、系统项目主管、保证人员(设备和软件/硬件)以及结构和系统安装专家等。

航电系统研制计划保证活动包括如下内容:

(1) 参与和支持在编写航电系统计划前进行过程的选取和剪裁。

(2) 确保定义了航电系统研制过程,且研制过程适用于航电系统的研制,过程保证应确保航电系统研制过程与 ARP 4754A 相符,在最终航电系统研制计划中规定研制过程。

(3) 确保航电系统研制计划是可实施的,且经过专家评审,提出解决评审发现的问题,且评审证据可用于审定局方审查资料。

（4）对航电系统分类和系统研制保证等需求经过多轮评审。

（5）确保研制计划中与 ARP 4754A 要求之间的偏差都被识别且是可接受的,研制计划的活动可能与 ARP 4754A 要求相偏离,但必须识别这些偏离,给出相关符合性方法。

（6）开展航电系统计划评审,保证各计划间的一致性。

（7）航电系统评审至少应确保在航电系统研制时计划持续适用。

研制计划的主要输出是一系列航电系统计划,过程保证的输出是航电系统计划评审报告。由于航电系统计划评审是系统研制保证人员的职责,因此评审不生成单独的过程保证报告。

4.2.3　研制计划应用的持续评估

系统研制保证人员需要确保按照一致认同的系统计划执行航电研制活动和过程,并确保有证据证明航电系统按计划实施。

航电系统过程保证可能有多个形式,包括输出评审（如审查证据）、审计和其他评估。该过程参与的人员包括航电系统过程评估人员、航电系统设计师、航电系统验证和确认主管、航电系统验证和确认专家、航电系统安全性/可靠性专家、航电系统配置管理主管、合格审定专家、过程保证人员（设备和软件/硬件）、项目主管、项目质量管理主管、系统集成团队、系统支持专家及结构和系统安装专家。

该过程的主要活动包括如下几方面的内容:

（1）保证航电系统研制活动与航电系统研制计划相符。

（2）保证航电系统研制保证计划要求的交付物的完整性和符合性,交付物的过程保证是一种检查过程适用的方法。

（3）确保在航电安全性和可靠性文件中描述的航电安全性和可靠性活动的符合性。

（4）确保系统安全性/可靠性计划中的安全性/可靠性交付物的符合性和

完整性。

（5）确保航电系统构型管理活动与系统构型管理计划的符合性。

（6）确保航电系统构型管理计划中的配置管理交付物的符合性与完整性。

（7）确保航电系统 V&V 活动和系统确认与验证计划的符合性。

（8）确保航电系统 V&V 覆盖率分析和系统确认与验证计划中规定的方法的一致性。

（9）确保航电系统合格审定计划要求的交付物的符合性与完整性。

（10）确保航电系统设备按照计划开展保证活动。

（11）将与航电系统计划之间的偏离报告反馈给系统设计人员，并采取相应的措施。

该项工作的主要输出包括航电系统研制过程保证报告和航电系统研制保证状态，包括航电过程保证活动、技术和输出记录、偏离和改进措施的描述。

4.2.4   系统研制评审过程保证

该项工作的目的是规定航电系统研制评审过程中应开展的活动，保证系统研制与项目计划之间的一致性。只要考虑了过程保证，评审的目的就是建立系统研制与项目计划之间的一致性。

在航电研制过程中将开展基线评审，评审参考依赖系统研制保证等级和系统复杂度。在航电系统研制的早期，在研制阶段之前开展航电系统计划评审，证明计划与目标相符。

该项工作主要参与的人员包括航电系统过程评估人员、航电系统设计师、航电系统验证和确认专家、航电系统安全性/可靠性专家、航电系统构型管理主管、航电合格审定专家及项目主管。

该过程的主要活动包括如下内容：

（1）航电系统评审准备工作，航电系统过程保证应参与到早期的各评审中，给出哪些是满足评审目标所必需的，并给出如何适应具体航电系统的评审过程。

（2）确保可用的交付物与航电系统研制计划之间的一致性。

（3）在每个评审过程中提供航电系统研制过程保证交付材料。

（4）确保完成了航电子系统和设备级的评审（如设备评审），并将其对航电系统评审的影响进行评估。

（5）评审过程和评审报告与航电系统研制要求的符合性。航电系统评审过程包括准备和关闭过程，须准确地记录航电系统评审过程中发现的问题和采取的纠正措施。

（6）确保航电系统评审过程采取的措施是可控的。

4.2.5　系统供应商过程保证监控

飞机制造商要求供应商开展研制过程保证活动，这些活动在航电系统供应商过程保证计划中规定。在航电系统供应商选择过程中，须提供供应商的系统过程保证计划初稿或其他的用于描述供应商过程保证的文件，确保供应商理解并有能力开展过程保证工作。须对供应商与制造商之间的接口进行评审，以确认其适用性或将风险项或需要特别关注的地方标出。

该过程主要的参与人员包括航电系统过程评估人员、航电系统设计师、航电系统验证和确认专家、航电系统安全性/可靠性专家、航电系统构型管理主管、委任合格审定专家及航电过程保证人员（设备、软件/硬件）项目主管。

该过程的主要活动包括如下内容：

（1）在航电系统研制保证计划中明确制造商研制保证活动与供应商活动之间的关系。

（2）在选取航电供应商过程中评审供应商过程保证大纲，这样可在早期了解系统供应商的研发能力。

（3）评审航电供应商系统研制保证计划。

（4）参与供应商航电系统计划评审，确认供应商研制保证计划（系统供应商计划评审会议），以确保与飞机系统计划之间的一致性。

（5）评审来自航电供应商的关键的子系统和设备文件。

（6）监控航电供应商与其系统研制保证计划的符合性。

（7）确保航电供应商按照程序和计划开展试验和（或）其他 V&V 活动。

（8）评估航电供应商构型管理过程。

（9）评审航电供应商过程保证文件。

该过程的输出包括过程保证活动的记录和输出、供应商监控活动记录、供应商文件校对活动记录以及供应商关键活动和交付物（评审和文件）。

4.2.6　改型（合格审定后）的系统过程保证活动

在改型航电系统研制时，航电系统过程保证活动应按照之前规定的研制活动开展，但也可根据变更进行修改。应生成航电系统研制改型计划，航电过程保证活动应根据计划中规定的活动进行定义。在完成航电研制变更时，应开展航电系统合格审定评审。

主要的参与人员包括航电系统过程评估人员、航电系统设计师、航电系统验证和确认专家、航电系统安全性/可靠性专家、航电系统构型管理主管、委任合格审定专家、航电集成团队以及结构和系统安装专家等。

该过程的主要工作包括如下内容：

（1）航电系统设计更改计划评估，更改计划应覆盖航电系统研制中的所有活动，过程保证评审将确认这些变更的范围，且识别了所有必需的活动和交付物。

（2）确保航电系统研制活动和交付物与航电系统设计更改计划的一致性。

（3）按照航电系统设计更改计划开展过程保证评审工作。

4.3　航电系统研制项目管理

为了实现航电系统产品的研制成本目标和时间进度，本节介绍了航电系统研制过程中的项目管理活动,概述了航电系统项目管理的基本内容,重点描述航电需求管理流程,给出航电系统研制过程中监视与控制以及进度管理,针对项目目标面临的风险,提出航电系统风险管理基本内容,阐述了航电系统研制项目管理过程中的供应商管理工作内容。

4.3.1 概述

项目管理是航电系统研制中采用的一种结构明确且要求严格的管理方法,目的是保证在不超过时间和预算限制的情况下实现项目目标,即在民机研制过程中须始终监视和控制产品技术、成本和进度方面的风险,有效地计划、控制和领导项目中涉及的每个独立过程,实现经过批准的和(或)达成协议的目标,按照规定的和(或)达成协议的计划,在规定的预算内,产生或获得规定的结果。

航电系统研制项目属于典型的复杂产品研制系统工程活动。为降低项目的复杂程度,项目管理应使项目管理人员明确须完成的任务,为每项任务独立地建立任务进度和所需的任务资源,并对任务开展独立的控制。项目管理重点关注的是实现民机产品的产品成本目标、时间进度目标以及产品的质量、成熟度和项目绩效。

项目管理应从项目建立至项目关闭为止的时间内在项目的计划、进度、预测、预算、工作授权、监督和报告等领域建立完整的和成熟的过程、方法和程序。项目管理会受到企业文化和不同地域文化差异的影响,这也为航电系统研制项目目标的实现增添了复杂性和难度。项目目标的实现依赖于以下两个相互独立的且相互支持和补充的企业能力领域。

1)与产品相关的能力领域

与产品相关的能力领域包括了与航电系统研发相关的所有企业内外的技术活动。一般由产品研制企业的技术流程支持完成的技术活动及相关的程序、指令、方法、工具和指南文件等,包括如下典型的内容:

(1)产品需求的定义。

（2）产品技术方案的定义。

（3）产品的设计实现。

（4）产品的生产实现。

（5）产品的评估。

（6）产品的接收和交付。

（7）产品的技术规划。

（8）产品的技术控制。

（9）产品的技术评估。

（10）产品的技术决策分析。

（11）产品的工装/工具。

（12）产品的制造实施设施。

……

2）与项目管理相关的能力领域

与项目管理相关的能力领域包括了所有与实现民机产品研制项目目标有关的规划、组织、监视、评估、管理和控制活动,包括如下典型的内容:

（1）管理研制规划活动。

（2）开展综合性评估。

（3）开展进度管理。

（4）开展构型管理。

（5）开展资源管理。

（6）开展项目文档和数据的管理。

（7）开展供应商和供应链管理。

……

4.3.2 项目管理的基本内容

项目是指一系列独特的、复杂的并相互关联的活动,这些活动有着共同的和明确的目标或目的,必须在特定的时间、预算和资源限定内,依据相应的规范完成。项目的主要参数包括项目的范围、质量、成本、时间、资源和风险等。项目管理是指将各种系统、方法和人员综合在一起,在规定的时间、预算和质量目标范围内完成项目的各项工作,即对从企业的产品研发投资决策建立项目开始到项目结束的整个过程进行计划、组织、指挥、协调、控制和评价,以实现预定的目标。

4.3.2.1　项目的建立

在一个企业内部建立航电系统研制项目时,首先应确定项目负责人,定义航电系统项目研制的商业目标、项目目标和项目范围,识别项目可能的利益关联方等。然后,由项目负责人建立可行性研究团队,制订可行性研究计划和可行性研究阶段成本预算,组织开展可行性研究活动。

4.3.2.2　需求管理

基于需求的产品研发是国外先进民机和系统研发企业遵循的基本研发模式和思路,即系统工程的基本原则,所有产品研发活动中可能涉及的各种预计、规划和评估活动都是根据所捕获和定义的产品需求作为前提而开展的。

航电系统研制项目的需求管理贯穿于项目的生命周期,但其最重要的工作内容是在产品设计方案冻结之前的产品设计定义阶段完成的,主要包括捕获产品的需求、对需求进行形式化定义、建立和管理需求基线和拟定需求的符合性协议等,如图 4-11 所示。

1) 需求管理的目标

航电系统研制需求管理的目标如下:

(1) 确保正确和完整地描述了所有的客户和利益关联方的需求,项目的所有利益关联方理解需求,并达成协议。

(2) 管理经过标识的、基线化的和在 WBS 定义中使用的产品需求。

(3) 建立产品需求和项目 WBS 模型之间的双向追溯性。

(4) 确保在产品生命周期中控制所有与已建立的需求基线相关的更改。

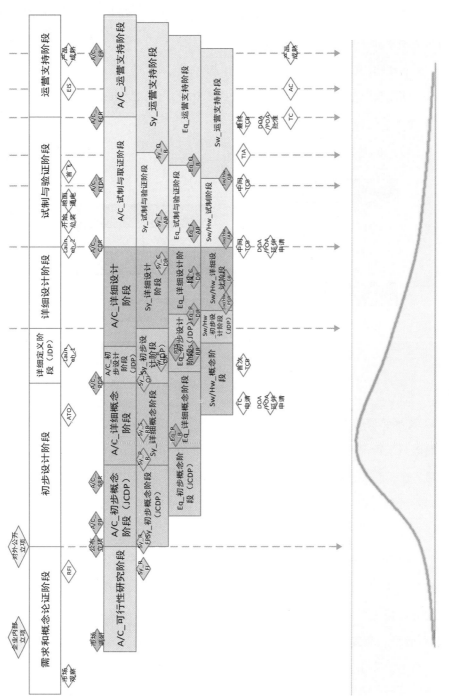

图 4 - 11　需求管理的工作与研制阶段的关系示意图

（5）确保所有的项目审查是根据清晰的、正确的、完整的和被各方所理解并同意的需求而进行。

（6）推动和协助对项目交付物及其组成的确认和验证。

（7）推动和协助产品的研制在时间、成本和性能需求之间的平衡。

2）需求管理的基本过程

需求管理的基本过程如图 4-12 所示。

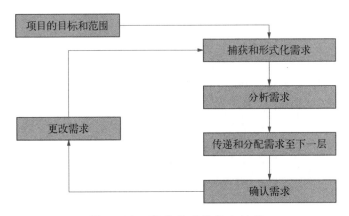

图 4-12　需求管理的基本过程

3）需求管理的基本类型

航电系统产品研制过程中主要有如下三种类型的需求：

（1）管理需求。由产品研制项目管理团队创建和维护的各种计划文件，用于对各种过程进行管理、监视和控制，收集和提供项目执行的过程证据，使民机研制项目能够按照预期完成。

（2）研制过程和配套工具需求。由产品研制质量管理团队创建和维护的，在完成产品研制项目目标所需的各种过程及对相关过程、活动和任务的要求、过程间的依赖关系需求和配套的工具需求，目的是对研制过程的质量进行监督和控制，收集和掌握过程控制的证据和对过程中所采用的工具进行鉴定等。配套的工具需求为实施各类过程所需的配套资源的需求，包括需求管理过程和需求管理工具等。

（3）产品需求。由产品研制设计团队、确认和验证团队创建和维护的不同层级的产品需求集以及与产品需求配套的确认和验证计划，目的是生成和维护最终产品的需求符合性文件和证据资料。

为了实现项目目标，产品研制项目不仅有产品的需求，还有各种非产品的需求，这些需求共同构成了航电系统研制项目需求。这些需求是实现项目目标的基础，仅实现产品需求目标并不能确保实现项目目标和企业商业目标。

航电系统研制项目中的所有需求都应有与设计证明和产品证明相适应的符合性方法，一般须在产品的确认过程、验证过程和相关利益关联方达成协议的过程中确认。不同需求的验证方式是不同的，产品需求是通过在研制过程中的设计分析及试验等方法进行验证，通过产品研制的 V&V 计划实施；非产品的需求则需要通过研制过程及过程的控制证据等研制体系的质量过程和项目管理计划等表明相关非产品需求已经实现。由于不同类型需求的验证策略在具体的产品研制过程中是不同的，所以对应的确认和验证策略也是不同的。项目需求、确认和验证活动以及获得的确认验证证据的关系如图 4－13 所示。

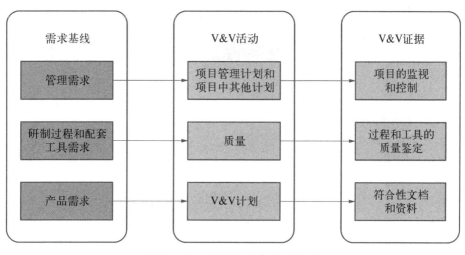

图 4-13　需求与 V&V 的关系

4.3.2.3 监视与控制

1) 监视与控制的目的

航电系统研制项目属于复杂产品的研制项目,具有涉及面广、项目周期长、参与方众多及接口和细节事项繁复的特点,须对项目的执行过程进行持续的监视和控制,重点是项目管理的主要参数领域如项目的风险、时间进度、成本和供应商等,目的是掌握项目的整体进展情况,确保项目当前的进展和项目结束时预期进展与项目预期的结果一致,确定是否应采取相应的措施缩小当前项目进展与预期结果的差距。

2) 监视与控制的基本过程

在产品研制项目管理中监视与控制的基本过程如图 4-14 所示。

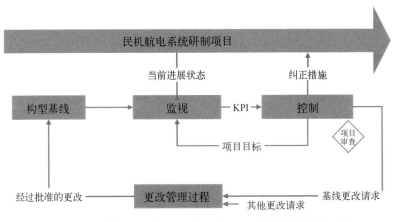

图 4-14 在产品研制项目管理中监视与控制的基本过程

3) 监视与控制的内容

对航电系统研制项目过程进展进行持续监视与控制的内容至少应包含如下几个方面:

(1) 航电系统(包括系统、部段、设备、零件、软件/硬件)的性能和成熟度。

(2) 构型基线及更改涉及的构型基线。

(3) 客户的需求是否满足。

（4）时间进度，包括取证时间及首次交付客户的时间等。

（5）成本，包括非重复成本（non recurring cost，NRC）、重复成本（recurring cost，RC）、直接维修成本（direct maintenance cost，DMC）、直接使用成本（direct operating cost，DOC）等。

（6）风险，包括技术风险、项目风险及财务风险等。

（7）资源，包括人员、供应商资源、设施、工具及场地等。

（8）供应商，包括供应商的产品、生产制造、适航、质量、过程及供应商管理等。

4.3.3　项目进度管理

1）项目进度管理的目的

项目进度管理的目的是在项目的进行过程中，根据项目的工作范围、产品的交付时间和取证时间及合理的项目假设，以可测量和评估的时间单位分解和控制项目进展和交付物，评估项目的进展，保证满足适航取证时间和首架用户的产品交付时间。

2）项目进度的分解层次

项目进度是项目成功的关键要素，由项目团队和项目的负责人控制和管理项目进度，实现对项目交付目标的完成情况的掌控。

项目进度的分解也应按照层次性及架构性的思路，根据分层级的原则，采用自上而下的分解方式，下层的项目进度应满足上层项目进度的基本要求，将上层的项目进度考虑分解成有限的、可理解的和可信的项目进度数据集合。

每个项目进度层级都包括了主项目进度规划、项目进度综合规划及详细的项目进度。每一层级的主项目进度规划用于系统研制的主要时间目标，即产品交付时间和产品取证时间。

项目进度综合规划接受主项目进度规划的时间，是特定项目层级开展研制活动的主要项目进度计划，通常，特定层级的每个项目实体或部门应有一个项目进度综合规划,对应项目层级的 WBS 中的工作包内容,并进一步分解特定项目层级的详细进度计划。

详细的项目进度计划是对特定组织每日具体工作活动和任务的分解,用于追踪具体的工作成果和交付物等。

3）主要工作内容

航电系统研制项目进度规划应由项目团队在项目早期完成,主要的工作内容如下:

（1）根据项目的产品分解层级,确定项目内对每个层级产品的进度进行管理的团队和人员。

（2）确定项目进度管理的过程,并与项目管理的流程关联。

（3）确定每个层级管理团队使用的项目进度颗粒度。

（4）确定开展项目进度管理的工具,明确项目进度的关键绩效指标考核（key performance indicator,KPI）。

（5）确定项目进度的展示方式和格式。

（6）按照项目管理计划,定期报告项目的进度状态。

4）基本管理原则

根据具体项目的复杂程度,民机产品研制项目开展进度管理的原则如下:

（1）项目进度管理的过程和进度应简单、易于理解和使用。

（2）进度报告和(或)选择的进度 KPI 应易于获取,可以快速反映项目不同层级产品的进度状态。

（3）进度报告和管理应具有独立的过程和工具,并与项目的规模和资源的数量相适应。

（4）项目进度的表示应标准化,使参与项目的不同利益关联方易于沟通。

（5）应有定期的项目进度状态报告,应在项目建立时选择相应的报告间隔。报告间隔取决于整个项目的生命周期时间和重要程度。一般来说,生命周期长的项目进度报告间隔较长;重要项目的进度报告的间隔应缩短。

4.3.4　风险管理

风险是指对实现项目的目标有不利影响的事件、条件或状态。

风险管理是一种系统性的识别、分析和控制可能的或潜在的对项目的进展和(或)成果带来不期望更改事件开展针对性的行动,消除或降低可能对实现项目目标产生影响的风险管理方法。通过风险管理,对民机产品研制项目的风险进行评估,开展系统管理,这可以将项目风险降低到可接受的程度。

风险也可以看成是一种对项目管理能力的评估指标,一般是指不能在所定义的成本、时间进度或技术约束条件下实现项目的总体目标的事件。风险包括两个主要组成,一个是不能实现某个特定结果或成果的概率;另一个是不能实现某个特定结果或成果可能造成的影响。

在项目生命周期中,项目管理团队应设立专门的风险经理,负责民机产品研制项目的风险管理活动,主要的工作内容是识别项目的潜在风险,执行风险减缓措施,将项目风险控制在可接受的范围内。

任何民机项目将要实现的产品都是唯一的,与之前的任何存在的或研制的产品都有所不同,所以任何民机研制项目都存在风险。项目经理应在其职责范围内将风险控制在可接受的范围内。

1) 风险管理的目的

航电系统研制的风险管理是为了预计识别项目未来可能的潜在风险,对可能影响项目目标的风险采取措施或行动,避免或减缓可预见的、合理的风险可能对项目的影响。

2) 基本原则

风险管理的基本原则:一是所有风险都应该追溯到项目目标和需求;二是所有的风险都应该在项目中被知道、被理解,并被分配到所需的企业业务职能部门或专业团队。

3）研制中的典型风险

航电系统项目管理应对项目可能面临的或潜在的风险进行评估，持续关注相关风险影响的领域中的风险要素。典型的风险影响的领域和相应的风险要素如表 4-7 所示。

表 4-7　典型的风险影响的领域和相应的风险要素

风险影响的领域	风　险　要　素
项　　目	（1）时间 （2）成本 （3）质量 （4）项目的绩效
质　　量	（1）质量管理系统 （2）质量过程控制 （3）AS 9100 的符合性
工　　程	（1）技术分析 （2）设计和研制的不确定性 （3）失效分析 （4）技术成熟度
业务的持续性	（1）外部事件 （2）恢复的能力 （3）危机的处置
过　　程	（1）内部管理控制 （2）过程的有效性 （3）过程控制
业务运行	（1）政策指令的执行 （2）企业外部的业务运行 （3）时间 （4）成本 （5）质量 （6）绩效
组织文化	（1）文化 （2）道德信仰 （3）管理

（续表）

风险影响的领域	风　险　要　素
财　　务	（1）金融市场和财政风险 （2）市场风险 （3）流动性风险 （4）债务
政　　策	波动

4.3.5　供应商管理

航电系统研制项目有众多的供应商参与其中，供应商管理活动是项目管理活动的基本内容。在项目的执行过程中需要根据项目的需要和可用的工具对供应商参与的研制活动进行追踪、控制和评估。

1）供应商管理的阶段划分

项目中的供应商管理是航电系统研制项目管理活动中的重要内容，主要的活动阶段划分如图 4－15 所示。

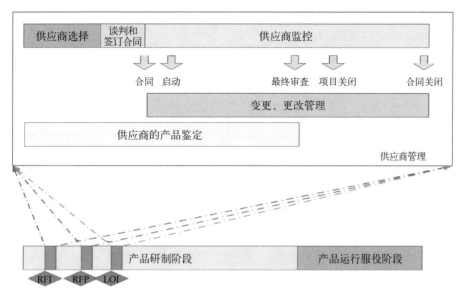

图 4－15　供应商管理的阶段划分

2) 供应商管理的主要工作内容

供应商管理的主要工作内容包括供应商选择;谈判和签订合同;供应商监控;供应商的更改控制;供应商的产品鉴定。

(1) 供应商选择主要工作内容如下:

a. 明确工作包的目的和目标。

b. 明确工作包的范围。

c. 明确工作包的进度,应符合对应项目层级的主进度和采购流程的主进度。

d. 建立供应商目录,包括潜在供应商目录、候选供应商目录和最终的合格供应商目录。

e. 建立供应商的需求,包括技术需求和项目管理需求。

f. 沟通供应商的需求,理解需求内容并达成一致。

g. 开展供应商的评估和选择。

(2) 谈判和签订合同主要工作内容如下:

a. 制订和评估供应商合同。

b. 开展合同谈判。

c. 签订供应商合同。

(3) 供应商监控主要工作内容如下:

a. 建立供应商监控计划,定义控制供应商的关键里程碑,至少包括如下内容。

a) 启动会。

b) SRR。

c) 首件检查记录表。

d) 初步设计审查(preliminary design review,PDR)。

e) 关键设计审查(critical design review,CDR)。

f) 试验完备性审查(test readiness review,TRR)。

g）制造符合性审查（qualification review，QR）。

h）适航审定审查（certification review，CR）。

b. 召开合同启动会，明确合同范围和沟通机制，理解合同内容和项目管理问题，通过合同分工明确合同质量目标和主要的输入，识别合同风险和减缓措施。

c. 设立供应商评估 KPI，持续收集和评估供应商表现。

d. 开展供应商产品的技术性能追踪和管理。

e. 开展供应商产品的质量追踪和管理。

f. 开展供应商产品的交付物追踪和验收管理。

（4）供应商的更改控制主要工作内容如下：

a. 建立技术规范更改管理规定和要求。

b. 建立供应商对飞机制造商的更改回复的评估机制。

c. 建立接收和评估供应商负责的技术更改的机制。

d. 建立供应商合同和分工更改和补充机制。

（5）供应商的产品鉴定主要工作内容如下：

a. 建立供应商产品质量检查规定和程序要求，开展供应商产品质量检查。

b. 建立供应商生产制造检查规定和程序要求，开展供应商产品生产制造检查。

c. 建立供应商产品验收要求，开展供应商产品首件验收检查。

d. 建立供应商产品试验完备性要求，开展供应商产品 TRR。

e. 确认供应商产品的质量不符合项，包括设计偏离、制造缺陷和应执行的更改。

4.3.6　项目关闭

1）项目关闭的定义

项目的关闭是指在航电系统项目中开展的一类特殊活动事件，一般是在项目结束时，或者是在某个研制阶段结束时，为了关闭某个项目或结束某个研制阶段而将项目成果或交付物转交给产品支援团队或是另一个项目团队应开展的活动。

2）项目关闭的考虑

项目关闭是项目生命周期中的一项活动，并非只在项目结束时进行，还可在项目中任何需要进行交接的阶段进行。在项目的规划阶段，即应对项目最终完成的技术文档、客户支援、资源、经验和管理任务等交接进行规划。项目关闭的主要目标是使项目的结束和交接有序进行，并且对完成的项目进行总结和评估，总结在项目执行过程中取得的经验和教训。

令人满意的项目关闭交接是提高客户满意度的因素之一。在规划时，主要关注"我们是否准备好开展服役运行？我们是否通过客户支援将与客户需求需要的一切均交付了用户？"

5

航电设备的
适航性分析

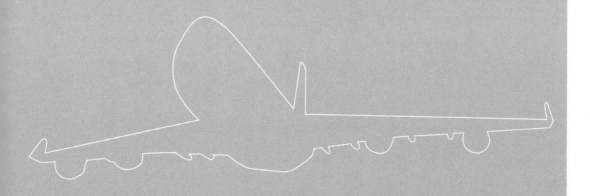

本章总结和提炼航电设备的适航性要求,给出机载设备适航取证应遵循的有关标准,包括技术规范要求、软件/硬件要求、CSTO 中性能要求,重点对 DO‑254、DO‑178B、DO‑160F 标准对航电设备适用性进行分析,阐述了航电设备的研制保证过程,给出航电设备一般研制流程,明确航电设备软件/硬件研制生命周期过程以及各个阶段设计过程和验证活动。

5.1　航电设备的适航性要求

航电设备的适航性要求主要包括在民机机载设备适航技术要求中。我国的适航管理制度是参照美国的适航管理制度建立的,美国机载设备适航技术要求主要在 FAA 颁发的 TSO 中,每一项机载设备颁发一个 TSO。我国的民机机载设备适航技术要求是 CTSO。CAAC 于 1992 年 4 月 1 日颁布 CCAR‑37《民用航空材料、零部件和机载设备技术标准规定》,该规章列出了有关 CTSO 的要求及项目清单,每个 CTSO 由航空器适航审定司根据民用航空材料、零部件和机载设备的应用和发展需要制定和发布,并自动成为 CCAR‑37 的一部分。

CAAC 颁布的 CTSO 以等同转化 TSO 为主,转换的 CTSO 核心技术内容与 TSO 完全相同,我国机载设备 CTSO 要求基本实现与国际接轨。

截至 2019 年 11 月底,CAAC 正式颁布包括 CTSO‑C62e《航空轮胎》、CTSO‑C10b《灵敏型气压致动高度表》、CTSO‑C13f《救生衣》和 CTSO‑C22g《安全带》等在内的 CTSO 共 159 项。

随着我国机载设备适航性工作稳步推进,适航当局技术标准规定归口管理部门除转化 FAA 的 TSO 外,还逐步开展我国专有技术标准规定编制工作,其编号形式为 CTSO‑2CXXX。目前已经颁布了 4 项自主编制标准为 CTSO‑2C601《航空地毯》、CTSO‑2C602《洁净型卤代烃飞机手提式灭火器》、CTSO‑

2C603《快速获取驾驶舱音频记录器》和 CTSO‐2C701《含合成烃的航空民用喷气燃料》。

5.1.1　技术标准总体要求

TSO 是由适航当局制定和颁发,为民用航空器、航空发动机和螺旋桨上使用或安装的重要通用材料、零部件和机载设备而制定的最低性能标准,是民用航空器上的机载设备必须执行的最低安全要求。

技术标准规定项目批准书(technical standard order approval,TSOA)是批准技术标准项目制造人的设计和生产合格的凭证,制造人必须对其生产的零部件的设计和质量进行控制,确保这些零部件符合相应的技术标准规定。同时,制造人还必须对其使用的、为生产 TSO 提供零件或服务的所有设计和制造供应商进行控制。

适航当局在审查技术标准项目批准书时,应同时批准设计和生产两部分,获得 TSOA 并不表示同时获得装机批准,只有取得相应的装机批准,才能安装到航空器上。

TSO 本身并不规定技术要求,技术要求主要包括在其引用的技术文件中。TSO 在"要求"部分通过引用技术标准实现对机载设备应具有的设计及验证要求规定。

"要求"部分引用的标准主要由最低性能要求、环境要求、软件要求及硬件要求组成。其中最低性能要求部分通过引用的技术标准规定了 TSO 设备在航空器上安装后可靠工作必须具备的技术要求。最低性能要求部分引用的技术标准大部分是美国相关部门和组织制定的标准,如 SAE 标准、美国 RTCA 和 ATA 编制的标准,以及美国国家飞机标准(National Aircraft Standard,NAS)和 MIL 等。

环境要求部分规定了机载设备一系列最低性能标准的环境试验条件和相应的试验程序,这些试验的目的是用实验室试验的方法确定机载设备在其机载使用过程中遇到的典型环境条件下的性能特性。环境要求部分通常引用DO-160及其前身DO-138作为环境试验的标准。随着航空业界不断提出更新的要求以及试验技术的快速发展和对机载设备工作环境的深入了解，环境要求主要引用DO-160标准的不同版本。目前最新版为2010年发布的DO-160G。

软件要求部分为机载系统和设备中的软件开发提供指南，使软件在安全方面以一定的置信度完成预期功能并符合适航要求。软件要求部分通常引用DO-178的不同版本，DO-178是一个被国际普遍认可的机载软件适航认证标准，是RTCA为支持含有数字计算机的机载系统和设备的研制工作开发的在软件开发过程中应遵循的准则。目前最先进的机载软件标准是DO-178C，它是从DO-178首次发布开始，历经了30多年的工业实践和修改完善。DO-178C被FAA、EASA和CAAC作为民机机载软件研制可接受的符合性方法。飞机主制造商和设备供应商也相继建立了机载软件研制及适航审查的工作体系。

硬件要求部分为机载电子硬件研制保证提供指南，其目的是有效可靠地排除硬件设计潜在错误，防范研制风险。硬件要求部分通常引用DO-254的不同版本。DO-254是由RTCA第180专门委员会(SC-180)和欧洲民用航空设备组织WG-46工作组联合完成了该指南的制定工作。

5.1.2　机载设备适航取证应遵循的有关标准

5.1.2.1　目前已颁布的100多项技术标准规定(CTSO)(AC-37-01咨询通告)的有关标准

TSO是审定局方颁布的民用航空器使用的某些材料、零部件或机载设备的最低性能标准。与航电系统相关的TSO大约有20项，包括TSO-C198《自动飞行导引和控制系统(AFGCS)设备》、TSO-C35d《机载无线电信标接收设备》、TSO-C41d《机载自动定向(ADF)设备》、TSO-C112e《空中交通管制雷达信标系统/模式选择机载设备（ATCRBS/Mode S）》等。

技术标准规定项目批准书是审定局方颁发给符合 TSO 项目的制造人的设计和生产批准书。除技术标准规定项目批准书的持有人外，任何人不得用 CTSO 标记对项目进行标识。CTSO 标准包含目的、适用性、要求、标记、申请资料要求、制造商资料要求、资料提交要求、参考文献获得和附录等章节。若目前国外有相应 TSO 标准而国内无对应 CTSO 标准，则由申请单位将相应 TSO 翻译为中文后提交适航司公示后方可申请对应中国技术标准规定项目批准书（China technical standard order authorization, CTSOA）。

5.1.2.2 DO-254《机载电子硬件研制保证指南》

航电硬件包含柔性印制电路板（flexible printed circuit assembly，FPCA）、专用集成电路（application specific integrated circuit，ASIC）、可编程逻辑器件（programmable logic device，PLD）等复杂器件，开发过程中应使用类似软件编程语言的硬件描述语言完成航电系统功能的逻辑设计。问题是我们无法完整、全面地测试所有的逻辑功能，因此在这类复杂器件的逻辑设计中可能产生潜在的缺陷或错误导致航电部件和系统的故障。随着技术的发展，这类器件越来越多地应用到航电设备中，潜在的设计错误不但影响航电相关任务的可靠性，而且对飞机的安全造成了很大的威胁。DO-254 是为解决这类问题提出的最权威的标准，因此航电硬件研制过程应符合 DO-254 要求。FAA 和 EASA 都通过专门的咨询通告确认 DO-254 在其受理的适航审定中的有效性。CAAC 虽没有明确的咨询通告确认 DO-254 的有效性，但在 ARJ21 的研制中对设备供应商（包括航电设备供应商）提出了通过 DO-254 证明其符合性的要求。因而在适航审定中贯彻 DO-254 势在必行。根据 FAA AC 20-152 的政策，明确申请人申请 TC、STC、ATC、ASTC、CTSOA 和零部件制造商批准书（part manufacturer approval，PMA）时，设备中包含申请的 DAL 为 A、B、C 的 ASIC、PLD、FPGA 等类似复杂电子硬件要通过 DO-254 证明其航电硬件的符合性，

DAL 为 D 级的不强制要求。FAA Order 8110.105 中对电子硬件的"复杂"和"简单"的定义进行了说明。"复杂"和"简单"不以航电硬件大小(规模)定义,而是以能否满足在不可预知的条件下航电硬件能够正常工作而不产生反常行为进行定义,即所有潜在隐含的状态能被测试和确定,则航电电子硬件产品可以定义为"简单"。当航电硬件产品不能被定义为"简单"时,则视为复杂电子硬件。但 EASA 认为航线可更换单元(line replaceable unit,LRU)、电路板组件、航线可更换模块(line replaceable module,LRM)、ASIC、PLD 及 FPGA 等其他类似器件、集成工艺器件和货架商品(commercial off the shelf,COTS)都应通过 DO - 254 证明其符合性。目前 CAAC 对 DO - 254 的应用参考 FAA 的策略。DO - 254 为机载设备提供了航电硬件研制保证指南,保证航电系统电子硬件发挥其预期功能。DO - 254 为申请者带来的好处包括更明确的前期需求、更少的重复设计、模块测试中更少的缺陷、各层级需求更好的一致性、集成过程中更少的缺陷、更高质量的构型管理、更彻底的测试、更好的软硬件集成、更少的召回(带来品牌价值的提升)、更好的可重复使用性(50%～90%)、降低人为单点故障、更好的进度管理、更好的完整性、更好的市场认可度和竞争力等。但执行 DO - 254 理论上将增加 25%～40%的研制成本。当 DO - 254 的理解与执行不正确、验证的计划不合理、存在不正确或不完全的需求和执行时发生偏离等情况时,实际的成本可能增加 75%～150%,最高可达 200%。DO - 254 是一个全面的适航方法手册,由工业界主导编制,具有普遍性和模糊性,不承担安全性的责任,只提了要求没有或极少说明怎么做,没有关于连续生产和机构(团队)的指导,因而解释说明性内容较多,建议推荐的条文较多,具体执行和操作层面的指导较少。航电系统电子硬件项目具体的各项活动方法和方式主要与负责审定的局方代表沟通确定,DO - 254 只是提供了适航方法,具体执行的目标和活动可根据航电系统电子硬件项目的特性与审定局方代表协商,例如,如果执行 FAA 的策略,DO - 254 中某些对 LRU、车间可更换单元(shop replaceable unit,SRU)的要求可能不适用。因而 DO - 254 建议在硬件适航审定计划(plan for hardware aspects of certification,PHAC)中将各项考虑详细描述,并报审定局方批准。每个具体的航电系统电子硬件项目特性和DAL不同,各申请者的具体工程环境不同,都可导致具体电子硬件项目实现活动的不同。

5.1.2.3　DO-178B《机载系统和设备合格审定的软件考虑(B版)》

航电系统软件研制过程应符合性 DO-178 要求。DO-178B 是美国RTCA 为支持含有数字计算机的机载系统和设备的研制工作开发的软件开发过程应遵循的准则,1992 年 12 月正式发布,1993 年 1 月被 FAA 以咨询通告(AC 20-115B)的方式确认为 FAR 的一种符合性方法。2000 年 1 月 10 日,CAAC 以咨询通告(AC-21-02)的方式确认 DO-178B 为 CCAR 的一种符合性方法。HB/Z 295—96《机载系统和设备合格审定中的软件考虑》是我国参照DO-178B 制定的航空行业标准。CAAC 在其发布的许多 CTSO 及有关规章中将 HB/Z 295—96 与 DO-178B 等同采用。但在实施中有疑义时应以 DO-178B英文原文为准。目前 DO-178C 已发布,它是在 DO-178B 的基础上进行了补充完善,操作性与指导性更强,与 DO-178B 差异不大。

5.1.2.4　DO-160F《机载设备环境条件和试验程序(F版)》

航电系统设备环境试验应符合 DO-160 要求。DO-160F 标准由 RTCA下属的 SC-135 分会制定,于 2007 年 2 月 6 日批准,替代于 2004 年 12 月发布的 DO-160E。EUROCAE 和 RTCA 就环境条件和试验程序取得一致意见,文件被命名为 RTCA/DO-160F/EUROCAE ED-14F(简称 DO-160F)。DO-160F 标准包括前言、3 个导则性文件、23 个试验项目文件和 3 个附录文件。DO-160 标准从 1968 年制定到 2019 年共进行了 8 次修订,目前已到 G版,G 版本已于 2010 年 12 月 8 日发布。经过不断发展,试验项目不断增加,试验方法日趋完善,并得到 EUROCAE 和 ISO 的认可和合作,自 1981 年起成为ISO 标准。DO-160 标准已经成为国际广泛采纳的满足民机适航性要求的权威环境试验标准。

5.2　航电设备的研制保证过程

航电系统研制过程应考虑设备的故障、设计错误以及异常行为可能造成的影响,从而确定航电设备的 DAL,并将该 DAL 要求记录在成品协议书中。通过安全性分析,可将航电设备级定义的 DAL 进一步降级、分解到更低层级(功能、子功能等)。航电设备的研制保证过程可参照 DO‐254 开展。DO‐254 作为一种复杂电子硬件的适航符合性方法,具有广泛的适用性,其适用范围包括 LRU、电路板组件、LRM、ASIC、PLD、FPGA 等其他类似器件、集成工艺器件、COTS 等。在理论上,航电设备可看作复杂电子硬件的一种,因而可依据 DO‐254进行设备研制。但在实际环境与特定背景中,航电设备开发商应与适航审定当局讨论确定具体的研制保证活动方法、方式以及目标和数据等。本节以DO‐254为依据,介绍通用的航电设备研制过程,并重点介绍航电设备软件研制保证过程、航电设备电子硬件研制保证过程、环境与可靠性试验和设备级安全性评估过程等重点研制保证项目。

5.2.1　航电设备的研制过程概述

与航电系统研制过程相似,通用的航电设备的研制过程包含设备设计过程和设备支撑过程。设备支撑过程包含计划过程、确认与验证过程、构型管理过程、设备审定联络过程、安全性与可靠性过程及产品与过程保证过程。设备设计过程包含设备需求捕获、设备概念设计、软件/硬件分配、硬件开发生命周期、软件开发生命周期、软件/硬件集成、设备集成。各子过程的详细介绍参见4.1节。

5.2.1.1　航电设备支撑过程

航电设备支撑过程包含计划过程、确认与验证过程、构型管理过程、审定联络过程、安全性与可靠性过程和产品与过程保证过程。

1）计划过程

计划过程将确定航电设备计划,该计划可能由一份或多份文件构成。通过该过程定义将客户需求转化到可接受的水平,证明其能安全地执行预期用途的航电设备或项目的方法。

2）确认与验证过程

航电设备确认与验证过程的需求确认是保证每条规范中的航电设备需求是正确的和完整的,产品验证是保证中间与最终产品满足规范。

3）构型管理过程

航电设备构型管理过程的是保证配置项能完整复制、重新生成和更改受控。

4）审定联络过程

审定联络过程的目的在整个航电设备的研制周期中,申请者与审定机构之间建立通信与理解,明确航电设备开发过程的可接受的方式,减少无效开发。航电设备供应商也应建立与设备采购方之间的通信。

5）安全性与可靠性过程

为向审定局方或航电设备采购方表明满足安全性与可靠性要求,航电设备供应商通过开展航电设备级安全性与可靠性活动,进一步识别航电设备中可能存在的风险,提出设计措施控制风险并最终通过安全性与可靠性评估。

6）产品与过程保证过程

过程保证将提供遵守计划,满足航电设备的软件/硬件设计生命周期过程目标,识别并记录偏离的书面证明。

产品保证将确保产品满足航电规范需求,并且证实和接受了偏离。

航电设备供应商应定义设备级别的产品和过程保证活动及将生成的数据作为航电设备开发计划的一部分或单独设置一份文件描述这些内容。航电设备产品与过程保证活动应由软件/硬件质量保证活动支撑。

5.2.1.2　航电设备分析过程

航电设备分析过程包含设备需求捕获、设备概念设计、软件/硬件分配、硬件开发生命周期、软件开发生命周期、软件/硬件集成及设备集成。

1）航电设备需求捕获

需求捕获过程识别和记录航电设备需求。该过程也应识别和记录来自服役经验的航电设备需求。

2）航电设备概念设计

航电概念设计过程产生高层的设计概念，评估该高层设计概念确定其满足航电需求的潜力。该过程可通过功能框图、设计和架构描述等方式描述航电设备概念设计，应清晰地标识在该阶段识别新的需求。

3）航电软件/硬件分配

该过程分配航电软件/硬件的功能。对于航电设备供应商而言，应在供应商设备规范中清晰地定义软件/硬件的功能，应清晰地标识在该阶段识别的新的需求。

4）航电硬件开发生命周期

航电硬件开发生命周期按照 DO‑254 进行硬件开发。

5）航电软件开发生命周期

航电软件开发生命周期按照 DO‑178C 进行软件开发。

6）航电软件/硬件集成

航电软件/硬件集成过程使用软件/硬件单元产生设备单元进行测试活动。

7）航电设备集成

航电设备集成过程使用设备设计数据产生设备单元，该设备单元是测试活动的一个输入。

5.2.2　航电系统设备软件研制保证过程

航电设备软件的研制应按照 DO‑178C 开展研发工作。DO‑178C 为制造机载系统和设备的机载软件提供指导，提供在满足符合适航要求的安全性水平下完成预期的功能的信心。DO-178C 提供了如下 3 方面的指导：

（1）软件生命周期过程的目标。

（2）为满足上述目标进行的活动。

（3）证明上述目标已经达到的证据，即软件生命周期数据。

在 DO-178C 中，目标、过程和数据是软件适航的基本要求。这 3 方面适航要求是辩证统一的关系，即一旦选择了 DO-178C 标准作为航电软件符合性方法，就必须满足该标准定义的所有适航目标；满足这些适航目标的途径则是执行该标准建议的过程和活动；为证明这些适航目标被满足，应按照该标准所定义的软件生命周期数据组织相关证据。DO-178C 的主要内容是介绍过程、数据和目标这 3 个方面的适航要求。本节从软件生命周期过程入手，介绍航电系统设备软件的研制流程。

5.2.2.1　航电系统设备软件生命周期

航电系统设备软件生命周期过程通常包括如下 3 个过程：

（1）软件计划过程：定义并协调一个项目的软件开发和集成过程的活动。

（2）软件开发过程：生产软件产品的过程。软件开发过程包括软件需求过程、软件设计过程、软件编码过程及软件集成过程。

（3）软件集成过程：保证软件生命周期及输出正确、受控和可信。软件集成过程包括软件验证过程、软件配置管理过程、软件质量保证过程和软件合格审定联络过程。

航电系统设备软件研制过程往往通过选择每一个过程的活动，规定活动的顺序和分配给活动的责任，可以定义一个或多个软件生命周期。对于具体的项目，这些过程的顺序是由项目的特性来确定的，如系统功能和复杂性、软件大小和复杂性、需求稳定性、以前开发结果的使用及开发策略和硬件的可用性。整个软件开发过程的常规顺序是需求、设计、编码和集成。

具有不同软件生命周期的单个软件的几个部件的软件开发过程的顺序如图 5-1 所示。此图为简化图，未表明软件计划和集成过程。部件 W 通过开发

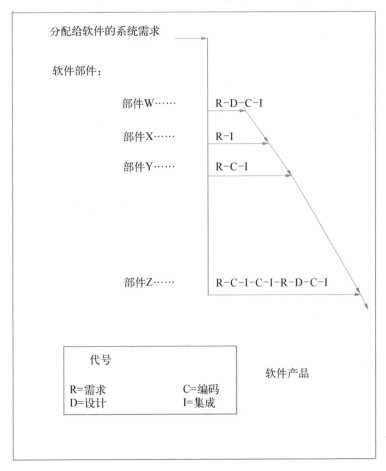

图 5-1　使用 4 种不同开发顺序的软件项目的例子

航电系统设备软件需求,使用航电系统需求确定航电系统设备软件设计,将设计转换为源代码,并把航电系统设备软件部件集成到硬件中。部件 X 是以前开发的已通过合格审定的软件产品。部件 Y 是从软件需求直接编码的简单功能的软件。部件 Z 使用了原型策略。使用原型可更好的理解软件需求并减少开发和技术的风险。原始的需求是开发原型的基础。原型在开发航电系统的预定环境中进行评估,评估结果用做改进需求。

　　使用转换准则确定一个过程是否可以进入或再进入。每一个航电系统设备软件生存周期过程完成输入到产生输出的活动。一个过程可对其他过程产生反馈，并从其他过程接受反馈。反馈的定义包括如何通过接受过程识别、控制和处理信息。问题报告是一个反馈定义的例子。

转换准则取决于航电软件开发过程和集成过程的预定顺序，并且可能受到航电软件等级的影响。常见的转换准则的例子包括：已完成的航电软件验证过程评审；输入是一个被标识的配置项；完成了输入的可追踪分析。

如果为过程确定的转换准则是满足的，那么过程的每一个输入不必在过程开始前完成。如果一个过程对部分输入起作用，那么要检查过程的后续输入确定航电系统设备软件开发和软件验证过程的以前的输出仍然有效。

5.2.2.2　航电软件计划过程

航电软件计划过程产生指导软件开发过程和软件集成过程的软件计划和标准。航电软件计划过程是定义产生满足系统需求并提供与适航要求一致的置信度水平的软件方法。航电软件计划过程的目标包括如下内容：

（1）定义表明航电系统需求和软件等级的软件生存周期的软件开发过程和软件集成过程的活动。

（2）确定航电软件生命周期，包括过程之间的内部关系、顺序、反馈机理和转换准则。

（3）选择航电软件生命周期环境，包括每一个航电软件生命周期过程活动的方法和工具。

（4）如果必要，考虑以前开发航电软件的使用、工具鉴定等 DO－178C 第 12 章中的内容。

（5）定义与航电系统安全目标相符的软件开发标准。

（6）编制符合 DO－178C 中第 6.3 条和第 11 章的软件计划。

（7）协调航电软件计划的开发和修订。

航电软件计划过程的活动包括如下内容：

（1）开发航电软件计划并为执行软件生命周期过程的人员提供指导。

（2）选择或定义用于项目的航电软件开发标准。

（3）选择在航电软件开发过程中的方法和工具防止错误和缺陷。

（4）航电软件计划过程应在软件开发和软件集成过程之间提供协调，保证在软件计划中的策略保持一致。

（5）指出随着项目的进展航电软件计划的修订方法。

（6）在系统中使用多版本非相似软件时，航电软件计划过程应该选择方法和工具满足非相似的需求保证航电系统安全性目标需求。

（7）对将要完成的航电软件计划过程，应控制航电软件计划和软件开发标准更改，并且完成评审。

（8）如果计划使用非激活编码，航电软件计划过程应描述非激活的机制和非激活编码定义和验证满足系统的安全性目标。

（9）如果计划使用用户可更改软件，在航电软件计划和标准中须指出相关的过程、工具、环境和数据项目支持设计。

（10）如果计划使用参数数据项，应明确如下内容：

a. 参数数据项的使用方法。

b. 参数数据项的软件级别。

c. 开发、验证和更新参数数据项的过程和相关的工具认证。

d. 软件版本控制和兼容性。

（11）如果可行，航电软件应陈述任何附加的考虑。

（12）如果航电软件开发活动将被供应商执行，计划应陈述对供应商的监督。

（13）如果满足过程活动的转换准则，可以在软件计划完成前开始其他航电软件生命周期活动。

1）航电软件计划

航电软件计划定义了满足适航要求和项目软件等级的方法，详述了那些将要执行这些活动的组织。航电软件计划及其主要内容如表 5-1 所示。

表 5-1　软件计划

名　称	主　要　内　容
航电软件合格审定计划	为征得合格审定机构对建议的开发方法的同意而与其进行联络的主要手段,并且定义了符合 DO-178C 的方法
航电软件开发计划	定义软件生命周期,软件开发环境和满足软件开发过程目标的方法
航电软件验证计划	定义了满足软件验证过程目标的方法
航电软件构型管理计划	定义了满足软件构型管理过程目标的方法
航电软件质量保证计划	定义了满足软件质量保证过程目标的方法

2) 航电软件生命周期环境计划

航电软件生命周期环境计划用于定义开发、验证、控制和编制软件生命周期资料和软件产品所使用的方法、工具、步骤、程序设计语言和硬件。选择的航电软件环境可能对机载软件产生有利的影响。如强化标准、检测错误、实施防止错误和故障容错方法。

防止错误方法的目标是在航电软件开发过程中避免可能引起失效状态的错误。故障容错方法的目标包括航电软件设计或源代码的安全特性,保证航电软件正确的输入数据,并防止错误输出和控制错误。防止错误和故障容错方法的要求取决于航电系统需求和安全性评估过程。

(1) 选择航电软件开发环境和工具应考虑如下几方面:

a. 在航电软件计划过程期间,选择的航电软件开发环境应减少最终机载软件的潜在风险。

b. 应选择有资格的工具或工具的组合及航电软件开发环境的部件,使由另一个部件检测到的某个部件引入的错误能达到必要的置信水平。当两个部件同时使用时,能产生一个可接受的环境。这种选择包括对工具资质要求的评估。

c. 定义的航电软件验证活动或软件开发标准,包括对航电软件等级的考虑,应减少与航电软件开发环境有关的潜在错误。

d. 对组合工具的使用,如果寻求合格审定置信度,那么应在有关计划中规定工具操作的顺序。

e. 如果在项目使用中选择了航电软件开发工具的可选择特性,那么应检查选项的效果并在有关计划中规定。这一点对编译器和自动代码生成器特别重要。

f. 应评估已知的问题和缺陷,并且应指明对航电软件有副作用的问题。

(2) 选择编程语言、编程程序和计划验证时应考虑如下几方面:

a. 一些编译程序具有优化目标代码性能的特征。如果测试用例给出的覆盖范围与航电软件等级一致,那么不需验证优化的正确性,否则应确定这些特征对结构覆盖范围分析的影响。

b. 为了实施某些特征,一些语言的编译程序可能产生不能直接追踪到源代码的目标代码,如初始化、机内错误检测或异常处理。航电软件计划过程应提供检测这个目标代码的方法,保证验证的覆盖范围并在有关计划中定义了这些方法。

c. 如果引入了一个新的编译程序、链接编辑程序或夹在程序版本或者在航电软件生命周期更改了编译程序的选项,那么以前的测试和覆盖范围分析可能不再有效。此时应给出相符的重新验证的方法。

(3) 选择航电软件测试环境应考虑如下几方面:

a. 如果模拟器或仿真器完成的功能不通过其他的活动验证,那么须鉴定仿真器或模拟器。

b. 应考虑目标计算机和模拟器或仿真器之间的差异以及这些差异对检测错误和验证功能能力的影响。应由其他的航电软件研制过程活动提供对错误的检测并在软件验证计划(software verification plan,SVP)中规定。

3) 航电软件开发标准

航电软件开发标准的目标是为软件开发过程定义规则和限制。航电软件开发标准包括软件需求标准(software requirement standard, SRS)、软件设计标准(software design standard, SDS)和软件编码标准(software coding standard, SCS)。航电软件验证过程使用这些标准作为评估过程的实际输出与预定输出符合性的基础。

4)航电软件计划过程的评审

进行航电软件计划的评审确保软件计划和软件开发标准符合 DO－178C 的要求，并且提供执行它们的方法。评审活动包括如下内容：

(1)选择的方法满足 DO－178C 的目标。

(2)航电软件生命周期过程适用。

(3)每一过程产生的输出能追溯到它们的活动和输入的证据，并表明活动、环境和将要使用的方法的独立程度。

(4)航电软件计划过程的输出是一致的，并符合 DO－178C 中第 11 章的要求。

5.2.2.3 航电软件需求过程

航电软件需求过程使用系统生命周期过程的输出开发高级需求。这些高级需求包括功能、性能、接口及与安全性相关的需求。

需求过程目标包括如下内容：

(1)开发完成高级需求。

(2)完成派生需求开发并提供给航电系统，包括航电系统安全性评估过程。

航电软件需求过程的输入包括系统需求以及来自航电系统生命周期的硬件接口、系统架构及来自航电软件计划过程的软件开发计划(software development plan, SDP)和 SRS。当满足了计划中的转换准则，这些输入就可以用于开发高级需求。当实现了航电软件需求过程的目标和与它有关的主要过程的目标，那么航电软件需求过程随之结束。该过程的活动包括如下内容：

（1）对分配给软件的航电系统功能及接口需求存在的不确定性、不一致性及未定义的条件进行分析。

（2）将航电软件需求过程中发现的不适当的及不正确的输入反馈给来源并纠正问题。

（3）在高级需求中确定分配给软件的航电系统需求。

（4）定义航电系统分配给软件用于防止系统故障的高级需求。

（5）高级需求须符合 SRS，且是清晰的和可验证的。

（6）若适用的话，应用带有容差的定量术语描述高级需求。

（7）除有规定或者存在设计约束外，无须描述高级需求设计和验证细节。

（8）须定义派生的高级需求及产生的理由。

（9）派生的高级需求应提供给系统过程及航电系统安全性评估过程。

（10）如已计划完成了接口数据内容，高级需求须描述软件使用接口数据的方式。高级需求还须指明数据的结构及每一个数据元素的属性，若可能列出它们的取值。接口数据元素的取值必须与接口数据内容的结构和数据元素的属性保持一致。

航电软件需求的良好特性包括原子性、完整性、正确性、实现无关性、必要性、可追踪性、无模糊性及可行性。编写软件需求应注意如下内容：

（1）使用简明和完整的语句，语法和拼写正确。

（2）对于每个需求使用一个"应当"。

（3）使用主动语句。

（4）使用图形、加粗、编号、留白或其他方法对重要条目进行强调。

（5）使用与软件需求文件（software requirement document，SRD）词汇表或定义章节中标识一致的术语。

（6）避免使用模糊的术语，如作为一个目标、一定程度实用、模块、可获得、足够、及时和用户友好等。如果使用这种术语，它们应当被量化。

（7）在适当的粒度级别上编写需求。通常适当的级别可被一个或少数几个测试覆盖。

(8) 保持需求处于一致的粒度或细节级别。

(9) 减少或避免使用指示多个需求的词,如"除非""除了"。

(10) 避免使用"和""或"或者"/"(斜线)来分割两个词,因为这样可能造成混淆。

(11) 谨慎使用代词,如"它""它们",通常写具体名词更好。

(12) 使用英文描述需求时,避免使用 i.e.(意思是"就是")和 e.g.(意思是"例如")。

(13) 在提示或备注中给出需求的理由和背景,有助于理解编写者的意图。

(14) 避免否定式需求,因为难以验证。

(15) 查找遗漏,确保需求完全定义了功能。

(16) 通过思考软件如何对异常输入进行响应,在需求中建立鲁棒性。

(17) 谨慎使用副词,如"合理地""快速地""重要地""偶尔地",因为它们表述模糊。

5.2.2.4 航电软件设计过程

在航电软件设计过程中,通过一次或多次迭代完善高级需求开发航电软件体系结构和用于实现源代码的低级需求。航电软件设计过程的目标如下所述:

(1) 从高级需求开发航电软件体系结构和低级需求。

(2) 定义派生的低级需求并提供给航电系统过程及航电系统安全性评估过程。

航电软件设计过程的输入是 SRD、SDP 和 SDS。当满足转换准则时,在设计过程中可用高级需求开发软件结构和低级需求。这个过程可能涉及一个或多个低级需求。

本阶段的输出是设计文档,它包括了航电软件结构和低级需求。

实现了航电软件设计过程的目标和与它有关的主要过程的目标,软件设计过程随之结束。该过程的活动包括如下内容:

（1）在航电软件设计过程中开发的低级需求和软件结构应符合 SDS,并且是可追踪的、可验证的和无歧义的。

（2）派生的低级需求和产生它们的理由应定义完好,并分析确定它们不会损害高级需求。

（3）航电软件设计过程的活动可能引发失效模式,可能影响其他软件的执行。在航电软件设计中使用分区技术或其他的软件架构可能改变某些软件部件的等级。在这种情况下,必须定义更多的派生需求提供给航电系统需求及航电系统安全性评估过程。

（4）以数据流或逻辑流方式存在的航电软件部件间的接口须具备接口间的一致性。

（5）在设计与安全性相关的需求时,应监控逻辑流和数据流。

（6）对失效状态的响应须与安全性相关需求保持一致。

（7）在航电软件设计过程中检测到的不合适或不正确的输入应提供给系统生命周期过程、航电软件需求过程及软件计划过程以纠正错误。

5.2.2.5　航电软件编码过程

在航电软件编码过程中,由航电软件架构和低级需求实现源代码。在 DO-178C 中,编译、链接和加载都在集成过程中完成。编码过程目标是由低级需求产生源代码。

航电软件编码过程的输入是来自航电软件设计过程的低级需求和航电软件架构、SDP 和 SCS。当满足预定的转换准则时,航电软件编码过程可以重复进入。本阶段源代码根据航电软件架构和低级需求产生。本阶段的输出是源代码。

航电软件编码过程的活动包括如下内容:

（1）源代码应实现低级需求并符合航电软件架构。

（2）源代码应符合 SCS。

（3）在航电软件编码过程中检测到的不合适或不正确的输入须提供给软

件需求过程、软件设计过程和(或)软件计划过程纠正错误。

(4)使用自动代码生成须遵守航电开发过程定义的约束条件。

5.2.2.6　航电软件验证过程

航电软件验证是对软件开发过程和软件验证过程结果的技术评估。软件计划过程和 SVP 都定义了适用的软件验证过程。软件验证不仅指测试,测试不能表明没有错误,还包括评审、分析和测试。

航电软件验证过程是检测和报告在航电软件开发过程期间已引入的错误。消除这些错误是航电软件开发过程的一种活动。航电软件验证过程的验证目标如下:

(1)分配给航电软件的系统需求已开发到满足那些系统需求的航电软件高级需求。

(2)高级需求已开发成满足高级需求的航电软件结构和低级需求。如果在高级需求和低级需求之间开发了一个或多个等级的航电软件需求,那么应开发相邻等级的需求使每一个相邻的更低级需求满足更高级的需求。假如直接从高级需求产生代码,那么该目标不使用。

(3)软件架构和低级需求已开发至满足低级需求和软件结构的源代码。

(4)可执行目标码满足软件需求(针对预期的功能),并确保没有非预期的功能。

(5)可执行目标代码测试满足软件需求且正确地响应异常输入和异常条件。

(6)对航电软件等级,用来满足这些目标的方法在技术上应是正确且完整的。

通过评审、分析、开发测试用例和规程,进一步执行测试步骤的组合满足航电软件验证过程的目标。评审和分析为航电软件需求、航电软件结构和源代码的精确性、完整性和可验证性提供评估。测试用例的开发可为需求的内部一致性和完整性提供进一步的评估。测试步骤的执行可提供符合需求的证明。

航电软件研制过程的输入包括系统需求、航电软件需求和结构、可追踪性资料、源代码、可执行目标码和航电软件研制计划。航电软件研制过程的输出记录在航电软件测试用例、测试规程、航电软件验证结果及相关的追踪数据中。

航电软件验证需要考虑的内容包括如下几方面：

（1）如果所测试的代码与机载航电软件不同，那么这些差异应予以规定，并说明理由。

（2）在真实测试环境中，当通过使用航电软件不可能验证具体的航电软件需求时，应提供其他的手段，并将它们满足航电软件验证过程目标的理由定义在航电软件研制计划或航电软件验证结果中。

（3）在航电软件验证过程期间发现的缺陷和错误应在其他航电软件生命周期过程中予以报告，以便澄清和纠正。

（4）重新验证必须依据影响前期已验证功能的纠错活动和（或）变更进行。重新验证还必须确认已正确地实现新的修改。

（5）为达到验证的独立性，验证活动须由验证项的开发人员之外的人员执行。可使用工具实现等同于人工的验证活动。独立性还要求，基于低级需求创建测试用例的人员，不能同时是依据这些低级需求进行源代码开发的人员。

1）航电软件评审和分析

评审和分析适用航电软件开发过程和航电软件验证过程的输出结果。评审和分析的区别是分析提供正确性的可重复依据，评审提供正确性的定量评估。评审是通过检查清单或类似的帮助作为指导验证过程的输出。分析可详细检查航电软件部件的功能、性能、可追踪性和安全性以及它与机载系统或设备中其他部件的关系。

当本小节描述的验证目标不能仅通过评审和分析完全满足时，这些验证目标可能需要借助附加的航电软件产品测试来满足。如通过评审、分析和测试相结合的方法验证最差执行时间或堆栈的使用。

DO－178C 所确立的航电软件评审和分析工作项目及验证目标如表 5－2 所示。

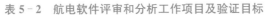

表 5-2　航电软件评审和分析工作项目及验证目标

评审和分析	验　证　目　标
高级需求评审和分析	(1) 符合系统需求。该目标是保证由航电软件完成的系统功能被定义；系统的功能、性能和与安全性有关的需求由航电软件高级需求满足；派生的需求和它们存在的原因被正确定义 (2) 精度和一致性。该目标是保证每一个高级需求是精确的、清晰的和足够详细的并且需求之间没有冲突 (3) 与目标机的兼容性。该目标是确保在高级需求和目标机的硬件/航电软件特征之间不存在冲突。特别地，在系统响应时间和输入、输出硬件之间不存在冲突 (4) 可验证性。该目标是确保每一个高级需求均是可验证的 (5) 与标准的符合性。该目标确保在航电软件需求过程期间遵循航电软件需求标准，并对标准的偏离提出了理由 (6) 可追踪性。该目标是确保分配给航电软件的系统的功能、性能和与安全性有关的需求被开发成航电软件的高级需求 (7) 算法。该目标是确保所建议的算法的精度和特性，特别在不连续区间
低级需求评审和分析	(1) 符合高级需求。该目标是确保航电软件低级需求满足航电软件高级需求，并正确定义了派生需求及其现存的设计基础 (2) 精度和一致性。该目标是确保每一个低级需求是精确和清晰的，低级需求之间没有冲突 (3) 与目标机的兼容性。该目标是确保在航电软件需求和目标机的软件/硬件特征之间，特别是资源（如总线加载）的使用、系统响应时间和输入、输出硬件之间不存在冲突 (4) 可验证性。该目标是确保每一个低级需求均是可验证的 (5) 与标准的符合性。该目标是确保在航电软件设计过程期间遵循航电软件设计标准，对标准的偏离提出理由 (6) 可追踪性。该目标是确保高级需求和派生需求被开发成低级需求 (7) 算法。该目标是确保所建议的算法的精度和特性，特别在不连续区间
航电软件体系结构的评审和分析	(1) 与高级需求的兼容性。该目标是确保航电软件结构不与高级需求矛盾，特别是保证系统完好性的功能（如分区方案） (2) 一致性。该目标是确保在航电软件结构的各部件之间有一个正确的关系。这个关系的存在与数据流和控制流有关。如果接口是下级航电软件的接口，须确认高一级的航电软件部件具有合适的保护机制阻止来自下级航电软件的错误输入 (3) 与目标机的兼容性。该目标是确保在航电软件结构与目标机的硬件/航电软件特征之间没有冲突，特别是初始化、异步操作、同步和中断 (4) 可验证性。该目标是确保航电软件结构是可验证的（如没有无限递归算法） (5) 与标准的符合性。该目标是确保航电软件设计过程期间遵循航电软件设计标准，并对标准的偏离提出评判，特别是不符合系统安全性目标的复杂性限制和设计结构 (6) 划分完整性。该目标是确保划分的分支被保护

（续表）

评审和分析	验 证 目 标
源代码的评审和分析	(1) 符合低级需求。该目标是确保根据航电软件低级需求编制的源代码是精确的和完整的，并且源代码没有实施文档要求之外的功能 (2) 航电软件结构的符合性。该目标是确保源代码能够符合航电软件结构中定义的控制流和数据流 (3) 可验证性。该目标是确保源代码不包含不能被验证的语句和结构，也不包含需要更改代码才能测试的源代码 (4) 与标准的符合性。该目标是确保在编制代码期间遵循各航电软件编码标准，特别是与系统安全性目标一致的复杂性限制和代码约束。复杂性包括在航电软件部件之间的耦合程度、控制接口的嵌套层数和逻辑或数值表达式的复杂程度。这个分析也确保对标准的偏离提出理由 (5) 可追踪性。该目标是确保航电软件低级需求开发成源代码 (6) 精度和一致性。该目标是确定源代码的正确性和一致性，包括堆栈的使用、定点算数运算溢出及处理、资源争夺、情况执行定势、异常处理、未初始化变量的使用、缓冲区管理、未使用的变量或常量和由于任务或中断干扰造成的数据损坏。编译器（包括编译选项）、链接器（包括链接选项）和一些硬件特性可能影响到最差执行时间，对这种影响应进行评估
集成过程输出的评审和分析	保证集成过程的输出是完整的和正确的。评审和分析活动包含执行一个详尽地检查编译过程、链接过程、加载数据和内存映射。典型的潜在错误包括： (1) 编译警告 (2) 错误的硬件地址 (3) 内存覆盖 (4) 丢失航电软件部件
测试用例、规程和结果的评审和分析	(1) 验证开发的测试用例满足需求覆盖范围和结构覆盖范围要求 (2) 验证测试用例（包括预期结果）被精确开发为测试规程 (3) 确保测试结果是正确的，并在真实的和希望的结果之间的差异是可解释的

2）航电软件测试过程

航电软件测试用于证明航电软件满足需求，即以高置信度验证可能导致在系统安全性评估过程中确定的不可接受的失效状态的错误已被消除。DO-178C推荐基于需求的测试，基于需求的测试对暴露错误最有效。基于需求的航电软件测试过程包含如下三种类型的测试：

（1）硬件/航电软件集成测试：验证在目标计算机环境中航电软件正确地

运行。

（2）航电软件集成测试：验证航电软件需求和部件之间的内部关系，验证航电软件需求和在航电软件结构中航电软件部件的实现。

（3）低级测试：验证航电软件低级需求的实现。

基于需求的硬件/航电软件集成测试方法，将集中在目标机环境中航电软件运行相关的错误源和高级功能上，其目标是确保目标机的航电软件满足高级需求。通过这种测试方法可检测到的典型错误如下：

a. 不正确的中断处理。

b. 不能满足可执行时间的要求。

c. 对硬件瞬变或硬件失效的不正确的航电软件响应，如启动顺序错误、瞬态输入过载和输入电源瞬变。

d. 数据总线和其他资源争用问题，如存储器映像。

e. 机内测试不能检测到失效。

f. 硬件/航电软件接口错误。

g. 反馈回路的不正确行为。

h. 在航电软件控制下的存储器管理硬件或其他硬件设备的不正确控制。

i. 堆栈溢出。

j. 用来确认外场可加载航电软件的正确性和兼容性的机制的不正确操作。

k. 航电软件划分的违例。

基于需求的航电软件综合测试。这种测试方法将集中在航电软件需求之间的内部关系及通过航电软件结构对航电软件需求的实现上。基于需求的航电软件综合测试的目标是确保航电软件各部件之间正确的相互作用并满足航电软件需求和航电软件结构。这种方法可通过扩展测试用例的范围相应的扩展需求的范围直到编码部件的成功综合完成。通过这种测试方法可检测到的典型错误如下：

a. 变量和常量的不正确初始化。

b. 参数传递错误。

c. 数据破坏，特别是全局数据。

d. 不适当的首尾相连的数字分辨度。

e. 事件和运行的不正确顺序。

基于需求的低级测试：这种测试方法集中证明每一个航电软件部件符合其低级需求。基于需求的低级测试的目标是保证航电软件部件满足它们的低级需求。

通过这种测试方法可检测到的典型错误包括如下：

a. 满足某一航电软件需求的某一算法失效。

b. 不正确的循环操作。

c. 不正确的逻辑决策。

d. 输入状态的正确合理的组合过程失效。

e. 对丢失或损失的输入数据的不正确响应。

f. 例外的不正确处理，如算法故障或排列限制的违例。

g. 不正确的计算顺序。

h. 不合适的算法精度、准确度或性能。

具体的测试用例的开发应包含正常范围的测试用例和鲁棒（异常范围）测试用例。具体的测试用例要从航电软件需求和航电软件开发过程中内在的错误源开发。测试步骤是根据测试用例创建的。

正常范围的测试用例用于证明航电软件响应正常输入和条件的能力。正常范围测试用例包括如下：

a. 真实的整型输入变量要使用有效的相应类别和边界值来表示。

b. 对与时间有关的功能，如滤波器、积分器和延时器，应完成代码多重迭代，检查在上下文中功能的特性。

c. 对状态转换，要开发测试用例在正常运行期间实现可能的转换。

d. 对由逻辑方法表示的需求，正常范围测试用例应检查变量使用和布尔操作符。

鲁棒测试用例的目标是验证航电软件对异常输入和条件的响应能力。鲁棒测试用例包括如下：

a. 无效值的等价类型选择应运用实变量和整型变量。

b. 在异常状态期间应运用系统初始化。

c. 应确定输入数据的可能的失效模式,特别是来自外部系统的复杂的数字数据串。

d. 对循环计数是一个计算值的循环,应开发测试用例,以计算超出循环计数的值,然后验证与循环有关的代码的鲁棒性。

e. 应进行检查以确保对超过帧数的防护机理正确响应。

f. 对与时间有关的功能,如滤波器、积分器和延时器,应开发测试用例防止算数运算溢出。

g. 对状态转换,应开发测试用例引起航电软件需求不允许的转换。

测试用例是否充分可通过测试覆盖范围分析评价。测试覆盖范围分析包括两步过程,涉及基于需求的覆盖范围和结构覆盖范围分析。第一步分析测试用例与航电软件需求的关系,即需求覆盖范围分析,确认选择的测试用例满足规定的准则。第二步确认基于需求的测试步骤测试到的编码结构满足相应的覆盖率标准,即结构覆盖范围分析。

5.2.2.7 航电软件配置管理过程

航电软件配置管理过程与航电软件生命周期中其他过程协同工作,并在如下方面给予协助:

(1) 提供了航电软件生命周期中定义和受控的航电软件配置。

(2) 始终提供在航电软件制造时,或者在必要情况下为进行研究或修改航电软件、重现航电软件、复制目标代码和参数数据项文件(如果有)的能力。

(3) 提供对航电软件生命周期中过程的输入输出的控制,以确保过程和活动的一致性和可重复性。

（4）通过对配置项的控制和基线的建立，为评审、状态评估和变更控制提供已知的点。

（5）提供控制以确保问题引起注意，变更被记录、批准和实施。

（6）通过对航电软件生命周期过程输出的控制，提供航电软件批准的证据。

（7）评估航电软件产品与需求的符合性。

（8）确保对配置项进行安全的物理归档、恢复和控制的维护工作。

航电软件配置管理的活动包括配置标识、变更控制、基线建立和航电软件产品存档。存档还包括航电软件生命周期相关数据资料。具体活动如下：

（1）配置标识。为每一个配置项、每个配置项中独立控制的部件及组成航电软件产品的配置项组合确定配置标识，对配置项进行标识应早于变更控制的实施和追踪分析。

（2）建立基线。建立基线是为航电软件生命周期过程活动确定一个基准，并允许在配置项之间引用、控制和可追踪。基线的建立应遵循配置管理对航电软件基线的要求，即经过评审、批准、标识和入库控制等。

（3）问题报告。问题报告活动是记录不符合航电软件计划和标准的过程、记录控制航电软件生命周期的输出缺陷、记录航电软件产品的异常状态并保证这些问题得以解决。

（4）更改控制。更改控制活动是在整个生命周期内提供更改记录、评估、处理和批准。

（5）配置状态纪实。配置状态纪实活动是为在航电软件整个生命周期过程的配置管理提供配置标识、基线、问题报告和更改控制的资料。

（6）归档、检索和发放。归档、检索和发放活动是为已归档的航电软件生命周期资料提供复制、再生，为重新测试或更改航电软件产品提供检索和发放。

（7）航电软件加载控制。航电软件加载控制是指将已编程的指令和数据从主存储器传输到机载系统或设备中的过程。

（8）航电软件生命周期环境控制。航电软件生命周期环境工具由航电软件计划过程定义并在航电软件生命周期环境配置索引中标明。

5.2.2.8 航电软件质量保证过程

航电软件质量保证过程评估航电软件生命周期过程及其输出，以保证目标得以实现，缺陷得以检测、评估、跟踪和解决，并保证航电软件产品和航电软件生命周期资料符合合格审定需求。航电软件质量保证过程的目标是保证如下过程：

（1）航电软件计划和标准的开发和评审符合 DO-178C 并与其一致。

（2）航电软件生命周期过程，包括供应商的航电软件生命周期过程，符合批准的计划和标准。

（3）满足航电软件生命周期过程的转换准则。

（4）进行航电软件产品的符合性评审。

其中航电软件符合性评审作为合格审定申请的一部分，目标是保证提交的航电软件产品获得航电软件生命周期过程得以完成、航电软件生命周期资料得以完成且可执行目标代码和参数索引文件（如果有的话）得以控制并能再生。

航电软件质量保证过程的活动包括如下内容：

（1）航电软件质量保证过程将在航电软件生命周期中主动进行，应使完成航电软件质量保证过程的活动具有一定的权限、职责和独立性，保证满足航电软件质量保证过程的目标。

（2）航电软件质量保证过程为航电软件计划和标准的开发和评审符合本批准并且和本标准一致提供保证。

（3）航电软件质量保证过程为航电软件生命周期过程符合批准的航电软件计划和标准提供保证。

（4）航电软件质量保证过程包括在航电软件生命周期中对航电软件生命周期过程的审核，以保证采用了规定的航电软件计划并对航电软件计划和标准的偏离进行检测、记录、评估、追踪和解决。

5.2.2.9　合格审定联络过程

适航联络过程是在整个航电软件生命周期过程中在申请人和合格审定机构之间建立通信并进行沟通,有助于合格审定过程。除建立审定联络,合格审定联络过程的目标还包括通过批准合格审定计划获得对符合性方法的承诺及提供符合性证明。

申请人应建议确定机载系统或设备的开发满足合格审定基础的符合性方法。航电软件合格审定计划(plan for software aspects of certification,PSAC)定义了在建议的符合性方法内对机载系统或设备方面的内容。该计划也描述了作为决定系统安全性评估过程的航电软件级别。

申请人提供航电软件生命周期过程符合航电软件计划的证据,通过产生有效的航电软件生命周期资料提供给审定机构审查。适航审定机构可以在不同的场所审查。如审查可以在申请人的工厂、申请人的供应商工厂或在适航审定机构进行。申请人安排航电软件生命周期过程活动的这些审查活动并编制必要的和有效的航电软件生命周期资料。

5.2.3　航电系统设备硬件研制保证过程

航电设备电子硬件是典型的机载电子硬件类型,根据FAA在2005年6月颁布的咨询通告,FPGA/CPLD/ASIC等复杂电子硬件可以采用DO‑254定义的研制保证方法进行审定,明确了可以依据DO‑254开展航电设备电子硬件的研制保证。

DO‑254标准于2000年4月由RTCA批准颁布,应用对象包括LRU、SRU、FPGA/CPLD/ASIC及COTS等几乎所有电子硬件。DO‑254标准主要描述了机载复杂电子硬件的研制保证方法,对硬件设计生命周期各阶段(需求、设计、验证、确认、过程保证以及适航联络过程)的目标、开展的研制保证活动和产生的设计数据进行了详尽的阐述。与DO‑178一样,DO‑254中相应等级的目标在IMA系统硬件开发过程中也同样应考虑,并形成相关证据文件。

5.2.3.1　航电硬件设计生命周期过程

DO-254定义了完整的航电硬件设计生命周期过程,并对每个过程应达到的目标和开展的活动进行了说明。这些过程不仅适用于新系统或设备的开发,也适用于已有系统或设备的改进。对每个具体的项目而言,生命周期过程的选择应根据项目的特性确定。

一个完整的航电硬件设计生命周期如图5-2所示,包括如下过程:

(1)航电硬件策划过程:定义和协调航电硬件设计过程及支持过程的活动。

(2)航电硬件设计过程:生成设计数据和最终的航电硬件,包括需求获取、概要设计、详细设计、实现和生产转化。

(3)支持过程:生成保证策划、设计、航电硬件安全性评估和支持过程及输出正确及可控的数据。支持过程通常与策划和设计过程同时进行,包括确认、验证、配置管理、过程保证和审定联络等过程。

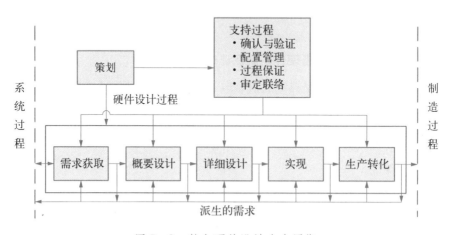

图5-2　航电硬件设计生命周期

为了控制在前一个过程的所有要素完成之前开始下一个过程的风险,DO-254标准定义了转换条件对过程间的转换进行约束。转换条件定义了允许从一个过程过渡到另一个过程的最低数据要求,可以用在关键过程点。在策划过程中的分析应明确转换条件的使用,但无须在计划所定义的每一组过程之间都建立转换条件。转换条件的选择应关注对安全性的影响,如在为认证信任进行功能验证之前,该功能的需求应形成文档,并且该功能的实现应受配置管理控制。

转换条件应记录在航电硬件计划中。转换条件的使用不包含任何特殊的生命周期模型,也不限制如快速原型和并行工程等开发策略。

5.2.3.2　航电硬件策划过程

策划过程用于定义和协调航电硬件设计过程及支持过程的活动,产生包含在一个或多个文档中的航电硬件计划。如果使用多个文档,主计划应包含对支持文档适当地引用。包含具体航电硬件设计生命周期过程的标准文档,如配置管理或过程保证,只要满足相应过程的策划目标都是可接受的。

航电硬件策划过程的目的在于定义一种方法,功能和适航需求可通过该方法转化为一个航电硬件项,该航电硬件项具有可接受的保证证据证明该航电硬件项将安全地实现预期功能。航电硬件策划过程的目标包括如下内容:

(1) 定义航电硬件设计生命周期的过程。

(2) 选择和定义标准。

(3) 选择或定义航电硬件开发和验证环境。

(4) 向认证机构提供符合航电硬件研制保证目标的方法和策略(由于新的和正在开发的技术、工具和过程可能要求提供更改策划过程的细节,因而灵活性是策划过程的一个关键因素)。

为了实现上述目标,航电设备电子硬件的策划过程主要的活动包括如下内容:

(1) 定义航电硬件设计生命周期过程,如适用应包括转换条件及单个过程之间的相互关系,如顺序及反馈机制。

(2) 定义并解释提出的设计方法,包括对期望的航电硬件设计考虑和提供验证方法的基本原理。

（3）项目如使用航电硬件设计标准,应明确航电硬件设计标准,包括标准的合理偏差。范围包括通用的质量标准、公司或程序具体标准。

（4）确定在航电硬件设计过程与支持过程之间协调的方法,尤其应关注与系统、航电软件和飞机认证相关的活动。

（5）定义每一个航电硬件过程及相关的支持过程的活动,这些定义应使航电硬件设计过程及相关的支持过程处于受控的级别。

a. 应选择设计环境,包括开发、验证和控制航电硬件项及生命周期数据的工具、程序和航电软件/硬件。

b. 如果认证信任需要使用组合工具,在相应的计划中应指定工具操作的序列。

（6）设计环境可能影响一个产品的设计。

（7）如果过程必须偏离原计划,且偏离影响认证,应识别这些偏离原计划的过程。

（8）描述用来识别、管理和控制航电硬件、相对应的基线和航电硬件设计生命周期数据的方针、程序、标准和方法。

（9）在申请者将所有或部分航电硬件设计生命周期进行转包时,航电硬件计划应确定保证研制保证目标可以实现的方法。

（10）描述实现航电硬件设计过程的过程保证的方针和程序。

（11）在 PHAC 中应描述验证过程独立性、过程保证独立性及相关组织的责任。

（12）在 PHAC 中记录满足目标的方法,在过程早期与认证机构沟通。

5.2.3.3　航电硬件设计过程

航电硬件的设计过程最终产生满足硬件需求的硬件实体及设计数据,主要包括需求获取、概要设计、详细设计、实现、生产转化验收测试和批量生产等过程。这些设计过程应用于航电硬件项的任何层次级别,如 LRU、电路板部件和ASIC/PLD。每一个过程及过程之间的相互作用是可迭代的。在迭代过程中,应评估每个过程更改的数据对其他过程数据的影响并采取相措施。

1）需求获取过程

需求获取过程识别和记录航电硬件需求，航电硬件需求包括由航电硬件结构、工艺、功能、环境、性能需求产生的派生需求及安全需求。

需求获取过程的目标包括如下：

（1）识别、定义需求并形成文档，包括系统安全性评估过程分配的安全需求及派生需求。

（2）反馈派生需求给系统安全性评估过程用以评估其安全的影响。

（3）应反馈需求遗漏和错误给系统开发过程。

2）概要设计过程

概要设计形成高层设计概念，并通过评估确定最终构造的航电硬件满足需求的可能性。概要设计的形式为功能框图、设计和结构描述、电路板装配外形和机架草图等。概要设计过程的目标包括如下内容：

（1）根据需求完成航电硬件的顶层设计。

（2）反馈派生需求给需求获取或其他相关的过程。

（3）反馈需求遗漏和错误给相关的过程。

3）详细设计过程

详细设计过程在航电硬件需求和概要设计数据的基础上形成详细设计数据，详细设计过程的目标包括如下内容：

（1）根据航电硬件需求和概要设计完成详细设计。

（2）派生需求反馈给概要设计或其他相关的过程。

（3）需求遗漏和错误反馈给相关的过程。

4）实现过程

实现过程使用详细设计数据构造航电硬件实体，航电硬件实体作为测试活动的输入。

实现过程的目标包括如下内容：

（1）根据详细设计数据采用典型的制造过程生成航电硬件实体。

（2）航电硬件实体的实现、组装及安装数据完整。

（3）反馈派生需求到详细设计过程或其他相关的过程。

（4）反馈需求遗漏或错误到相关的过程。

5）生产转化过程

生产转化过程检查制造数据、测试设备及整体制造能力，保证制造过程的可行性和适宜性。生产转化过程的目标包括如下内容：

（1）建立包含支持航电硬件一致性复制所需的全部设计和制造数据的基线。

（2）识别与安全相关的制造需求，形成文档并建立制造过程控制。

（3）反馈派生需求到实现过程或其他相关的过程。

（4）反馈需求错误和遗漏到相关的过程。

6）验收测试过程

验收测试过程证明制造、改进或维修的产品符合航电硬件审定基础的关键属性，虽然验收测试本身属于生产过程，但是验收测试过程应在设计阶段形成，验收测试标准应包含如下基本内容：

（1）确定电气测试项目。

（2）必要时确定环境筛选测试项目。

（3）验收测试应包括所有满足安全需求必需的设计项目。对于没有覆盖的与安全相关的项目或子项目，应提供其他的保证方法，如分析、设计控制、统计的过程控制方法或其他合适的方法。

7）批量生产过程

批量生产过程按照符合制造数据和需求的常规流程重复生产航电硬件。该过程不属于 DO－254 标准的范畴，但为了保证航电硬件生命周期的完整性，DO－254 标准中对批量生产过程中影响研制保证的内容仍进行了说明，主要包含如下内容：

（1）对生产过程或设计更改进行控制，以保证更改不会对现有的安全性、认证及需求的符合性产生影响。

（2）应按照批准的配置管理计划执行所有与更改相关的文档的更新。

5.2.3.4　支持过程

支持过程目的是生成保证策划、设计、航电硬件安全性评估及输出的正确和可控的数据。支持过程通常与策划和设计过程同时进行，主要包括确认、验证、配置管理、过程保证和审定联络等过程。

1）确认过程

确认过程的目的是通过客观和主观过程结合的方法，保证分配给航电硬件项系统的派生的需求是正确和完整的。确认可以在航电硬件项可用之前或之后进行，在一般情况下，确认在整个设计生命周期中进行。派生的航电硬件需求的确认过程的目标包括如下内容：

（1）用于验证航电硬件项的派生的硬件需求是正确和完整的。

（2）评估派生需求对安全性的影响。

（3）反馈遗漏和错误给相应的过程用于决策。

航电硬件确认的目标可以通过一组活动来满足，如评审、仿真、原型、建模、分析、服务经历、工程评估或测试的开发与执行等。

2）验证过程

验证过程保证航电硬件项的实现满足了所有的硬件需求，包括派生的需求。验证过程可按照验证计划定义，应用于设计层次的任一个级别。对于安全性需求，在设计过程的不同阶段应用验证过程中，可将设计错误消除的概率提高到高度可信的程度。该验证不涉及航电软件验证、软件/硬件综合验证、系统综合验证过程。在这些过程中对航电硬件需求的验证是航电硬件验证的一种有效方式。验证过程的目标如下：

（1）提供航电硬件实现满足需求的证据。

（2）在航电硬件需求、实现与验证过程和结果之间建立可追溯性。

（3）验收测试条件被确定、可以被实现，并与航电硬件功能的硬件研制保证级别一致。

（4）反馈遗漏和错误给相应的过程，用于决策。

验证过程目标可通过一些组合的方法实现，如评审、分析及测试的开发与执行。验证计划规定了应采用的证明符合需求的验证活动。验证活动包括如下内容：

（1）识别应验证活动的需求。

（2）选择验证方法，如测试、仿真、原型、分析和评审，并执行。

（3）建立需求、实现、验证过程与结果间的可追溯性。

（4）分析验证覆盖率，确定验证过程是否完成。

（5）形成验证活动的结果文档。

（6）应反馈遗漏和错误给相应的过程，用于决策。

3）配置管理过程

配置管理过程的目的在于提供一致地复制配置项、必要时重新生成信息及需要更改时使配置项更改受控的能力。配置管理过程的目标包括如下内容：

（1）唯一地识别配置项并形成文档。

（2）保证一致并正确地复制配置项。

（3）提供识别和跟踪配置项更改的受控方式。

配置管理主要包括如下活动：

a. 配置识别。配置识别活动的目的是，明确地标识每一个配置项，为配置项的控制和引用建立基线。

b. 基线建立。在配置识别的基础上为之后的活动提供基础，使配置项之间可以引用、控制和跟踪。

c. 问题报告、跟踪和纠正措施。问题报告、跟踪和纠正措施的目的是记录并保证正确处理和解决问题。问题可以包括与策划或标准不兼容、生命周期过程输出的缺陷、产品的异常行为、工具和工艺过程的不足或缺陷。问题报告的实现应不晚于用于获得审定信任的基线的建立时间。

d. 变更控制。更改控制活动的目的是保证更改的记录、评价、解决和批准。更改控制应按照配置管理计划进行，且其开始时间应不晚于用于获得审定信任的基线的建立时间。更改控制应通过防止未授权的更改保持配置项的完整性；更改控制应保证对一个更改进行评估确定配置标识是否应更新；对处于更改控制下的配置项的更改应进行记录、批准并跟踪。

e. 发布、归档和调档。发布活动的目的是将数据项置于配置管理控制下，保证只有经过授权的数据才在其他活动中使用。归档和调档活动的目的是保证与产品相关的数据项在需要复制、重新生成、重新测试或修改产品的情况下可以重新获得。

4）过程保证

过程保证确保实现生命周期过程目标和计划中列出的活动已经完成或差异已经处理。目标是保证生命周期过程符合经批准的计划、产生的航电硬件设计生命周期数据符合经批准的计划及用于符合性评估的航电硬件项按照相关的生命周期数据创建。过程保证活动应独立完成，客观的评价生命周期、确定差异和保证纠正措施。

过程保证的主要活动包括保证航电硬件计划的有效性，对批准的计划进行评审并闭环跟踪，偏差的检测、记录、评价、批准、跟踪和解决，遵循批准的计划确定生命周期过程转换条件，对航电硬件项目的开发与设计数据一致性的检查，记录过程活动及转包商使用过程对计划的确保等。

5）审定联络过程

审定联络过程的目的是在整个航电硬件设计生命周期中，在申请者与审定机构之间建立通信与理解，为审定过程提供帮助。审定联络过程应按照航电硬件策划过程和PHAC的描述完成。另外，审定活动可以包括设计方法陈述的及时批准、关于方法与审定原则符合性的商议、设计方法的认可、数据批准的方式及任何需要的审定机构评审和现场测试。

在一些程序中,审定联络不是由设备制造商来提供,而是由整机或其他用户提供,设备制造商位于一个支撑角色。这种关系应在 PHAC 中定义,并且通过审定申请者与审定机构联系。审定申请者对审定负责,保证数据提供给审定机构。

当设备中嵌入的一些航电硬件项是由分包商提供的,审定计划应明确哪些数据由分包商提供,哪些数据由申请者产生。申请者将 PHAC 和验证计划及其他相关计划包含在顶层审定计划中是可接受的。

在审定联络的符合证明过程中由申请者提供航电硬件设计生命周期过程已满足航电硬件计划的证据。审定机构的评审可以在申请者的机构或申请者的供应商的机构进行。申请者安排这些评审,且按照要求提供航电硬件设计生命周期数据。

申请者应解决审定机构评审提出的问题,提交《硬件完成总结》和《顶层图》给审定机构,提交或使审定机构获得所要求的其他数据或符合证据。

5.3　航电系统设备安全性评估

5.3.1　航电系统设备级安全性项目

为安全和可靠的运行,航电系统设备应满足来自适航当局、用户/航线的安全性需求,应依据航电系统设备 DAL 和工程判断,在设备采购技术规范中明确设备应满足的安全性要求。航电系统设备安全性要求分为定性要求和定量要求。定性的安全性要求指与危险缓解策略相关的要求,如避免共模故障、设备级的隔离或失效安全要求、特定类型功能要求、监控、故障检测类别及开发保证等级等。定量的安全性要求指与特定的设备失效模式相关的发生概率要求。通常,为表明对这些要求的符合性,供应商应开展如下活动:

(1) 安全性计划。

（2）架构原则和安全性设计理由。

（3）计算假设总结。

（4）故障模式影响及危害性分析（failure mode effects and criticality analysis，FMECA）。

（5）故障模式影响总结。

（6）固有危险分析。

（7）共模分析和隔离报告。

（8）设备可靠性预计。

（9）设备安全性评估。

（10）安全性测试报告。

（11）安全性工作总结。

这些活动将产生如下文件：

（1）设备安全性计划。

（2）设备架构原则和安全性设计理由。

（3）安全性工作总结。

（4）设备 FMECA。

（5）设备故障模式影响总结。

（6）设备安全性评估。

（7）设备可靠性预计。

（8）设备固有危险分析。

（9）共模分析及隔离报告。

（10）设备关键项目清单及监控。

（11）安全性测试报告与安全性测试。

（12）计算假设总结与计算条件。

（13）可靠性预计方法。

（14）单粒子翻转和多位翻转研究。

对于特定的航电系统设备，无须执行上述所有的活动。应在设备采购技术规范中明确需要开展的活动。应基于设备 DAL 及采购方需求明确设备应开展的安全性工作。

5.3.2　航电系统设备级安全性活动

5.3.2.1　安全性计划

安全性计划描述为满足安全性要求而确定的安全性任务、相应的时间安排和交付物。安全性计划应基于系统安全性计划和系统开发计划。在安全性计划中，应描述如下内容：

（1）安全性工作输入要求。

（2）安全性职能组织。

（3）安全性活动描述，包含任务、职责、交付物、安全性活动与产品生命周期的逻辑顺序关系。

（4）安全性管理，包含子承包商和子层供应商控制。

5.3.2.2　架构原则和安全性设计理由

通过编制文件描述设备架构的主要特征并说明通过该架构何种特性能保证设备满足采购技术规范中设置的安全性要求。

5.3.2.3　计算假设总结与计算条件

通过编制文件描述所有影响定量证明相关计算的假设，如温度和环境条件、压力、组件质量水平、失效率数据基础、降额因子、组件选择和老化试验等，并证明这些假设的合理性。

5.3.2.4　故障模式影响分析

开展航电系统设备 FMECA，并形成 FMECA 报告，描述组件故障模式和故障模式对设备功能的影响及相应的失效率。

5.3.2.5　故障模式影响总结

故障模式影响总结是对 FMECA 的总结，对设备级导致同一后果的所有故障进行了分组。对后果的分组应与设备采购技术规范中的指令保持一致。

5.3.2.6　固有危险分析

航电系统设备供应商应对每个设备进行固有危险分析。该分析应识别与设备相关的、来自设备内部的危险、危险强度以及导致危险暴露于其所处设备位置之外的故障或运行条件。该文档应由制造商和供应商依据设备采购技术规范中规定的评审会计划联合进行评审。依据制造商确定的对飞机的影响,供应商可进行补充分析。

可通过一份通用的潜在危险检查清单识别设备相关的固有危险。对于已识别的危险,供应商应开展危险影响研究说明如下状况:

(1) 导致危险状态的失效或运行条件。

(2) 组织危险状态发生的预防措施,如封锁和排泄等。

(3) 安全性测试,证明预防措施的有效性。

(4) 明确说明上述预防措施和测试未覆盖到的危险状态,以便于制造商在SSA、ZSA 或者 PRA 中考虑这些危险状态。

5.3.2.7　共模分析和隔离报告

航电系统设备供应商应提供共模分析表明对设备采购技术规范中定性要求的符合性。共模分析人员应系统地研究该设备所有可能影响独立性要求或隔离要求的因素。通过分析,确定必要的设计理由,识别所有的偏差并确定风险最小化措施。

5.3.2.8　设备可靠性预计

航电系统设备供应商应给出并证明设备在采购技术规范中定义的环境条件下运行的可靠性数值,并与可靠性要求(如 MTBF 及失效率等)比较。应在设备任务剖面中尽可能详细地描述设备运行过程中将要面临的环境条件。该设备任务剖面必须确定所有因参数自身变化(对于每个参数,与设备暴露时间相比,参数的强度、持续时间、转换高度及周期性方面)而影响设备可靠性的参数。应注意飞机级给定的运行数据假设必须正确地传递到相关的设备级,以便在设备任务剖面中考虑这些假设。供应商应考虑这些必要的信息以便尽可能准确地预计设备可靠性。

5.3.2.9 可靠性预计方法

无论航电系统设备供应商使用哪种可靠性预计方法证明可靠性数据并判断其合理性,均应建立设备任务剖面,以便更好地理解设备在运行过程中如何使用。

5.3.2.10 设备安全性和可靠性评估

航电系统设备供应商应提供设备安全性评估,表明对采购技术规范中设备失效状态的定性和定量要求的符合性。供应商应提供所有的支撑材料,特别是关联图或故障树以识别可能导致这些失效状态的所有单点故障和组合故障。

5.3.2.11 安全性测试报告和安全性测试

航电系统设备供应商应提供安全性测试报告。该报告应给出所有安全性测试的执行结果满足设备采购技术规范中的要求;该报告应关注测试条件和测试结果及要求未被满足时须采取的措施;该报告应持续追踪偏离要求。

5.3.2.12 安全性工作总结

航电系统设备供应商应提供安全性工作总结。该总结应综合所有设备的安全性调查和测试的结果,表明对采购技术规范要求的符合性;该总结应给出每个特定活动主要结果及发布文档的索引;该总结应给出设备采购技术规范安全性要求与相应结果之间的符合性矩阵。

5.3.2.13 设备关键项目清单及监控

应对在设备供应商活动中识别的关键安全性项目进行登记。对于每个关键项目,应定义关键度降级的措施、项目状态及与所有必要依据间的联系。关键项目应进入"设备关键项目清单"。该清单包括与安全性有关的失效、程序、错误、详细架构和假设等。

关键项目监控包括如下典型类别:

(1)导致严重的共模问题。

（2）导致设备处于危险状态或危险的手动/自动程序。

（3）安全性影响未知的相关新技术。

（4）导致可能无法满足安全性要求。

（5）导致对规范的偏离。

（6）导致可能无法满足运行/签派要求。

通过相关的设计、制造、安装、测试及维修等活动可确定重要项目。对每一个重要项目，应定义合适的风险降低措施并跟踪，并将这些项目和措施合并到安全性评估中。

5.3.2.14　单粒子翻转及多位翻转研究

应考虑在飞机暴露于空气中子能量 1～800 Mev、通量峰值 8 600 n/(cm² · h)范围的情况下，单粒子翻转及多位翻转对采购技术规范中给定的航电系统设备故障原因出现率的影响。应识别可能由该粒子环境引发的组件失效状态并分析对设备行为的影响后果。

不同于针对随机故障的安全性调查，应单独开展针对单粒子翻转及多位翻转对航电系统设备安全性目标的符合性调查。

6

航电设备环境
试验验证要求分析

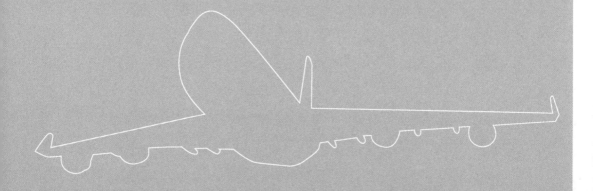

　　本章对航空电子满足适航要求需要开展的设备环境试验验证要求进行分析，包括温度和高度、湿热、冲击和坠撞、振动、砂尘、盐雾等 21 项环境试验，对每项环境试验试验目的和程序进行综合和分析，重点阐述了每项环境试验前准备工作、试验方法以及试验结果评估，上述试验项目和内容为开展航空电子设备适航验证工作提供参考，具体试验过程和要求参见 DO‑160G。

6.1　航电设备环境试验标准概述

　　在航电系统的研制过程中，除应遵循相关标准对软件/硬件的功能和结构进行设计和鉴定外，还须对整个设备进行环境和可靠性的考虑，进行环境和可靠性的试验。航电设备相关技术标准（TSO）规定了环境试验等最低性能要求，航电系统的环境鉴定试验则大多是依据 DO‑160 系列标准开展的。从 1958 年起，DO‑160 及其前身就已用作环境评估测试标准，在最低使用性能标准（minimum operational performance standards，MOPS）和 FAA 民航通告中都将其用作授权环境品质验证的一种方法。随着航空业的新需求、测试技术的完善及对实际环境下设备操作的实现有了更好的了解，DO‑160 也不断地更新和修订，目前已经修订至 DO‑160G。但并不是所有 TSO 中引用的都是最新版的标准，航电设备的 TSO 标准大多引用的是 DO‑160D 版。

　　DO‑160 标准定义了一系列的环境试验条件最低标准和机载设备适用的试验程序，这些试验的目的是提供一个在实验室中模拟在航行中设备可能遇到的环境条件下测试机载设备性能特性的方法。

　　DO‑160 中对包括设备连接和定向、试验顺序、组合试验、实验箱内空气温度测量、周围环境、容许的偏差、试验设备和多组件设备等试验条件进行了定义和说明，并分别针对温度和高度、温度变化、湿热、冲击和坠撞安全、振动、爆炸防护性、防水试验、流体敏感性试验、砂尘试验、霉菌试验、盐雾试验、磁影响试验、尖峰电压试验、电源音频传导敏感性试验、感应信号敏感性试验、辐射敏感度和传导敏感度试验、雷击感应瞬态敏感度、雷击直接影响试验、结冰试验及静电放电试验等试验的目的、范围和试验程序等进行了简单介绍。其中最常见的试验包括温度和温度变化、湿热、振动、砂尘和霉菌试验等，下文将一一阐述。

6.2 温度和高度试验

温度和高度试验主要是测定在说明的温度、高度及说明的压力下适用的设备种类的性能特性。可根据为了在飞机上使用而设计的设备种类选择温度和高度试验程序。此处提到的类别覆盖了在多数飞机类型和安装位置上出现的环境，但不是所有可能的温度和高度限制组合都包括在这些设备类别内，针对飞行中冷却能力损失的设备种类另有详细说明。

6.2.1 温度试验程序

温度试验包括地面低温耐受温度试验和低温工作试验、高温耐受和短时工作试验和高温工作试验。地面低温耐受温度试验、低温工作试验程序和规定介绍如下：

在常压下和设备不工作时，稳定设备的温度在规定的适合的地面耐受低温。保持此温度至少 3 h。置设备于工作状态，在常压下调整和保持实验箱（室）温度至适合的低温工作温度。对于间歇工作的设备，温度稳定后最大负荷运行至少 30 min，在此 30 min 内测量其性能并确定是否符合有关设备性能标准的要求。

此试验并不是温度冲击试验，标准中规定的试验设备温度从常温变化到地面低温耐受温度的速率是可选的并与适合于使用的实验箱（室）的温度变化率相当。除非设备说明中特别说明，设备不必在低工作温度下符合相关的性能标准。

6.2.2　高度、减压和过压试验

压力试验主要包括高度试验、减压试验和过压试验等。过压试验具体要求和程序介绍如下：

除设备说明中另有规定外，设备不工作时将压力增加到等同于 15 000 ft[①] 高度(170 kPa)的压力，维持至少 10 min。将压力恢复到常压下并确定是否符合相关设备性能标准的要求。

过压试验适用安装在加压密封区域的设备，用于确定机载设备能否经受住飞机增压系统例行试验引起的舱内过压。内部部分通过孔洞与加压密封区域连接的安装在加压密封区域的设备在过压试验期间应使这些内部的部分处于设备说明中规定的压力下。

6.3　温度变化试验

温度变化试验用于确定飞机飞行期间设备在规定的合适类别的高低温工作极端温度间正常变化期间的性能特性。设备根据规定的程序进行动态温度变化试验。

对于不同类型的设备，适用于温度变化试验程序的变化率不同，具体如下：

(1) A 类设备。飞机外表面设备。温度变化不小于 10℃/min。

(2) B 类设备。飞机温度不受控制区内的设备。温度变化不小于 5℃/min。

(3) C 类设备。飞机温度控制区内的设备。温度变化不小于 2℃/min。

符合 B 类要求的设备也应符合 C 类要求。

温度变化试验可以和地面低温耐受试验和低温工作试验、地面高温耐受试验和短时高温工作试验和高温工作试验组合进行。试验程序要求如下：

———————

① 1 ft＝0.304 8 m。

（1）如果是地面低温耐受试验和低温工作试验的组合试验，在完成地面低温耐受试验和低温工作试验后继续进行步骤3。如果不是组合试验，在室温下开始试验，按适用的速率降低实验箱（室）温度至低温工作温度。

（2）在低温工作温度下使设备稳定工作。

（3）以规定的适用的速率升高实验箱（室）内温度到高温工作温度。在此期间，测定其性能并确定是否符合有关设备性能标准的要求。

（4）使设备在高温工作温度下稳定工作。如是地面高温耐受试验和短时高温工作试验的组合试验，保持设备在不工作状态 2 min±0.5 min。

（5）启动设备并按规定的适用的速率降低箱内温度至低温工作温度。在此期间，测定其性能并确定是否符合有关设备性能标准的要求。

（6）稳定箱内温度在低温工作温度运行设备不少于 1 h。停止运行 30 min 后重新启动设备。

（7）按规定的适合的速率升温至室温。

（8）在室温下稳定实验箱（室）和设备。测定其性能并确定是否符合有关设备性能标准的要求。

至少进行 2 个循环试验。如果在首个循环内每个温度变化期间可以完成测量设备性能并确定是否符合有关的性能标准，则在第 2 个循环内只要求试验不必测量。如果一个温度变化期间的时间不够测量完设备性能和判定是否符合有关设备性能标准的要求，可以增加循环次数进行测量。如果是组合试验，在第 2 个循环不必重复步骤 1 和步骤 4 的地面高温耐受试验、短时高温工作试验、低温工作试验和高温工作试验。

6.4 湿热试验

湿热试验主要用于确定机载设备耐受自然或诱发的湿热大气的能力，湿热试验应在温度/高度试验和振动试验后进行,预期的最主要影响有腐蚀及因吸收湿气而改变设备特性,包括机械性能(金属)、电气性能(导体与绝缘体)、化学性能(吸湿元件)及热性能(绝缘体)。

湿热试验分为如下 3 类:

(1) A 类为标准湿热环境。标准湿热环境常作为准备安装在民机、非民用运输机和其他种类的飞机上的机载设备的相应试验环境,在这些飞机内机载设备通常不会遇到严酷的湿热环境。

(2) B 类为严酷湿热环境。要求安装在环境不受控制的区域的设备能在严酷的湿热大气环境条件下工作,工作时间超过标准湿热环境试验规定的时间。

(3) C 类为表面湿热试验。要求设备能在与外界空气直接接触的环境下工作,工作时间超过标准湿热环境试验规定的时间。

将设备置于相对湿度至少 95% 的空气中,除了在下面步骤说到的其他方式,湿度应由蒸汽或 pH 值在 6.5～7.5 之间的水或由在 25℃时电阻率不小于 250 Ω/m 的水蒸发产生。暴露区域的空气速率为 0.5～1.7 m/s。实验箱(室)应与大气相通防止气压的增加,并采取措施防止水滴在设备上。试验程序要求如下:

(1) 在 2 h±10 min 时间内,实验箱(室)温度升到(A 类 50℃,B 类 65℃,C 类 55℃),相对湿度至少升到 95%。

(2) 保持实验箱(室)温度(A 类 50℃,B 类 65℃,C 类 55℃),相对湿度至少为 95%,时间至少 6 h。

(3) 在以后的 16 h±15 min 中,温度逐渐降到 38℃或更低,相对湿度尽可能高且不低于 85%。

(4) 步骤 1、2 和 3 构成 1 个循环。A 类 2 个循环,需 48 h;B 类 10 个循环,需 240 h;C 类 6 个循环,需 144 h。

(5) 把设备移出实验箱(室)并使凝结的水分挥发至表面干燥(不要擦拭)。

在完成步骤4的循环后的1 h中,给设备提供动力预热不超过15 min并使其工作。对于不要求电力工作的设备,使用不超过适合设备种类要求的短时高温试验的温度加热后,立即测试或测量其性能并确定是否符合有关设备性能标准的要求。

需要抽查试验样品性能时,可使试验样品在多个循环中的某循环结束时工作,试验样品工作时间不超过 15 min。如需要将试验样品取出实验箱(室)外抽查性能,取出时间不得超过 20 min,试验样品在此 20 min 内,工作时间不能超过 15 min。如果有关标准要求进行其他的检查确定其是否符合要求,这些检查也应在湿热试验期间完成。

6.5 冲击试验和坠撞安全试验

性能符合性试验通常要求进行冲击试验。冲击试验用于验证机载设备在承受飞机正常飞行遇到冲击时及冲击后是否保持正常工作状态。飞机在滑行、着陆期间,或者在飞行中遇到骤风时可能受到冲击。冲击和坠撞安全试验适用所有安装在固定翼飞机和直升机上的设备。冲击试验有标准的 11 ms 的脉冲和低频率的 20 ms 脉冲两种冲击。低频率的 20 ms 的脉冲冲击试验用于为在极不平整的跑道上工作的飞机而设计的设备。在冲击试验设备上使用模拟载荷是确保记录的冲击脉冲在规定的容差范围内。

坠撞安全试验用于验证设备在应急着陆期间是否与安装支架相分离或以危险的方式分离。它应用于应急着陆期间设备的分离可能危及乘员、燃油系统、故障记录系统或应急排空装置的飞机座舱内和其他区域安装的设备。

6.5.1 冲击试验程序

使用试验固定器件按设备使用时的安装程序将设备固定在试验台上。设备应包括非结构性的连接部分。加速计用来测量或控制输入冲击脉冲,应尽量近地放置在设备固定点。测量加速度的试验系统精确度应在标准读数的 10％之内。在设备工作和稳定时,在每个方向上对试验件施加 3 次冲击,在这方向上产生一个加速度峰值为 $6g$ 的周期锯齿波形。标准冲击试验的冲击持续时间是 11 ms,低频冲击试验的冲击持续时间是 20 ms。根据规定确定符合性和冲击脉冲容差限的装置特性。等效冲击响应频谱可以代替周期锯齿波形。冲击试验后,测量其性能并确定是否符合有关设备性能标准的要求。当使用常规的坠落式冲击机械试验时,设备应在如下的 6 个方向位置上接受测试:正常直立位置、倒置、在设备的第一主正交轴依次与平台平面构成＋90°角和－90°角(两个位置)的位置以及在设备的第二主正交轴依次与平台平面构成＋90°角和－90°角(两个位置)的位置。

允许对按正常工作位置安装的设备施加规定的冲击作为替代程序,在 3 个正交轴的两个方向上均施加 3 次冲击。

6.5.2　坠撞安全试验程序

如果坠撞试验适用,应分别按冲击试验程序和持续试验程序进行试验,冲击试验的替代程序则不再进行具体介绍。

(1) 冲击试验程序。用刚性固定器件按设备使用时的安装程序将设备或模拟载荷固定在试验台上。在冲击试验程序中列出的 6 个设备的每个位置,施加规定波形的冲击,但是对于固定翼飞机和直升机其加速度峰值应为 $20g$。在施加 6 次冲击后,设备可能会产生扭曲和变形,但设备不应破坏松动,设备和模拟载荷应保持不移位。

(2) 持续试验程序。用刚性试验固定器件按设备使用时的安装程序将设备或拟载荷固定在试验装置上。在载荷的每个方向上施加合适的试验载荷作用不少于 3 s。载荷的方位指飞机的主要正交轴。如果设备相对于飞机轴线的位置已知,那么载荷和载荷相对的方向可以确定。如果试验件的位置未知或任意的设备,在设备的 3 个正交轴每个方向上的试验位置是随机的,试验后设备不应破坏松动,设备或模拟载荷应保持不移位。

6.6 振动试验

振动试验的目的是确定当设备受到合适类别规定等级的振动时,设备是否符合有关的设备性能标准。具体可以分为标准振动试验、高强度短时振动试验以及耐久振动试验。振动试验适用于固定翼螺旋桨飞机、固定翼涡轮喷气发动机飞机或固定翼涡轮风扇发动机飞机、翼螺旋桨风扇发动机飞机和直升机。任何试验件的振动试验根据飞机类型、种类及飞机区域位置的区别有多种不同的试验程序,介绍固定翼飞机的标准振动试验程序如下:

在设备的 3 个正交轴上用适当的试验曲线进行下面的试验。首先在适当的频率范围内振动频率以不超过 1.0 倍频程/min 的对数扫描率从规定的最低频率到最高频率上扫,然后从最高频率到最低频率下扫,做循环扫描。在初始的上扫期间,在选定的响应位置记录加速度曲线和标注临界频率。临界频率的定义是机械振动响应加速度峰值时输入加速度 2 倍的频率或性能状态显著改变引起超标时的频率。

持续振动扫描循环和工作至少 1 h 测量其性能并确定是否符合有关设备性能标准的要求。在试验期间临界频率的任何变化应记录在环境合格鉴定表上。当试验完成时应检查设备内部或外部的部件不应有结构损伤。当输入的振动总位移超过 0.5 mm 时,试验件的任何读数困难不应作为试验失败原因。

6.7 爆炸防护性试验

爆炸防护性试验主要说明飞机上可能接触的易燃液体和水蒸气的设备要

求,也指在飞行工作时接触或可能接触易燃液体和水蒸气区域内设备的正常和默认使用条件。试验使用的易燃液体、水蒸气或气体模拟了在常规飞机上使用的和需要氧气燃烧的易燃液体、水蒸气或气体(单元燃料不包括在内)。这些标准不适用飞机携带的物品如行李或货物的泄漏而偶然产生的潜在危险环境。爆炸防护性试验的环境可以分为Ⅰ、Ⅱ、Ⅲ三个类别,而设备则可以分为 A 类、E 类和 H 类等。

以 A 类设备为例,极少爆炸防护性的试验程序如下:

(1)密封实验箱并保持内部压力在现场大气压力强度下。实验箱周围温度至少 25℃。应按规定将爆炸混合物置于实验箱内。

(2)给内部壳子的易燃混合气体通电来在外壳内引爆。可用插入外壳的热电偶和与之连接的实验箱外部的感应电流计探测发生的爆炸。若未爆则试验失败。应重新配制易燃混合气体进行试验。

(3)机壳内应引爆 5 次。如试验容器小(不大于实验箱的 1/50)且引爆时壳体内部发生爆炸但随之进入壳体内的混合气体未继续燃烧,不给实验箱补充新的爆炸混合物。机壳内爆炸可多于 1 次,但不超过 5 次。每两次点火间,应保持足够的时间间隔,使新的易燃混合气体进入试验样品内,替换燃烧过的废气。如果内部壳体的爆炸没有引起实验箱内爆炸,则应通过使用火花塞或热线点火塞引燃爆炸混合物的样品检查箱内爆炸混合物的爆炸性能。如果空气和蒸汽混合物没有爆炸则试验失败,重新开始试验。

如果试验样品的爆炸引起实验箱内混合气体的爆炸,则爆炸防护性试验失败,不必进行进一步试验。

6.8 防水试验

防水试验用于确定、评价设备在使用过程中耐受喷淋或降落在其上面的液态水影响的能力。本试验并不用于证明设备密封的性能。因此,密封设备不须做防水试验。根据工作期间与水接触的程度从弱至强,相关设备可以分为 W、R 和 S 三类。试验类型分为滴漏试验、喷水试验和连续流动水试验。

以滴漏试验和喷水试验为例介绍防水试验的试验程序如下:

(1) 滴漏试验。按使用状态要求将试验样品安装在试验样品架上,连接所有接头及附件。启动试验样品,使水滴分配器与试验样品表面垂直间距至少 1 m,调节供水水箱使水滴分配器以 280 l/(m² · h)均匀速度向试验样品表面滴水。时间最少 15 min。水滴分配器 25 mm 的模板上有直径 0.33 mm 的滴孔。试验时,滴孔模板面积应不小于设备正常位置下水平横截面的面积。根据试验结果确定是否符合有关设备性能标准的要求。

(2) 喷水试验。应按使用状态要求将试验样品安装在试验样品安装架上,连接所有接头及附件,启动试验样品。水必须垂直喷向设备性能标准中指明的设备最薄弱部位。

调整喷射头喷咀入口压力为 200 kPa,用一定数量的喷头,在距试验样品不大于 2.5 m 处可同时对几个面进行喷水。每个面至少喷水 15 min。根据试验结果确定是否符合有关设备性能标准的要求。

6.9 流体敏感性试验

流体敏感性试验用于确定设备结构中使用的材料能否耐受流体污染的有害影响,适用于可能受到流体污染的机载设备,可以分为浸渍试验和喷洒试验两种。试验所用的流体是机上和地面工作时常用的和典型的流体。试验中的设备为 F 类设备。

由于许多污染流体的闪点可能在试验温度范围内,须采用适当的措施避免着火或爆炸。某些污染流体本身或同其他污染物或和试验样品混合后可能有毒,试验前须采取预防措施。

以浸渍试验为例,流体敏感性试验的程序如下:

(1) 按照有关标准规定对试验样品进行电和机械连接。试验样品不工作放置在室内环境条件下。将试验样品浸在试验流体内至少 24 h,并按照规定保持试验流体温度,流体应完全覆盖试验样品。

(2) 24 h 后,使完全浸没在流体中的试验样品工作至少 10 min。

(3) 将试验样品放在特定的试验箱内,在 65℃恒定温度下保持至少 160 h 后,将试验样品恢复到室温。

(4) 使其工作至少 2 h,确定试验样品是否符合有关设备性能标准。

6.10　砂尘试验

砂尘试验用于确定机载设备对适中速度的风或气流携带的砂尘的抗力。预期的主要影响包括:

(1) 砂尘可能渗入裂缝、孔隙、轴承和接头中,引起活动部件、继电器和过滤器等受阻或堵塞。

(2) 造成短路。

(3) 砂尘可成为水汽凝聚的核心,可能成为引起设备腐蚀的来源。

(4) 污染流体。

安装在飞机上可能经受砂尘影响位置的设备划为 D 类设备。按如下程序进行试验:

(1) 介质准备。使用合适的实验箱将砂尘喷到空气中,保持浓度在 3.5～8.8 g/m³。砂尘颗粒还应满足其他相关条件。

(2) 设备暴露在沙尘气流中。连续从试验样品的 3 个正交轴的每一轴的每一方向对试验样品喷射砂尘。喷射速度保持在 0.5～2.5 m/s。

（3）第一循环。实验箱内部温度保持 25℃，相对湿度不超过 30％，使试验样品的 3 个正交轴的每一轴的每一方向暴露在砂尘气流中，每一方向至少 1 h。

（4）第二循环。实验箱内部升温并保持在 55℃，相对湿度不超过 30％，使试验样品的 3 个正交轴的每一轴的每一方向暴露在沙尘气流中，每一方向至少 1 h。

将试验样品移出实验箱，降至室温。用刷、抖及擦的方法除去积聚在试验样品（特别是显示器、接口、试验端口等）上的砂尘。禁止用空气吹风或真空除尘的办法除尘。在除尘后根据结果，确定试验样品是否符合有关设备性能标准。

6.11　霉菌试验

霉菌试验用于确定机载设备抗霉菌的能力和在高湿温暖的环境中和在有无机盐存在的有利于霉菌生长的条件下，设备是否受到霉菌的有害影响。

安装在可能受到严重霉菌污染的环境中的设备划为 F 类，这类设备应做霉菌试验。由非营养材料构成的未经霉菌试验的设备可划入 F 类。营养材料经过非营养化处理后，可以视作非营养材料。

试验用霉菌对人体没有太大危害。需要注意的是，某些过敏的人要小心。戴上手套，防止霉菌孢子悬液溅到皮肤和衣物上。可能在培养期间，生长了其他外来霉菌孢子，这将破坏人工环境，可能造成样品损坏，应小心对待。

最危险的是某些在样品上生长可怕的外来霉菌孢子风干后，成为空气颗粒被人吸入肺中。快速把试验样品从实验箱搬到通风橱可避免危险。

试验的位置可能残留有害菌，可用高温流水或环氧丙烷彻底消毒实验箱，可保证从实验箱中清洗出的残渣无害。

试验程序主要包括溶液配制、混合霉菌孢子悬浮液配置、接种体活力检查、对比样件检查、试验接种及培养和检查等步骤如下所示：

（1）无机盐溶液配制。选定符合规定的试剂和水,配制符合要求的无机盐溶液。无机盐溶液用高压水蒸气在 121℃ 下灭菌 20 min。用浓度为 1% 的 NaOH 溶液将无机盐溶液的 pH 值调到 6.0～6.5。应为试验准备好充足的无机盐溶液。

（2）混合霉菌孢子悬浮液的配制。试验菌种主要有黑曲霉、黄曲霉、杂色曲霉及绳状青霉和球毛壳霉等,将上述菌种分别在适当的培养基上培养纯种菌种。菌种应保存在 6℃±4℃ 的冰箱中,时间不得超过 4 个月,之后应再次接种培养,如果发生遗传或生理变化,则用它们作为新的储存菌种。用储存菌种在 30℃ 下培养霉菌孢子悬浮液,时间为 7～10 天。每种菌种都制备一份霉菌孢子悬浮液。即向每个培养储存菌种的试管中注入浓度为 0.05 g/L 无毒湿润剂的杀菌溶液 10 mL。用白金或镍镉合金接种针轻轻将培养基上生长的菌种刮入溶液中。将试管中的霉菌孢子液倒入装有 45 mL 无菌水和 10～15 粒直径为 5 mm 的玻璃珠的带盖锥形瓶中。用力摇动锥形瓶,粉碎霉菌孢子团,使霉菌孢子分散。将霉菌孢子悬浮液用装有 6 mm 厚的层压玻璃棉的漏斗过滤到消过毒的锥形瓶中。这过程可去除影响喷射处理的大块菌丝体碎片和琼脂。用离心机分离孢子悬液,抛弃上层清液,将沉淀物用 50 mL 无菌水再次悬浮,并离心分离。每一种霉菌孢子如此洗涤 3 次。用规定的无机盐溶液稀释洗涤过的最后沉淀物,使每毫升霉菌孢子悬浮液含有 800 000～1 200 000 个霉菌孢子。按规定对每种菌种进行活力检查,以等体积混合每种菌种稀释过的霉菌孢子悬浮液;制备混合孢子悬浮液。制备好的混合霉菌孢子悬浮液应当天使用,否则应保存在 6℃±4℃ 的冰箱中但不得超过 4 天。

（3）接种体活力检查。将制备好的霉菌孢子悬浮液喷洒在置于 3 个单独的培养皿中已凝固的无机盐琼脂的无菌滤纸条上(2.54 cm×2.54 cm),在 30℃ 温度和相对湿度不低于 85% 条件下培养 7 天后检查,3 块滤纸条均应大量长霉,否则用该混合霉菌孢子悬浮液进行的试验结果无效。

（4）对比样件检查。检查设备保证培养箱中霉菌能生长。对比样件由宽 3.2 cm 易吸水的棉布条制成。将对比样件浸在 pH 为 5.3、含有 10.0％甘油、0.1％磷酸二氢钾（KH_2PO_4）、0.1％硝酸铵（NH_4NO_3）、0.025％硫酸镁（$MgSO_4 \cdot 7H_2O$）和 0.05％酵母萃取物的溶液中，沥去过量的液体，悬挂晾干之后放入实验箱中。

（5）试验接种。将试验样品和对比样件按规定状态安放在适当的架子上或悬挂在挂钩上。试验样品之间距离应使空气能在试验样品之间自由循环。实验箱及试验样品在 30℃ 和 95％～99％ 相对湿度下进行至少 4 h 的预处理。用已消毒的喷雾器将混合霉菌孢子悬浮液以细雾喷洒到对比样件和试验样品的全部表面上，如表面是非润滑湿性的，则一直喷到产生液珠凝聚，喷洒后立即开始试验。

（6）培养。

a. 保持实验箱于 30℃ 和 95％～99％ 相对湿度下到试验结束。在培养期间保持实验箱关闭，除非检查或加入其他试验用品。

b. 试验的第 7 天，检查对比样件上霉菌生长情况。如实验箱不适合霉菌生长，重做试验。同时重新调整实验箱的温度和湿度。

c. 如果对比样体上霉菌的生长情况良好，则从接种或检查开始持续试验 28 天。

（7）检查。培养结束后，立即检查箱内的试验样品。如果 8 小时后检查仍没有结束，将样品放回潮湿环境中至少 12 h，除封闭设备外，其他设备内部和外部都要检查，确定其是否符合有关设备性能标准的要求。

6.12 盐雾试验

盐雾试验用于确定设备长期暴露于盐雾大气中受到的影响或设备在盐雾环境中运行的耐蚀性。预期的主要有害影响是金属的腐蚀、活动部件的阻塞或卡死、绝缘失效、接触器和无涂覆导线的损坏等。应注意不可在霉菌试验后进行盐雾试验。安装在飞机上正常使用过程中遭受盐雾大气影响部位上的设备划为 S 类。该类设备应做盐雾试验。

盐雾试验主要包括前期试验准备和试验开展等,程序如下:

(1) 温度。暴露区域温度保持在 35℃。为精确控温,将设备放在恒温室内,在雾化前预热空气到合适温度,暴露区域禁止使用加热器。

(2) 雾化。根据实验箱的体积大小,选择合适的喷嘴,按照规定的速率生成符合标准要求的雾。

(3) 盐雾收集器的放置。在至少 16 h 的试验中,每 80 cm² 水平收集面积(10 cm 直径)盐雾收集器每小时收集 0.5～3 L 溶液。至少应用两个盐雾收集器,一个放在距喷嘴最远处,另一个放在距喷嘴最近处,保证不会遮挡住试验样品并只收集从样品上滴下的溶液。

(4) 盐溶液的度量。用规定的方法得到的盐溶液在 35℃ 下的 NaCl 成分和 pH 值应符合规定。混合收集器使用的盐溶液可达到度量要求。

(5) 试验样品的准备。试验样品尽快入实验箱(室)进行试验。除非另有规定,试验前试验样品表面应进行清理,除去油污,直到表面不会形成水珠。不允许用具有腐蚀性或使试验样品表面产生保护膜的物质清洗试验样品。必要时允许采用氧化镁对试验样品表面进行清洗,但不允许采用除氧化镁外的其他任何研磨剂。

(6) 试验的进行。除非另有规定,试验样品在实验箱(室)中经受连续喷盐雾至少 48 h 的试验。之后在环境大气中至少停放 48 h 或按设备有关标准规定的时间进行干燥处理。然后进行性能测试,确定是否符合有关设备性能标准的要求。

对试验样品表面的锈蚀、起泡、起皱、开裂、脱落及其他缺陷进行全面检查,必要时允许用温度不高于 28℃ 的流动水轻轻冲洗以帮助检查,并分析试验中腐蚀造成的即时和潜在影响。

6.13 磁影响试验

通过磁影响试验可确定设备的磁影响，以便选择该设备在飞机上相对于磁敏感设备的位置。试验的原理是将自由磁体（如无补偿罗盘等）放在强度14.4 A/m（即地球磁场强度）±10％南北方向的均匀水平磁场中，通过该自由磁体相对于受试设备的偏转程度确定设备的磁影响。受试设备放置在通过自由磁体中心的东西线上。

试验程序如下：

使受试设备以产生最大磁体偏转的稳定状态方式工作，转动受试设备并将其定在能使自由磁体产生最大偏转的方向上，测量当自由磁体偏转 Dc 度时其中心与设备上最近部件之间的距离。根据此距离将设备分类如表 6-1 所示。

表 6-1　磁体偏转距离分类表

设 备 类 别	Dc 度偏转处的距离/m
Z	<0.3
A	0.3～1.0
B	1.0～3.0
C	>3.0

6.14 尖峰电压试验

尖峰电压试验的目的是确定设备耐受交流或直流引线上尖峰电压影响的能力。预期的尖峰电压影响包括永久性的伤害（如部件失败和绝缘失效）、敏感性下降或设备性能变化。设备按预期装机环境可分为 A、B 两类。

尖峰电压信号发生器产生规定的波形。使用规定的方法编译波形，可以使用任意方法产生尖峰电压信号。

试验程序如下：

断开受试设备，调节尖峰发生器输出，得到波形与规定相一致的开路电压波形后，将受试设备接入测试线路中。

使受试设备在设计电压下工作，在其每个主电源输入端施加正极性尖峰电压和负极性尖峰电压信号，须在 1 min 内施加正极性尖峰电压和负极性尖峰电压信号至少各 50 次。

对设备的每一种工作方式或功能重复此试验。

施加尖峰电压信号结束后，即检查受试设备是否符合有关设备性能标准的要求。

6.15　电源音频传导敏感性试验

电源音频传导敏感性试验决定机载设备是否适应预期的大量频率部件。这些频率部件通常与电源音频相关。

试验设备可以分为 A 类设备、B 类设备、Z 类设备和 J 类设备，其中 J 类设备可代替 A 类设备使用。对不同的设备有不同的电源输入频率要求。

试验程序如下：

当设备工作时，对每个非接地直流输入电源线施加一系列连续的正弦声波信号，通过改变信号的振幅有效值改变音频，按照规定确定扫描频率，确定是否符合有关设备性能标准的要求，并对所有工作模式重复该试验。

以 A(CF)类和 J 类设备为例，试验程序如下：

按规定连接试验设备。当设备工作时，对每个非接地直流输入电源线施加一系列连续的正弦声波信号，使音频在 700 Hz～16 kHz 变化。

对 A(CF)类设备，保持正弦声波信号的有效振幅不小于最大正常交流输入电压的 5%，按规定设置扫描频率，确定是否符合有关设备性能标准的要求。

对所有工作模式重复该试验。

对 J 类设备,保持正弦声波信号的有效振幅不小于最大正常交流输入电压的 8%,可在 5.5 kHz 或高于 5.5 kHz 的 6%,按规定设置扫描频率,确定是否符合有关设备性能标准的要求。对所有工作模式重复该试验。

6.16　感应信号敏感性试验

感应信号敏感性试验用于确定设备的互联电路配置是否适应安装环境的某个级别的感应电压。涉及的特定干扰信号与电源频率和谐波、音频信号及由另一个机载设备或系统产生的瞬间电场有关,并通过被试设备(equipment under test,EUT)的互联线影响 EUT 中的敏感电路。相关的设备属于 B 类、C 类、Z 类和 A 类。

试验程序如下:

(1) 设备中的感应磁场。将设备置于电流产生的磁场中,干扰电流辐射体位于受试设备或部件 0.15 m 处。确定是否符合有关设备性能标准的要求。

应将干扰电流辐射体定位在引起最大干扰的方位上。干扰电流辐射体的长度应保证超出受试部件的两端,每端至少伸出 0.6 m,向干扰电流辐射体输入电流的引线放置在离受试部件的任何部分和干扰电流辐射体本身至少 0.6 m 处。受试设备的所有部件均应单独进行试验。电场源和磁场源不应与设备电源同步。

(2) 连接电缆中的感应磁场。将连接电缆按要求置于电流产生的场中,确定是否符合有关设备性能标准的要求。试验期间,设备所有的互连导线电缆,均应按生产安装布线图进行布置,应适当地模拟与受试设备有关的设备的输出或输入情况。电场源和磁场源不应与设备电源同步。

(3) 连接电缆中的感应电场。将连接电缆按要求置于电流产生的场中,确定是否符合有关设备性能标准的要求。试验期间,设备所有的互联导线电缆,均应按生产安装布线图进行布置,应适当地模拟与受试设备有关的设备的输出或输入情况。电场源和磁场源不应与设备电源同步。

(4) 连接电缆中的感应尖峰。试验期间,设备所有的互联导线电缆,均应按生产安装布线图进行布置,仅在生产厂规定处才使用屏蔽线或绞合线。应适当地模拟与受试设备有关的设备的输出或输入情况。电场源和磁场源不应与设备电源同步。

将连接电缆按规定置于正负瞬时场中。对于正负极,脉冲应保持至少 2 s 或大于相关设备规定的时间。之后确定是否符合有关设备性能标准的要求。所有设备必须符合相应设备性能标准的要求。在监视点监视,断开触点时发生瞬时感应交换。当触点断开时,A 点的电压在约 2 us 的时间内,从直流 +28 V 变为一个大负压。此时线圈绕组之间的电容,典型情况下为 250~3 000 pF 充负电。当电弧达到电离电势时,触点处出现电弧放电,通过放电通道很快升向直流 +28 V,此时放电完毕,循环反向进行。在典型情况下,重复时间为 0.2~100 ms,重复次数为 5~1 000 次,直至电感性负载的能量($E=1/2LI^2$)消耗完为止。

6.17　辐射敏感度和传导敏感度试验

辐射敏感度和传导敏感度试验判断设备及其相互连接线路暴露在某一级别的射频调制功率下时是否在性能规范内正常运转。射频调制功率是由一个射频(radio frequency,RF)辐射场产生或由在电源线上或接口回路电缆上的插入探测器感应形成。

试验程序如下:

(1) 传导敏感度(CS)试验程序。正确设立探测器位置、航电软件安装、EUT 操作模式和稳定性、测试设备和所有监视回路和负载。由于被测电缆束的反射,RF 辐射场是有害的,因此应遵守适当 RF 辐射限制。

把信号发生器设置为 10 kHz。插入探测器使用正向功率直至达到规定类别的电流或正向功率。用幅值测量设备和数据记录器监控电缆束感应电流。

对 A 类至 L 类设备,调整且控制正向功率达到所选类别标准的电缆束感应电流。必要时限制正向功率不超过校准值 6 dB,校准值由探测器校准程序确定。在适当的电流和功率频率范围内扫描。在试验报告中记录感应电流。对 Y 类、W 类、R 类、T 类和 S 类设备,根据探测器校准程序确定的功率标准,设定插入探测器的正向功率。需要时,根据如下标准,调整并控制正向功率限制电缆束的感应电流:

a. Y 类为 1 A。

b. W 类为 500 mA。

c. R 类为 100 mA。

d. T 类为 25 mA。

e. S 类为 5 mA。

在适当的电流和功率频率范围内扫描。在试验报告中记录感应电流。

停留在要求的内调制、数据、时钟频率和其他关键点的频率。如果应用调制,确保确定的波峰幅值要求。在扫描期间依据可应用设备性能标准判断评估 EUT 运行情况。

(2)辐射敏感度(CS)试验。正确设立天线和各向同性探测器位置、航电软件安装、EUT 操作模式和稳定性、测试设备和所有监视回路和负载。使用各向同性探测器验证发射路径正常运行。应用源自正向功率校验中确定的场强。由于 RF 场是有害的,因此应遵守适当 RF 辐射限制。

设置使用由发射场校验确定的正向功率。当应用调制时,确保波峰幅值符合规定限定值。使用适当的调制方式和频率范围扫描直到扫描频率上限。在要求的内调制、数据和时钟频率处停留。扫描期间依据可应用设备性能标准判断评估 EUT 运行情况。

6.18　射频能量发射试验

射频能量发射试验用于确定设备发射的射频噪声是否超过规定的值。在辐射干扰限制中规定的凹槽用于保护飞机上控制频率的射频传感器。

根据设备与无线电天线之间的位置和距离规定设备类别。当这些参数与飞机的型号和尺寸相关时,将根据每个类别的定义提供范例。试验涉及的设备类型主要包括 B 类、L 类、M 类和 H 类等。

试验程序如下:

(1) 射频传导干扰。通常在与飞机总线相连的任何电源线上设备产生的可用电流探测器法测到的在设备频率范围内的干扰电流不应超过标准规定的值。线路阻抗稳定网络(line impedance stabilization network,LISN)法的使用应根据规定进行。除了天线馈电电缆和主电源线外,还应采用电流探测法测量互联电缆束上的干扰电流。有限制和频率范围的相关规定。

(2) 射频辐射干扰。在任何部件、电缆或互联导线中产生的在设备频率范围内的辐射干扰场强不应超过规定的相应类别的数值。它不包括天线在调节发射机并为负载提供射频时产生的辐射发射,也不包括天线发射机在其选择频率±50%相邻通道间频率上的辐射发射。在非键控或接收模式时,无线电发射机或接收机、发射机,包括选择频率±50%相邻通道间频率必须满足规定的干扰需求。

6.19　雷击感应瞬态敏感度

雷击感应瞬态测试方法和步骤使用理想波形检验设备抗雷击感应电瞬变的性能。在应用设备规范中说明设备在雷击感应电瞬变状态时的性能标准。

有两组测试方法用于设备鉴定。第一组是利用引脚输入方式执行损伤容忍度测试。第二组是评估雷击感应电瞬变状态作用于相互连接电缆时设备功能干扰容忍度。电缆束测试包括单冲程、多冲程和多重脉冲的响应测试(完成单冲程、多冲程和多重脉冲测试后)。电缆束测试也能规定损害容忍度指标。在设备应用规范中应说明一组或几组适当的测试方法。

试验程序如下:

引脚输入测试是损伤估计的主要手段,包括模拟雷击感应电瞬变状态的输入直接进入到 EUT 的接口电路中。

当测试设备及其相互连接线路暴露在应用瞬变状态下,电缆束测试通过应用瞬变状态是否对运行中的设备产生干扰和损伤测定。这个试验方法和步骤适用于由 EUT、相互连接的电缆束和用于一般测试标准的负载构成的配置。有各种电缆暴露在不同环境下的复杂系统中的 EUT,不同的电缆束应采用不同的测试标准,用 Z 指定标准类别。在这些测试中使用的瞬变状态发生器将产生致命的电压和电流。进行所有安全防护操作训练培训,避免测试人员和支援人员的人身危险。

6.20 雷击直接影响试验

雷击直接影响试验用于确定外部安装的电气和电子设备承受雷击的能力。"外部安装设备"是指所有安装在飞机主外壳外部的电气和电子设备,包括所有仅由电介质外壳或整流罩所覆盖的设备及连接电缆和由设备生产商提供的作为设备一部分的相关终端设备。这里所讲述的试验排除了感应到外部安装设备上及通过电磁场耦合感应相关电路中的电压和电流的影响。试验适用的设备如天线、外部灯、飞行数据探测器、外部传感器及安装在结构外部的防冰装置和除冰装置。通常在试验过程中,设备不上电或不运行。如果上电条件能够改变设备对于雷击直接影响的敏感度或者受损度,设备必须上电或者利用模拟上电的方法进行试验。

雷击模拟试验须使用高能电子设备,设备在操作过程中可能充电有很高的电压。因此必须遵守关于此类受试设备的所有安全防护措施。试验应在控制人员进出的区域进行,试验人员应该具有高压/强电流试验的经验。

试验程序如下:

具有完整介质覆盖的设备应先进行高压试验,从而建立表面飞弧或者冲击路径。如果一个设备的保护绝缘体没有在高压试验中击穿,那么通常须通过强电流试验验证设备承受热效应和声音冲击波效应的能力,热效应和声音冲击波效应是靠近强电流电弧并沿着高压试验中显示出来的飞弧路径生成的。

如果保护介质没有被击穿,并且没有造成设备本身的结构故障,那么进行强电流试验应该选择与沿着击穿路径的电弧一致的分类级别,在高压试验过程中形成击穿路径。

没有介质覆盖的所有设备必须进行强电流试验,使用与所选分类相应的电流波形,从而确定将这些电流安全地传送到机身的能力,并且确保过量电流或电压不会通过相关链接和互联设备传入飞机。

部分被介质覆盖的设备应该首先对介质覆盖的部分进行高压试验,并使用与所选分类相应的电流波形要对所有暴露的导电部分包括按钮进行强电流试验。

6.21　结冰试验

结冰试验用于考核设备暴露在当温度、高度和湿度快速变化时出现的结冰环境中工作的性能特性。不同结冰条件对性能或飞机设备的影响主要包括:

(1)黏附于设备外部的冰或霜的影响。

(2)冷凝水冻结或熔化的冰重新冻结产生的冰的影响。

(3)积聚的水冻结引起的积冰的影响。

试验对象通常包括安装在飞机外部或非温度控制舱内的设备,这些位置的设备经常会遭受温度、高度和湿度的快速变化。根据设备分类规定了 3 种结冰试验程序,结冰试验程序的选择取决于设备在飞机内(或外)的位置及预计的结冰条件的类型。这些条件须由设备设计者在评估这些需求时考虑,并取决于设备的最终应用和使用。

根据在飞机上可以遇到的可预料的结冰条件,机载设备可以划分为 A、B 和 C 三类。A 类是安装在飞机外部或非温度控制舱内的设备。以 A 类设备为例介绍结冰试验的程序如下:

在设备以正常安装的方式安装受试设备、进行结冰试验之前,除去所有可能影响试验中冰与设备表面黏附力的沾染物、产生热量的设备,试验程序如下:

(1) 设备不工作,将设备温度稳定在规定的大气条件压力和湿度下的低温地面。

(2) 尽快将设备暴露在温度和相对湿度分别为 30℃ 和 95% 以上的环境中,同时监测设备的表面温度。

(3) 保持温度和相对湿度在 30℃ 和 95% 以上直到设备表面温度达到 5℃。然后尽快将环境温度转换到大气压力和湿度下的地面低温耐受温度。

(4) 重复步骤 1～3 两次(共 3 个循环)。

(5) 在第 3 个循环结束后,保持设备温度为地面低温耐受温度。升高并保持实验舱温度至 −10℃ 并且使设备表面温度升高。当设备表面温度达到 −10℃±5℃ 时,将设备置于工作状态并且确定是否符合有关设备性能标准的要求。

6.22　静电放电试验

静电放电试验用于考核设备的抗扰性或者设备执行预期功能时不会由于空气释放静电脉冲而产生永久性性能恶化的能力。静电放电试验包括由于人体接触而产生静电放电的机载设备。导致静电释放(electrostatic discharge，ESD)现象的因素包括低相对湿度、低温、低传导率人造纤维地毯的使用、乙烯基座位及在飞机内任何位置都可能存在的塑料结构。静电放电试验适用于在正常操作和(或)飞机维护过程中容易接近的所有设备和表面。

对静电放电的抗扰性取决于受试设备(EUT)承受一系列静电脉冲的能力，这些静电脉冲是在所选刻度为 15 000 V 电压下并且在 EUT 上的指定人员接触位置上传导的。施加在每一个所选位置上的正电压和负电压脉冲数量分别为 10。

试验设备上电并在所需模式下运行，静电放电试验程序如下：

(1) 试验准备。按通用试验需求配置 EUT。根据相应的安装和接口控制图或图表连接设备并确定设备的方位。在选择与 ESD 发生器相连的电缆线路路径和接地时应特别小心，减小电缆线路辐射场产生二次影响的可能。

选择符合规定的 ESD 发生器，具有一个 330 Ω(±20%)的放电电阻器和一个 150 pF(±20%)的储能电容器，且应能生成具有 15 000 V 电压的脉冲。

确定 EUT 试验模式，应包括可以选择 EUT 所有正常操作模式的航电软件。

ESD 放电应仅应用于在正常操作过程中(包括实际飞机安装维护)人员能够接近的 EUT 上的点和表面。将 ESD 发生器设在校准过程记录的数值上，且 ESD 发生器应垂直于施加放电的表面。发生器的放电回路电缆应放于接地面上并且与 EUT 及其电缆的距离至少保持 0.2 m。

(2) 试验方法。以均匀的速度将 ESD 发生器的接触点移向 EUT 并且人的一只手靠近物体(约 0.3 m/s)，直到发生器放电或者直到接触到 EUT。每次放电之后，ESD 发生器(放电电极)都应该从 EUT 上移开。然后再次触发发生器完成一次放电。该程序应重复直到在每个极性和每个位置上完成 10 次放电。

(3) 试验结果的评估。施加脉冲之后，确定是否符合有关设备性能标准的要求。

7

航电设备的
符合性验证

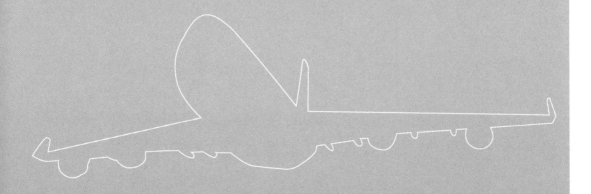

本章阐述了航电设备的符合性验证过程、验证方法和验证方式,在航电设备符合性验证流程中,系统阐述了验证流程各个活动,包括审定基础确定、系统需求、产品制造、系统集成验证等活动内容;航电系统设备适航符合性验证方法中阐述了10类符合性验证方法;介绍航电系统设备符合性验证常用的技术方法和工具,包括环境试验、航电软件测试、仿真航电软件工具、测试或检查工具、模拟器等。

7.1 航电设备适航符合性验证的一般过程

航电设备适航符合性验证的一般过程如图7-1所示。

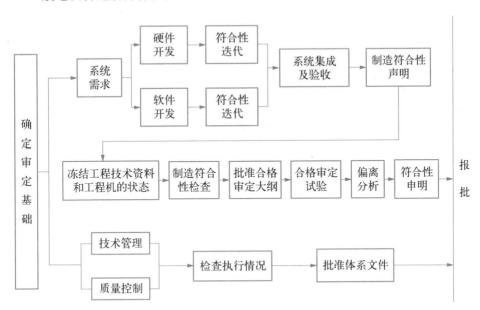

图7-1 符合性验证一般过程

7.1.1 确定审定基础

型号合格审定基础是由申请人提出并经型号合格审定委员会确定的、对某一产品进行型号合格审定依据的标准。型号合格审定基础包括适用的适航标准、环境保护、运行要求及专用条件。它是对审查准则进行适当剪裁,形成一套相对完整及适用的适航性审查准则标准,其规定具体和详细,可操作性强,使产品研制过程和适航性取证的每项工作均有明确的设计输入和输出的要求,主要由如下几部分构成:

(1) 最低性能标准(如 CTSO)的确定。

(2) 环境标准及环境条件的确定。

(3) 航电软件标准及航电软件等级的确定。

(4) 航电硬件标准及硬件等级的确定。

(5) 附加标准的确定(如成品技术协议书等)。

申请 CTSOA 的某型产品的审定基础包括如下内容:

(1) 适用的 CTSOA 及相关标准为 CTSO - C124b 和 ED - 55。

(2) 航电软件常定标准为 DO - 178C,航电软件等级应不低于 DO - 178C 的 C 级,航电硬件审定标准为 DO - 254。

(3) 环境试验标准为 DO - 160G。

(4) 在 CCAR - 25 - R4 中的如下条款:

a. 第 25.611 条可达性措施。

b. 第 25.869 条系统防火。

c. 第 25.1301 条功能和安装。

d. 第 25.1309 条设备、系统及安装。

e. 第 25.1316 条系统闪电防护。

f. 第 25.1431 条电子设备。

g. 第 25.1459 条飞行记录器。

h. 第 25.1529 条持续适航文件。

(5) 质量保证系统应符合 CCAR - 21 - R3 第 21.139 条、第 21.143 条和第 21.147 条及相关条款的要求。

对审查基础中的每一条款,我们应根据验证技术成熟情况和相应的工业基础,结合型号研制的进度和经济性等,选择一种或几种验证方法的组合,制订相应的符合性验证方法。

7.1.2　系统需求

在审定基础确定后,申请单位应根据项目的技术要求和审定基础的要求,从顶层技术的角度,提出项目系统需求规范。该规范中应说明项目完成的功能、环境条件及详细的各类技术指标要求等。

7.1.3　产品制造

产品的制流程必须满足适航当局批准的体系文件的要求,尤其工程样机的制造,由于有些制造工序审定部门可能须目击制造过程,所以在工程样机的制造前应将全套工艺文件提交审定部门,由他们来确定哪些工序需要目击。目击的主要目的是考察设计、工艺与制造是否完全符合和协调等,通过审定部门的检查,最终才能确认工程样机是完全按照设计工艺文件的要求制造出来的。

7.1.4　系统集成验证

航电软件/硬件通过审查满足要求并完成系统集成和制造后,申请人提交质量部门验收合格后,通知审定局方进行试验件的验收。申请人应以法人为代表向审定局方提交制造符合性声明。该声明主要包括如下内容:

(1) 试验件的技术状态与现提交审查的设计资料一致。

(2) 制造过程完全按照设计的制造工艺进行。

(3) 制造工艺与设计资料一致。

7.1.5　图样工程资料和试验件状态冻结

审定局方在收到申请人的制造符合性声明后,到申请部门对工程技术资料的符合性、工艺资料的符合性及工艺资料与工程技术资料之间的协调性等进行审查。同时，还对制造过程与工艺资料要求的符合性进行一次全面的审查，当这些审查均通过后，审定局方就以文件的形式冻结设计资料，并签发适航批准标签冻结试验件状态。

以上冻结的状态称为设计基线。经批准后，在该设计基线上的所有更改均须报审定局方，并归档在报批的资料中。

7.1.6 合格审定试验大纲的编制和批准

在项目开发的同时，项目组还应编制合格审定试验大纲。该大纲应包括对审定基础上规定的所有要求用试验验证的项目、试验方法以及合格的判据。审定局方根据双方确定的审定基础对合格审定试验大纲进行审查。在审查通过后，审定局方将以文件的形式批准合格审定试验大纲。

7.1.7 合格审定试验

按照合格审定试验大纲，用获得适航批准标准的试验件进行合格审定试验。对于审定局方要求目击的试验项目，申请人应在目击试验开始前提前通知审定局方，以便审定局方安排人员到现场目击试验。

7.1.8 偏离分析

申请人对于审定基础上不能满足的条款或要求，必须以偏离分析报告的形式分析这些偏离是否影响产品在机上的使用和飞机的安全。只有得到审定局方认可的偏离分析的偏离项才能得到偏离批准。如果有一项没有得到偏离批准，且产品确实没有达到要求或无法验证是否达到要求，项目的审查就不能通过，适航取证就不能完成。所以一旦有偏离，偏离项目和偏离分析方面的工作必须做得非常充分。

7.1.9　符合性声明

当合格审定试验完成、偏离分析得到批准和基线确定后的所有技术更改都落实到设计和工艺资料中，且这些都得到了局方的认可后，申请人可以向审定局方提出符合性声明。在提交声明前应确定如下内容：

（1）符合审定基础上的每项要求，以表格的形式逐条进行落实。如 CTSO‐C106 标准中对静压源误差的修正要求，详细列出验证方法、试验情况、验证结果是否满足要求及对应的证明文件（如：合格审定试验报告××页第××项）。

（2）设计资料、工艺资料及试验件完全协调一致。

（3）制造过程完全满足工艺文件要求。

（4）质量控制系统满足 CCAR‐21 要求。

提出符合性声明的同时，还应按照审定局方的要求，装订和提供相应的设计文件和工艺文件，如偏离分析报告、合格审定试验大纲、合格审定试验报告、技术规范、图样目录、版本记录页及工艺规范目录等。

最后，审定局方将自己的意见、符合性情况及对偏离的处理意见等形成审查报告，与申请人提供的文件一并提供给适航司，供适航司进行适航批准审查。

7.2　航电系统设备适航符合性验证方法

航电系统设备符合性验证方法有如表 7‐1 所示的 10 类。

表 7‐1　航电系统设备符合性验证方法

代码	名　称	使　用　说　明
MC0	符合性声明	通常在符合性检查清单及符合性记录文件中给出
MC1	说明性文件	技术说明、安装图纸、计算方法、证明方案和飞机手册等

代码	名　称	使　用　说　明
MC2	分析和计算	载荷、静强度和疲劳强度、性能、统计数据分析和与以往型号的相似性等
MC3	安全评估	初步风险分析、故障树分析、FMECA 及航电软件质量计划等。用于规定安全目标和演示已经达到这些目标的文件
MC4	实验室试验	静力和疲劳试验及环境试验等。试验可能在零部件、分组件和完整组件上进行
MC5	地面试验	旋翼和减速器的耐久性试验、环境和温度等试验
MC6	飞行试验	规章明确要求时，或用其他方法无法完全演示符合性时采用
MC7	航空器检查	系统的隔离检查和检查与维修的规定等
MC8	模拟器试验	评估潜在危险的失效情况和评估驾驶舱等
MC9	设备合格性	对预期功能的适合性和在临界环境中的性能等。记录在设计和性能声明中

7.3　航电系统设备适航符合性验证的方式或手段

本节介绍航电系统设备符合性验证常用的技术方法和工具，包括环境试验、航电软件测试、仿真航电软件工具、测试或检查工具和模拟器等。

7.3.1　环境试验

环境试验是将产品暴露于特定的环境中，确定环境对其影响的过程。环境试验包括自然环境试验、实验室环境试验和使用环境试验。环境试验对试验的环境条件有特定的要求，环境试验通常不是在人们熟悉的生活和工作环境下进行，即不在常温、常压和常遇到的湿度条件下进行，而是在环境试验标准中规定的条件下进行的试验。环境试验条件一般要求模拟产品所处的极端环境条件，或者要求模拟产品在极端环境下的效应。环境试验的主要目的是评价和验证产品环境适应性是否满足指标要求,包括用来获取特定环境条件下产品的材料、结构、功能和性能的变化,分析不同环境对产品的影响机理及获取产品经受环境应力的物理响应特性和耐受环境能力极限方面的信息等。

7.3.1.1　环境试验的分类和作用

环境试验根据使用阶段和模拟方式的不同可分为自然环境试验、实验室环境试验和使用环境试验三大类。这三类试验具有不同的目的和应用时机,综合应用这些试验方式可以考核和评价产品环境适应性、提高和改善产品环境适应性、掌握产品环境响应和耐环境应力特性等,确保获得一个环境适应性高及可用性好的产品。

环境试验的关键是试验方案的制订,其中选择使用环境条件和服役条件是制订试验方案的核心内容。以飞机为例,环境试验必须包括极端气候环境条件的考核和极端飞行条件的考核,但是很难实施。如要求飞机在极端高低温环境下进行环境试验,外场很难遇到,也很难在有限的时间内安排此类试验。此外,极端飞行条件,如飞行包线下飞行,由于存在安全隐患也难以实施。这些极端气候环境条件和飞行条件均很难实施使用环境试验,而只进行常规飞行科目的使用环境试验,就无法真正进行评价装备适应极端环境水平。目前,国内在兵器行业开展了少量的使用环境试验,装甲车等车辆在事先设计好的跑车试验场按规定的速度和规定的恶劣路面进行跑车试验,模拟实际使用过程中将经历的各种极端工况。

总体说来,使用环境试验更适用于陆地车辆,对于飞行器,设计并实施使用环境试验尚存在困难,这也从另一个方面说明了对于机载设备,应尽可能在地面进行充分的实验室环境试验,以确保其能够耐受使用过程中面临的极端环境。

7.3.1.2　环境试验的作用

环境试验的作用主要包括如下几方面的内容:

（1）产品研究性试验。研究性试验主要用于产品的设计和研制阶段，用于考核选用的元器件、零部件、设计结构和采用的工艺等能否满足实际环境要求及存在的问题。为了节省时间和充分暴露产品的薄弱环节，通常采用加速环境试验方法。

（2）产品定型试验。

定型试验用于确定产品能否在预定的环境条件下达到规定设计技术指标和安全要求。定型试验须考虑产品可能遇到的所有环境因素进行全面的试验。

（3）生产检查试验。生产检查试验主要用于检查产品的工艺质量及工艺变更时的质量稳定性。

（4）产品验收试验。验收试验是在产品出厂时为了保证产品质量必须进行的试验，验收试验通常采用抽样方式进行。

（5）安全性试验。安全性试验检查产品是否存在危害健康及生命的问题，用恒加速度检查产品安装和连接的牢固性，防止在紧急情况下甩出造成人身伤亡事故或撞坏其他设备。安全试验通常采用更严酷的试验等级。

（6）可靠性试验。可靠性试验是由环境试验、寿命试验、现象试验和特殊试验等组成，环境试验是其中的主要组成部分。在 MIL - ZTD - 781D 中明确规定环境试验是可靠性试验的必要补充内容，也是提高产品可靠性的重要手段。

航空电子系统涉及的主要环境试验包括温度、湿热、振动、结冰、防水和防辐射等，主要通过模拟实际的环境条件，验证产品在实际使用、运输和储存环境条件下的性能，并分析研究环境因素的影响程度及其作用机理。

7.3.1.3　航电系统环境试验的开展

航电系统环境试验流程可以参考 DO - 160 系列标准及相关的国标和国军标，如 GB/T 2423.2—2008 电工电子产品环境第 2 部分：试验方法　试验 B：高温及 GB/T 2423.16—2008 电工电子产品环境试验第 2 部分：试验方法　试验 J 及导则：长霉等相关的标准。

7.3.2　航电软件测试

航电软件测试是发现航电软件缺陷最常用的手段,分为静态测试技术和动态测试技术两大类。静态测试无须运行航电软件,动态测试须运行航电软件。通常在动态测试前进行静态测试。

7.3.2.1　静态测试

静态测试按照是否使用自动化工具分为人工审查和静态分析两种方法,其中人工审查包括文档审查和代码审查;静态分析包括代码规则检查、静态结构分析和代码质量度量等。人工审查充分发挥人的逻辑思维优势,静态分析借助航电软件工具效率较高。

1) 人工审查

人工审查是一种通过同行评审来确认缺陷的方法。航电软件产品人工审查的主要目标是让所有的审查者就产品缺陷达成一致并且验证软件产品在航电项目中是可用的。

人工审查过程首先有一个进入标准,用于检查是否可以开始审查过程,防止尚未完成的产品进入审查过程,进入标准通常以列表的形式表示,列表包括待审查产品的目录及其完成标志等内容;其次进行的审查过程通常包括如下步骤:计划、启动会议、审查准备、会议审查及回归,其中审查准备、会议审查准备和回归是一个循环迭代的过程。

在航电软件测试主要涉及如下两项人工审查活动:

(1) 文档审查。对航电软件文档的一种测试方法。通过对文档的完整性、准确性和一致性等多方面检查,发现各类航电软件文档中存在的问题,主要包括内容是否正确和准确,是否有错别字,是否有歧义的定义、术语或内容。文档审查的主要目的是通过审查文档检查航电软件开发过程是否实施了航电软件工程要求,并通过审查文档确定航电软件是否可进入测试阶段。

(2) 代码审查。主要检查代码和设计的一致性,代码对标准的遵循和可读性、代码逻辑表达的正确性及代码结构的合理性等方面,通常可发现违背程序编写标准的问题,找出程序中不安全、不明确、不可移植的部分,发现违背程序编程风格的问题,包括变量检查、命名和类型审查、程序逻辑审查、程序语法检查和程序结构检查等。

2) 静态分析

静态分析通常从静态结构分析、代码质量度量和代码规则检查这三个方面进行。

（1）静态结构分析。以图形的方式表示程序的内部结构,如函数调用关系图、函数内部控制流图,在此基础上对程序做进一步的分析。函数调用关系图以直观的图形方式描述一个应用程序中各个函数的调用和被调用关系;控制流图显示一段程序的逻辑结构,它由许多节点组成,一个节点代表一条语句或数条语句,连接结点的为边,边表示节点间的控制流向。静态结构分析是一种对代码的机械性的、程式化的特性分析方法。静态结构分析一般使用航电软件工具进行,包括控制流分析、数据流分析、接口分析和表达式分析等。

（2）代码质量度量。基于航电软件的质量模型进行,通常是通过对代码的圈复杂度、扇入/扇出和注释度量等进行统计,或通过 Halstead 科学度量法等对程序的质量给出评价。

（3）代码规则检查。可以发现违背程序编写标准的问题,找出程序中不安全、不明确、不可移植部分及违背程序编程风格的问题,包括变量检查、命名和类型审查、程序逻辑审查、程序语法检查和程序结构检查等。

7.3.2.2 动态测试

动态测试是一种缺陷检测和排除技术。动态测试要求在测试过程中执行程序。根据是否须了解被测对象的内部信息,测试又可以分为白盒测试和黑盒测试。

1) 白盒测试

白盒测试将被测对象看作一个打开的盒子,应了解程序的内部构造,并根据内部构造设计测试用例。利用白盒测试技术进行动态测试时,除了应验证航电软件的功能特性之外,还须测试航电软件产品的内部结构和处理过程。逻辑覆盖测试、基本路径测试和循环结构覆盖测试均属于白盒测试。

逻辑覆盖测试是以程序内部的逻辑结构为基础设计测试用例的方法。根据对程序内部逻辑结构的覆盖程度,逻辑覆盖测试有不同的覆盖标准,如语句覆盖、判定覆盖、条件覆盖、判定及条件覆盖、条件组合覆盖和修正条件判定覆盖。

(1) 语句覆盖。语句覆盖(statement coverage)的含义是,设计足够多的测试用例,使被测程序中的每条可执行语句至少执行一次。语句覆盖也称为点覆盖。

(2) 判定覆盖。判定覆盖(decision coverage)的含义是,设计足够多的测试用例,使被测程序中的每个判定取得所有可能的结果,即覆盖每个判定的所有分支。判定覆盖也称为分支覆盖。显然若实现了判定覆盖,则必然实现语句覆盖。

(3) 条件覆盖。条件覆盖(condition coverage)的含义是,设计足够多的测试用例,使被测程序的每个条件取得所有可能的结果。

(4) 判定及条件覆盖。判定及条件覆盖的含义是,设计足够多的测试用例,使被测程序中的每个条件取得所有可能的结果,且每个判定取得所有可能的结果;若实现了判定及条件覆盖,则必然实现了判定覆盖和条件覆盖。

(5) 条件组合覆盖。条件组合覆盖的含义是,设计足够多的测试用例,使被测程序中每个判定的所有条件取值组合至少出现一次。

(6) 修正条件判定覆盖。修正条件判定覆盖度量需要足够的测试用例确定各个条件是否能够影响包含的判定结果。它要求满足两个条件:首先,每一个程序模块的入口和出口点都至少被调用一次,每个程序的判定的所有可能的结果值至少应转换一次;其次,程序的判定被分解为通过逻辑操作符连接的布尔条件,每个条件对于判定的结果值是独立的。

2) 黑盒测试

黑盒测试又称功能测试、数据驱动测试或基于规格说明的测试,不必了解被测对象的内部情况,仅依靠需求规格说明设计测试用例。常见的黑盒测试技术有功能分析、风险分析、等价类划分、边界值分析、判定表和因果图等。

(1) 功能分析。功能分析以航电软件需求规格说明书为依据,分析系统的预期行为或具有的功能,将系统具有的功能按顺序排列,每个功能称为一个功能点,针对每个功能点及相关的功能点设计测试用例。功能分析方法以需求文档中描述的功能点为测试重点,以用户使用系统完成的任务为测试重点,把测试范围限定在系统具有的功能集合。功能点的数量是有限的,为每个功能点设计的测试用例数量也是有限的,因而总的测试用例数量得以控制。在分析系统具有的功能时,可以使用层次结构,通常称之为功能分解结构(function breakdown structure,FBS)。首先在第一层列举系统的主要功能,然后一层接着一层分解,最后细化到一个具体的功能点。

(2) 风险分析。风险分析是在项目过程中收集和分析相关的项目信息,识别航电软件产品的质量风险,将测试重点放在高风险的部分,通过测试帮助缓解或化解这些风险。这一方法可以把有限的测试资源、时间和预算集中在确定的测试重点。

关于航电软件产品的质量风险是指可能发生的、发生后将威胁项目成功或带来损失的质量事件或质量问题。风险的识别和分级须依靠项目组成员/组外专家的知识和经验。识别风险的途径通常包括利用项目已有的技术文档和管理文档,参考本项目的历史数据和以前项目的数据,采用探查式测试,使用风险检查表调查及通过交谈、会议和头脑风暴法发现等。

(3) 等价类划分。考察一个功能的一个输入,如果两个或更多的输入值都获得同样的测试效果,则无须把这些输入值都试一遍,而只需要从中选一个值作为代表即可。这就是基于等价类划分的测试设计方法所采取的取舍准则,它将测试输入值的数量减少到有限的几个数据。

等价类划分是以系统的需求规格说明书和应具有的功能为依据,分析一项功能的输入的取值范围,按如下方法对所有可能的输入值进行分类:如果使用两个不同的输入值获得同样的测试效果,则把它们划分为同一类。经此划分得到的每一个类称为等价类。等价类划分通常依靠测试人员的经验和直觉及他们对系统的行为或功能的理解。对于同一个输入,不同测试人员划分出来的等价类可能不同。等价类可分为如下两类:

　　a. 有效等价类:有意义的、合理的或正常的输入值集合。

　　b. 无效等价类:无意义的、不合理的或异常的输入值集合。

　　(4)边界值分析。在等价类划分后,一些有效等价类可能有确定的取值范围,可经过分析找出它们的边界值和次边界值。边界值是位于此范围边缘的值;次边界值是边界值周围的值。

　　无效等价类的输入值属于边界外的值。边界值分析是在测试用例中输入的边界值和次边界值;它们使输出值为输出的边界值或次边界值。在实际应用中通常与等价类方法相结合,先划分等价类,再对其中一些等价类做边界值分析。等价类方法一般选取等价类中的中间值,而边界值方法则选取等价类中的边界值和次边界值。

　　程序很可能须对边界值和次边界值做不同的处理,许多程序员容易忽视这点使程序出现问题。因此,边界值方法把测试重点确定为容易出错的边界情况。

　　(5)判定表。在一些应用中,系统需要根据一组输入条件确定要执行的动作(输出)。判定表将条件和动作的关系表达为表格的形式。判定表的上半部分是条件,下半部分是动作,每一列表达一条处理规则,即特定条件组合对应的动作。分别使用"1"和"0"表示条件满足和不满足,使用"空白"表示条件与规则无关,即不适用于此规则。分别使用"1"和"0"表示执行动作和不执行动作。

　　(6)因果图。因果图方法主要是分析不同输入、输出之间的关系,排除不可能出现的情况,减少测试用例数目。由于这个方法比较复杂,因此,在采用时应考虑投入/产出比,有时投入/产出比是不令人满意的。

7.3.3　仿真航电软件工具

航电系统验证需要仿真工具的辅助,典型的仿真航电软件工具包括用于任务功能仿真的 Rhapsody,用于架构仿真的架构分析与设计语言(architecture analysis and design language,AADL)及用于板级电路热功耗仿真分析的 Qfin 等。

7.3.3.1　基于 Rhapsody 的任务功能仿真

Rhapsody 是遵循 UML 的模型驱动的航电软件开发平台,能最大程度地让系统、航电硬件、航电软件和测试工程师以更加灵活和优化的方式协同开发和交流。如今 Rhapsody 在系统建模上更具优势,能增强实时建模关注的在调度、性能及时间上的扩展。Rhapsody 作为全面支持 UML 的嵌入式航电软件开发平台,具备如下特征:

1) 建模可视化

面向对象方法的核心是建模,Rhapsody 可以根据航电软件系统分析阶段和设计阶段的不同要求,采用不同的 UML 元素建立系统静态结构和动态行为模型。

2) 模型可执行

Rhapsody 全面支持可执行模型,提供多样的模型调试手段,包括状态机动画跟踪显示、事件设置、断点和线程查看等。

3) 模型代码双向关联

模型和代码分别代表了模型驱动开发过程的两端。模型代码的双向关联至关重要,Rhapsody 采用代码自动生成技术,能从设计阶段的模型中直接生成产品级目标代码,且这种代码和模型是双向关联的,即可以回推。

4) 实时框架

实时框架(object executable framework,OEF)最大程度地体现了面向对象的重要思想,OEF 可以通过代码重用减少重复工作,且可以提供一套为嵌入式和实时应用专门选择和优化的设计模板。Rhapsody 内置的 OEF 是一个垂直框架,它介于上层应用和底层操作系统之间,封装了不同平台对上层应用的服务，从而使上层应用航电软件与底层平台无关，实现嵌入式应用的平台跨越。

应用 Rhapsody 针对航电系统进行任务功能仿真分析时，须将航电系统的运行需求映射到运行场景中，建立航电系统运行场景的静态模型和动态模型，构造航电系统运营场景的结构和内容。用 Rhapsody 例图的方法构建的静态模型描述的是航电系统与外部系统在运行场景中的角色及角色之间的关系。用 Rhapsody 状态图和顺序图的方法构建的动态模型描述的是航电系统运营场景之间的转换关系及影响场景转换的条件。在完成建模后，通过执行航电系统的状态图，可以观察航电系统状态的转换是否正确和相关的动作是否可执行；执行航电系统的顺序图，可以测试各个消息的传递过程，分析消息的实时性和正确性；通过逐步跟踪，设置断点和事件等实现航电系统的调试和错误捕捉，修改和完善航电系统，从而降低项目风险。

7.3.3.2　基于 AADL 的物理架构分析

AADL 是一种基于系统构件层次化的结构设计方法，能以统一的方式对硬件与航电软件进行抽象建模，各构件之间按照规定的交互规范交互信息实现沟通。使用 AADL 可以用构件描述构造的系统中的静态化结构特征，也可以通过构件之间交互的配置变更与数据流规范描述系统中的动态特征，为系统建模、模型转换、系统验证与代码生成提供统一的框架。

AADL 是一种基于"组件-连接"范式的建模语言，它描述系统的组件、组件接口和通过连接实现组件间的交互。组件是 AADL 中的主要结构实体，有如下三种类型：

（1）航电软件组件：进程、线程、线程组、数据和子程序。

（2）执行平台：处理器、总线、存储器和设备。

（3）复合组件：系统。

用组件类型和组件实现两种方式描述组件。组件类型定义了组件与外界联系的接口，如特征、流应用、模式及属性等；组件实现定义了组件的内部结构，如子组件、连接及流等。组件实现与对应的组件类型一致，但在组件实现中可以重写模式和属性。AADL 模型是层次化的，顶层用系统组件表示。系统建模中常用的组件如下所示：

（1）进程：受保护的虚拟地址空间，至少包含一个明确定义的线程。

（2）线程：进程中与执行和调度相关的组件。

（3）数据：源文件中的数据类型。

（4）处理器：负责调度和执行线程。

（5）存储器：负责存储数据和程序。

（6）总线：负责执行平台组件间的交互。

（7）设备：提供与外部环境的接口，通常与航电软件组件一起建模。

（8）系统：通过组合其他建模组件建立层次化结构，通常每个 AADL 应用有一个顶层系统组件。

AADL 包含普通文本、图形化与标记文本 XML 三种描述方式。普通文本表达使用自然语言，简洁易懂，适合阅读。图形化表达方式描述系统框架与组成构件，清晰地展示系统的结构层次和通信拓扑结构。AADL 通过组件的类型声明和实现声明进行航电系统硬件、航电软件、软件/硬件交互建模，组件间通过端口和连接实现交互。通过属性和属性集的定义规约组件的特征，通过模式和模式转移描述系统的动态配置，航电软件组件通过绑定关系映射到执行平台上。对不同子系统的功能用包（package）进行分类，package 代表独立的命名空间，这有助对子系统进行独立的建模和分析。另外 AADL 的附录库还支持用户根据系统的需求对 AADL 语言进行核心概念与语法的扩展。这些扩展往往具备独立的语法与定义，支持分析系统的行为分析、安全性和可靠性等非功能需求。

基于 AADL 的航电系统分析思想是根据系统建模需求分析建立系统模型，在进行底层设计时，若系统某方面（如时空特性、行为特性、物理系统内部关系等）建模，AADL 核心语言暂时不支持的，可通过自定义属性和附件对 AADL 进行扩展或利用比较擅长在这些领域建模的语言与工具建立系统模型，再通过模型映射规则转换为 AADL 模型。用 AADL 建模工具进行建模

(包括扩展后的部分)时应先抽取子组件和具体应用组件,将系统的非功能属性要求应用到组件及模型,并将建立的系统应用绑定到相应的执行平台。在模型建立后,通过模型验证工具验证功能属性与非功能属性是否满足需求,如流延迟分析验证、系统可调度性验证及安全可靠性验证等,对于 AADL 模型验证工具暂不支持的非功能属性验证,可以通过模型转换,在转换为其他模型后,使用其他模型验证工具进行验证。通过模型验证,若建立的模型不满足系统的功能或非功能属性需求,则返回系统模型建立阶段,对系统模型进行调整,直至系统模型满足所有需求。AADL 建模流程如图 7-2 所示。

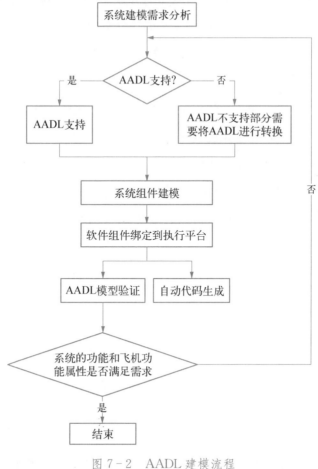

图 7-2　AADL 建模流程

1) 系统建模需求分析

系统的分析和设计应从系统架构和系统行为展开,同时应充分考虑系统的功能属性与非功能属性,主要包括系统构架、系统行为及系统的非功能属性三个方面。其中系统架构明确系统的组成和建模范围,包括航电硬件架构和航电软件架构两方面。系统行为指系统与外部环境的交互以及系统模块间的交互。系统的非功能属性指系统对时间、空间、安全可靠性和动态连续特性等非功能属性方面的要求。

2) 系统组件建模

系统组件建模包括航电硬件建模和航电软件建模,是构成系统的具体实现。根据系统的建模需求分析明确系统的建模范围、实际业务和系统的组成,抽象出系统的航电软件架构和航电硬件架构。组件类型定义组件的接口,描述数据的来源和去向;组件的实现定义实现组件的子组件和组件间的端口连接,描述数据的处理细节;组件之间用于事件、数据或数据事件通信的接口用端口描述,在组件类型的特征中定义端口。

3) 航电软件组件绑定到执行平台

将系统的航电软件组件绑定到执行平台,能使系统设计者在建模阶段评估系统的交互作用,了解系统的实时调度情况和资源使用情况,对死锁及资源争夺等问题进行检测和验证。系统评估时,可将系统航电软件绑定到单处理器或多处理器上,在系统较大和复杂时,相关航电软件组件的实现也较复杂,须将航电软件组件部署到有多个处理器的平台上才能满足系统的实时性需求。

4) AADL 模型验证与自动代码生成

AADL 是一种基于模型驱动的开发方法,核心部分是模型的设计,在模型级对系统的功能属性和非功能属性进行验证和分析能尽早发现在系统设计中不合理的部分和错误,并在模型级修改系统,满足系统的各项功能和非功能属性需求,有效缩短开发周期,降低开发成本。AADL 主要采用仿真和形式化的方法对模型进行验证和分析,常见的模型验证方法有整体架构验证、流延迟分析和可调度性分析等。

7.3.3.3　Qfin 航电软件

Qfin 航电软件是从国外引进的散热器优化设计专用航电软件,是 Fluent 公司和 ATT 公司共同研制开发的散热器设计和优化专业航电软件,可实现航电系统的板级热仿真和分析。

Qfin 包含常用的多种类型散热器、热源和材料的模型库。用户可以调用或创建各种形状和类型的散热器或热源。除此之外,它还提供了全局和局部等多种类型的边界条件,能解决强迫对流、自然对流、辐射、定常和非定常等多种热物理模型;还能实现二维和三维直观的后处理结果,提供数值报告;它使用简单、快速和针对性强,易于集成到其他热设计航电软件中;用户入手快、方便实用和适于普遍推广。Qfin 散热器设计和优化的变量如表 7−2 所示。

表 7−2　Qfin 散热器相关变量

肋片厚度	拉伸长度
肋片高度	热源选择
肋片的数目	空气流速
基座的厚度	散热器的重量等

它可以在较短时间内选择、设计和优化散热器。Qfin 航电软件采用了一些简化原则使建模较为简单,如简化热源,忽略厚度作二维处理;散热器的建模忽略肋片上的细小沟槽。从典型功率器件实例的误差分析中可知,这些简化带来的误差在要求范围内,能满足工程要求。

在设计电路板和电子系统时,热功耗是不可忽视的重要因素,使用 Qfin 航电软件可提供详尽的散热系统设计的辅助信息。Qfin 拥有用户界面友好的散热器数据库和热源数据库,使用简单可视化的方法可以在一个选定的散热器上安装一个或多个热源,并进行详细的分析和计算。

应用 Qfin 对电子系统进行热功耗的仿真分析时,步骤如下所示:

(1) 从散热器数据库中选择散热器剖面或自行设计散热器剖面。

（2）选择散热器剖面的某一表面放置热源。

（3）对热源进行拖曳并放置在适当的位置。

（4）如果有一个以上的热源，则重复步骤（2）和（3）直至完成所有的热源放置。

（5）设置环境参数，计算求解并察看报告。

（6）优化散热器。

（7）对优化的散热器进行评估。

7.3.4　模拟器试验

模拟器试验步骤如下：

首先，利用飞行模拟器可进行在真实飞行中难以进行或不允许进行的危险性大、难度高、可能造成事故的特殊情况训练和飞机极限性能飞行训练，有利于保证飞行安全。

其次，飞行员经过模拟飞行后，适应空中环境，熟悉掌握程序，动作偏差较小，错、忘、漏明显减少，无线电设备使用及时和规范，接受能力明显增强。

再次，利用飞行模拟器进行训练可以不受环境、地域和气候的限制，利用模拟器中的指挥控制系统可以随意挑选训练科目，训练的时效性高；同时，还具有节省时间、人力和物力资源等优点，大幅降低训练费用。

7.3.5　飞行试验

飞行试验是指飞机在真实的飞行环境条件下对飞行器的性能和结构等进行的各种试验。飞行试验是研究航空新技术、新原理、新材料和新概念的重要手段，是确保飞行安全和提高使用效率的有效途径。飞行试验的目的是验证理论和地面试验的结果、鉴定设计指标、适航性和使用性能，因为飞机的设计和地面试验都是在理论假设和非全面模拟条件下进行的，须通过飞行试验验证。

航电系统是一个复杂的系统，包括通信与制导系统、进攻与防卫系统及综合集成系统等。航电系统的飞行试验是飞行试验的重要组成部分,也是最复杂的飞行试验,通常占整个型号试飞项目的一半以上。

型号的验证飞行试验可分为两种,一种是申请人实施的针对型号适用的适航性要求而进行的验证性飞行试验,该类验证飞行试验包含型号适用的适航性要求中须采取飞行试验表明条款符合性的全部条款的验证飞行试验。另一种是审定局方实施的型号合格审定验证飞行试验,该类验证飞行试验的试飞科目通常是由审定局方与申请人共同协商确定,对双方共同关注的一些重点或重要的飞行科目进行验证性飞行试验。如果审定局方在可以接受的情况下,审定局方的合格审定验证飞行试验还可以与申请人的验证飞行试验并行进行。

民机航空电子系统的飞行试验主要包括如下内容:

(1) 导航系统飞行试验。

(2) 通信系统飞行试验。

(3) 指示及记录系统飞行试验。

(4) 机上信息系统飞行试验。

(5) 中央维护系统飞行试验。

(6) 全机电磁兼容性飞行试验。

在飞行试验时,应根据飞行试验各阶段的任务性质、试验要求和试飞内容制订相应的试飞大纲和飞行试验任务书。型号合格审定飞行试验大纲是获得适航当局认可和批准的、具有法规性质的纲领性文件,是对整个型号合格审定飞行试验工作的全局性规划和管理依据。飞行试验任务书是针对不同的试飞科目制订的具体试飞方法和要求,是以技术为主导思想对具体试飞科目从概述、试飞科目、飞机构型状态、大气条件、试飞方法和数据采集等方面对飞行试验过程、方法和要求进行具体规定的技术文件。试飞员在进行科目试飞时,须严格按照飞行试验任务书的规定进行相应科目的飞行试验。

进行飞行试验时还应注意,试验样机应严格控制与被试设备相关系统的航电软件/硬件构型。如果构型发生变化,那么应分析变化对被试设备功能性能的影响,必要时重复相关的试验科目。同时应对试验支持设施和专用设备进行规划和安排,使用维修保障设施和设备应与交付用户的设施和设备相同或兼容。在飞行试验时主要包括如下地面保障设备和设施:

(1) 光电经纬仪。

(2) 地面二次雷达。

(3) 机场夜航地面设施。

(4) 地面无线电导航设备。

(5) 地面通信设备。

(6) 地面数据链设备。

开展飞行试验时,首先在地面完成各种工作性能试验,在此基础上进行初步飞行试验,发现不安全因素并确定应采取的措施。其次进行安全范围内的各项飞行试验,收集分析所需的资料,进行必要的修改,同时逐步扩大飞行试验范围。最后进行确定使用性能的飞行试验。按试飞大纲要求经过安全性、设计指标和使用性能的鉴定后,通常可结束飞行试验。

飞行试验的准备包括收集资料、确定课题、准备或改装试验机、准备试验器材和设施、确定试验方法、培训试验人员、编写试飞大纲和地面试验大纲、制订测试方案和完成规定的地面试验。在试验完成后,按照 HB 8472—2014 的要求编写各个飞行试验阶段的民机航空电子系统试飞报告。

7.4 航电系统设备适航符合性验证的典型案例

本节以某型号飞机无线电高度表为例,介绍航电系统设备符合性验证的方法和手段。该无线电高度表输出飞机的离地高度,高度数据显示在主飞行显示器上。根据 FHA 分析,无线电高度表信息错误显示的危险程度等级为危险的。该无线电高度表的软件/硬件按照 A 级要求进行研制。

该无线电高度表的符合性验证分为两个阶段,首先通过飞机合格审定办公室(authorities certification office,ACO)取得 FAA 的 TSO 批准书,然后与飞机主制造商一起进行随机取证。该无线电高度表的审定基础如下所示:

(1) 适用的 TSOA 及其相关标准为 TSO-C87a。

(2) 航电软件审定标准为 DO-178C,航电软件等级为 A 级;航电硬件审定标准为 DO-254,航电硬件等级为 A 级。

(3) 环境试验标准为 DO-160G。

(4) CCAR-25-R4 的条款要求,如表 7-3 所示。

表 7-3　无线电高度表需要满足的 CCAR-25-R4 要求

CCAR-25-R4	标　题　及　摘　要
611	可达性措施
869(a)	系统防火-电气系统部件
1301(a)(1)	功能和安装-设计
1301(a)(2)	功能和安装-标识
1301(a)(3)	功能和安装-安装限制
1301(a)(4)	功能和安装-功能安装
1309(a)	设备、系统及安装 完成预定功能
1309(b)	设备、系统及安装-失效情况
1309(c)	设备、系统及安装-警告信息
1309(d)	设备、系统及安装-符合本条(b)的规定
1309(e)	设备、系统及安装-临界的环境条件
1316	系统闪电防护
1322	警告灯、戒备灯和提示灯
1431(c)	电子设备-导线和控制(安装隔离)
1581(a)	总则-应提供的资料
1581(b)	总则-经批准的资料
1585(a)	使用程序(正常程序,非正常程序和紧急程序)

依据该无线电高度表审定基础,确定其符合性验证方法如表 7-4 所示。

表 7-4　无线电高度表符合性验证方法

审 定 基 础	符 合 性 验 证 方 法									
	0	1	2	3	4	5	6	7	8	9
TSO-C87a										√
CCAR-25.611		√						√		
CCAR-25.869(a)		√						√		√
CCAR-25.1301(a)		√				√	√	√		√
CCAR-25.1301(b)		√						√		
CCAR-25.1309(a)		√				√	√			
CCAR-25.1309(b)		√		√						
CCAR-25.1309(c)		√		√			√			
CCAR-25.1309(d)		√		√						
CCAR-25.1309(e)		√								√
CCAR-25.1316		√	√		√	√				√
CCAR-25.1322		√		√			√			
CCAR-25.1431(c)		√				√	√			
CCAR-25.1581(a)		√								
CCAR-25.1581(b)		√								
CCAR-25.1585(a)		√								

8

航电设备审定过程

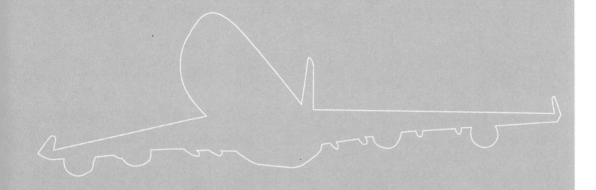

本章从审定方适航管理角度,阐述了航空电子设备适航审定过程,重点介绍 CAAC、FAA 和 EASA 的机载设备适航管理要求,概述航电适航审定方式,总结和分析航电系统审定、设备设计和验证审定、航电安全性审定、环境试验审定、航电软件保证审定、复杂航电硬件审定、制造批准审定要求和审定要点。上述内容为审定方开展航电系统和设备适航审定提供参考。

8.1　机载设备适航管理要求

本部分主要介绍 CAAC、FAA 和 EASA 的机载设备适航管理要求。

8.1.1　CAAC 机载设备适航管理

CAAC 是国务院所属民用航空主管部门,在法律法规的规定和授权下开展适航管理工作。适航管理体系由三个方面组成:适航管理法规、适航管理机构及适航证件。在适航管理体系中,适航管理法规是适航管理工作的依据与指导,所有适航管理工作依据适航管理法规进行;适航管理机构是适航管理工作的具体执行者,所有适航管理工作依靠适航管理机构完成;适航证件是适航管理工作的落脚点,大量民用航空器及相关设备通过适航证件予以管理。

8.1.1.1　适航管理法规

目前的适航管理法规文件体系分为三个层次。

第一个层次是法律和行政法规,用于设立行政许可的原则和项目,包括《中华人民共和国民用航空法》《中华人民共和国民用航空器适航管理条例》。《中华人民共和国民用航空法》由全国人民代表大会通过并实施,第四章"民用航空器适航管理"对民用航空器及相关设备应当具备的证书提出了要求,规定了民用航空器所有人或承租人保证民用航空器适航状态的义务,并赋予了国务院制定民用航空器适航管理规定的权利。《中华人民共和国民用航空器适航管理条例》由国务院发布与实施，明确规定了民用航空器适航管理的宗旨、性质、范围、权限、方法和处罚。作为适航管理法规的纲领性文件，《中华人民共和国民用航空法》和《中华人民共和国民用航空器适航管理条例》确定了适航管理法规的原则，指明了制定适航规章及细则的方向，为适航管理的法规和文件体系的建立打下了基础。

第二个层次是适航规章，为执行法律和行政法规制定，确定了适航管理的具体要求，包括《中国民用航空规章》（CCAR）。CCAR 由 CAAC 制定，涉及民用航空器的适航管理、人员执照、机场管理、航务管理、航空营运及搜寻救援等内容。有关适航管理的规章，包含技术管理类规章与技术标准类规章两方面内容。技术管理类规章主要是适航程序与规定，包括 CCAR-21《民用航空产品和零部件合格审定规定》、CCAR-39《民用航空器适航指令规定》、CCAR-45《民用航空器国籍登记规定》、CCAR-65FS《民用航空飞行签派员执照管理规则》、CCAR-145《民用航空器维修单位合格审定规定》及 CCAR-183《民用航空器适航委任代表和委任单位代表管理规定》；技术标准类规章主要对民用航空器及相关设备提出技术要求，包括 CCAR-23《正常类、实用类、特技类和通勤类飞机适航规定》、CCAR-25《运输类飞机适航标准》、CCAR-27《正常类旋翼航空器适航规定》、CCAR-29《运输类旋翼航空器适航规定》、CCAR-33《航空发动机适航规定》、CCAR-34《涡轮发动机飞机燃油排泄和排气排出物规定》、CCAR-35《螺旋桨适航标准》、CCAR-37《民用航空材料、零部件和机载设备技术标准规定》及 CCAR-26《运输类飞机的持续适航和安全改进规定》。在上述规章中，CCAR-37《民用航空材料、零部件和机载设备技术标准规定》的附件一是针对机载设备的 CTSO，当发现民用航空机载设备存在不安全状态时，按照 CCAR-39 的规定颁发相关的适航指令。适航规章这一层次的文件是适航管理的法规和文件体系的主要内容，是适航管理工作开展的主要依据。

第三个层次是适航管理的实施细则,包括适航管理文件、适航管理程序及咨询通告等。适航管理程序是中国民用航空规章的实施细则和具体管理程序,由 CAAC 适航审定司司长批准发布,包括 AP‐21‐01《进口民用航空产品和零部件认可审定程序》、AP‐21‐03《航空器型号合格审定程序》、AP‐21‐04《生产批准和监督程序》及 AP‐21‐06《民用航空材料、零部件和机载设备的合格审定程序》等。针对机载设备的适航管理程序主要包括 AP‐21‐06 和 AP‐21‐04 等。咨询通告是适航部门向公众公开的、对适航管理工作的政策及某些具有普遍性的技术问题的解释性、说明性和推荐性文件或指导性文件,包括 AC‐01‐01 和 AC‐21‐01 等。这一层次的文件是适航管理的法规和文件体系的完善和补充,对适航管理工作的开展有重要的辅助作用。

8.1.1.2　适航管理机构

适航管理机构分为立法决策层、执行监督层与委任基础层三个层次。立法决策层由 CAAC 航空器适航审定司担任,主要负责民用航空器的适航管理工作,包括制定各类政策文件、管理审定工作、单机适航与特许飞行等。执行监督层由民航地区管理局的适航审定处(中心)和适航维修处组成,适航审定处(中心)负责具体审定工作的执行、证后监督与管理、适航指令的颁发与偏离批准、单机适航检查、计量及标准管理;适航维修处负责所辖地区航空器的持续适航和监督。委任基础层由适航委任代表和委任单位代表组成,在适航部门的授权下开展工作。

8.1.1.3　适航证件

适航部门通过对航空产品、组织机构和人员进行适航审查,在满足相应要求后,颁发相应证件。适航部门通过适航证件,对各类航空器及相关设备进行管理。适航证件管理体系的证件介绍如下。

TC 是 CAAC 根据 CCAR‐21 颁发的、证明民用航空产品和零部件符合相应适航规章和环境保护要求的证件。民用航空器及发动机、螺旋桨和民用航空器上的设备,应当向审定局方申请 TC。

型号认可证书是对进口的民用航空器、航空发动机、螺旋桨的 TC 及外国适航当局颁发的数据单认可批准的凭证。中华人民共和国的任何单位或个人,进口外国生产的任何型号的民用航空器、航空发动机和螺旋桨,如首次进口并用于民用航空活动前,必须取得 CAAC 颁发的型号认可证书方可进口。

STC 是 TC 的补充证书,如果航空器型号设计发生更改,其更改程度尚未达到需要申请新的 TC 的程度,应当向审定局方申请 STC。

型号设计批准书(type design approval,TDA)是 CAAC 根据 CCAR-21 颁发的用以证明民用航空产品符合相应适航规章和环境保护要求的证件。根据 CCAR-21 的规定,对初级类和限用类航空器颁发 TDA。

生产许可证(production certificate,PC)是适航部门对已获得民用航空产品型号设计批准,并欲重复生产该产品的制造商进行的资格性认定,保证该产品符合经批准的型号设计。生产民用航空器及其发动机、螺旋桨和民用航空器上的设备,应当向审定局方申请 PC。

适航证是民用航空器符合 CAAC 批准的型号设计并能安全使用的凭证,民用航空器只有取得适航证后,方可投入飞行或营运。

特许飞行证是尚未取得有效适航证件或目前可能不符合有关适航要求,但在一定限制条件下能安全飞行的航空器申请的证件。

出口适航证是民用航空产品出口时应当具备的证件。出口民用航空器及其发动机、螺旋桨和民用航空器上设备,制造人应当向审定局方申请出口适航证书。

按照 CCAR-21-R3 第 8 章第 21.302 条规定,材料、零部件、机载设备的批准方式包括如下内容:

(1) 根据 CCAR-21-R3 第 21.303 条至第 21.308 条颁发零部件制造人批准书。

(2) 根据 CCAR-21-R3 第 21.309 条至第 21.317 条颁发技术标准规定项

目批准书。

（3）随民用航空产品的型号合格审定、型号设计批准合格审定、补充型号合格审定和改装设计批准合格审定一起批准。

（4）随民用航空产品的型号认可合格审定或者补充型号认可合格审定一起批准。

（5）根据 CCAR‐21‐R3 第 21.319 条颁发设计批准认可证。

（6）CAAC 规定的其他方式。

作为材料、零部件和机载设备的批准方式之一，CTSOA 是 CAAC 颁发给符合技术标准规定项目制造人的设计和生产批准书。

PMA 是 CAAC 批准安装在已获得 TC 的航空器上，作为加改装或更换用的材料、零部件和机载设备的凭证，为材料、零部件和机载设备的批准方式之一。

8.1.2　FAA 机载设备适航管理

机载设备的适航管理是逐步发展逐渐完善的，最初 FAA 颁布了 FAR‐37，对机载设备实施管理。FAR‐37 包括"A 分部—总则"（管理程序）和"B 分部—技术标准规定"（TSO）两个部分，都是具有法律约束力的条例。1980 年 6 月 2 日，FAA 考虑到 TSO 项目很多且发展很快，为便于 B 分部的更改和补充，决定取消 FAR‐37，将 A 分部的管理程序编入 FAR‐21，即目前 FAR‐21 的 O 分部，是必须遵守的条例。B 分部单独出版，改为非条例性必须执行的安全要求，称 TSO。为了便于查询 TSO，FAA 从 1980 年 9 月起每年出版一期咨询通告 AC 20‐110，报道 TSO 的出版情况。

美国的民机机载设备的适航要求是 TSO，适航批准方式是 TSOA。TSOA 将设计和生产一起批准。机载设备的产品出厂批准也不是"适航证（airworthiness certification，AC）"，而是"适航标签"，表示产品通过了出厂适航批准。

民机机载设备的适航要求主要是指民机机载设备适航的技术要求，FAA颁发的 TSO 提出了要求，每一项机载设备颁发一个 TSO。现在美国对 143 项机载设备颁发了 TSO，分为 20 大类。大部分 TSO 中的技术要求引用的是 SAE 和 RTCA 的技术文件，有些 TSO 引用了其他组织的技术标准，还有些 TSO 中的技术标准是 FAA 制定的。TSO 对类似的技术要求直接引用了相同的技术文件，如环境适应性试验要求（DO‐160）、计算机航电软件要求（DO‐178）、机载电子硬件设计的特别要求（DO‐254）。

美国机载设备适航文件体系列示如下：

（1）FAR‐21《产品和零部件合格审定程序》，规定了美国所有民用航空产品的适航管理要求，含机载设备。

（2）TSO（20 类、143 项）《技术标准规定》，即美国机载设备的适航技术要求。

（3）Order 8150.1B《技术标准规定大纲》，规定了美国机载设备适航合格审定程序。

（4）相应的 AC，对美国机载设备适航合格审定进行技术支持，如 AC 20‐110 通报美国 TSO 的目录。

美国的适航管理是"矩阵式"管理。美国航空器的适航合格审定由其 4 个合格审定中心完成（大飞机、小飞机、旋翼机和发动机合格审定中心），机载设备的适航合格审定由各合格审定中心下属的 ACO 完成（其中生产部分由"制造检查办公室（manufacturing inspection district office，MIDO）"完成）。

8.1.3 EASA 机载设备适航管理

所有安装在有合格证的产品（航空器、发动机和螺旋桨）上的零部件和机载设备须批准。根据 EASA 21 部（part21 航空器及其产品、零部件和机载设备以及设计、生产机构的合格审定）K 分部，只有符合如下之一要求才能表明对适用要求的符合性：

(1) 如适用,依据 EASA 21 部 O 分部的欧洲技术标准规定项目(European technical standard order,ETSO)项目批准程序审批。

(2) 与将安装其上的产品(或者其更改)的型号合格审定程序一并审批。

(3) 对于标准件,依据正式认定的标准审批。

具体说明如下:

EASA 21 部 O 分部规定了欧洲技术标准规定 ETSO 项目批准书颁布的程序要求,必须根据适用的 ESTO 制作技术资料文件。随后,必须签署设计与性能申明(declaration of design and performance,DDP),包含项目的型号设计定义和项目的设计性能,对有关试验报告的引用和对适当的维修、翻修和修理手册的引用等信息,表明申请人已符合适当的 ETSO 要求的陈述。

依据 ETSO 批准书生产的项目,原则上可安装在航空器上。然而,参与的管理当局可能依据安装该项目的航空器使用的型号合格审定规章(CS-25)对该项目提出其他的技术要求,且须确定产品特性的兼容性。

ETSO 批准书的申请人须表明有如下能力:

(1) 生产须持有 POA 或表明对 F 分部程序的符合性。

(2) 设计辅助动力装置(auxiliary power unit,APU)须持有 DOA;所有其他项目采用表明对适用要求的符合性必要的特定设计经验、资源和活动流程等形成的程序。

ETSO 包括两个索引,索引 1 列出了与 FAA 的 TSO 相似的部分,索引 2 列出了仅在 ETSO 中适用的部分。

ETSO 项目仅是安装在航空器上的一部分,有时不与航空器兼容。因此须获得拟审定产品或更改批准涉及的零部件和机载设备的批准书。拟审定产品或更改批准的零部件和机载设备的生产也可由外部机构承担,但申请人应负责此类项目的适航性。

8.2　适航审定方式

依据 CCAR‑21‑R3 第 21.3 条的定义,零部件指任何用于民用航空产品或拟在民用航空产品上使用和安装的材料、仪表、机械、设备、零件、部件、组件、附件、通信器材等。按照 CCAR‑21‑R3 的规定,我国适航当局将适航审定对象分为民用航空产品和零部件两类。材料、机载设备和零部件都应属于 CCAR‑21‑R3 第 21.3 条中的定义零部件。

由于民用航空材料不单独进行适航审定和单独适航取证,因此适航当局没有对民用航空材料颁布特殊的管理程序,只对民用航空机载设备和零部件规定了适航管理要求和管理程序。我国自行研制的民用航空机载设备和零部件在国内进行适航审定方式主要包括如下六种方式:

(1) 根据 CCAR‑21‑R3 第 21.309 条至第 21.317 条颁发技术标准规定项目批准书。

(2) 根据 CCAR‑21‑R3 第 21.303 条至第 21.308 条颁发零部件制造人批准书。

(3) 随民用航空产品的型号合格审定、型号设计批准合格审定、补充型号合格审定和改装设计批准合格审定一起批准。

(4) 随民用航空产品的型号认可合格审定或者补充型号认可合格审定一起批准。

(5) 根据 CCAR‑21‑R3 第 21.319 条颁发设计批准认可证。

(6) CAAC 规定的其他方式。

8.2.1　技术标准规范批准书

CTSOA 的特点是适航当局对设计和生产进行审查批准,且批准书只能颁发给被认为符合特定 CTSO 项目的制造厂商,因此,其审查内容既包括设计又包括生产。实际执行的主要指导文件是 CAAC 发布的适航管理程序 AP‑21‑

06R3《民用航空材料、零部件和机载设备的合格审定程序》。本节将分 CTSOA 适航审定流程、CTSOA 适航审定程序、审查组、审查、偏离问题、批准等六个部分进行论述。

获取 CAAC 的 CTSOA 的具体程序如图 8-1 所示。

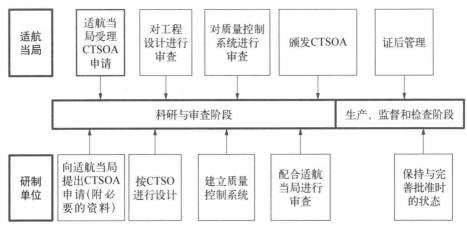

图 8-1　获取 CTSOA 的具体程序

机载设备研制单位在取得 CTSOA 后，并不等于取得了该设备在航空器上的安装批准。一架具体型号航空器上采用的机载设备，除 CTSOA 外，还应进行匹配试验取得在该型号上的安装批准。

8.2.1.1　适航当局适航性工作

在开展技术标准规定项目审定过程中，适航当局承担的主要适航性工作包括如下内容：

1）受理 CTSOA 申请

适航司在接到申请书后，根据需要授权有关适航部门进行预审，授权审查部门对申请人设计及制造该项目必须具备的能力进行调查，并在预审后提出是否受理申请的建议。

适航司在接到有关授权审查部门建议后 30 天内确定是否受理，并以受理申请通知书或不受理函件正式通知申请人。

2）工程设计审查

接受申请后,审查组审查申请人提交的最低性能标准建议书。如果 CAAC 尚未颁布相应的技术标准规定,可以 AC 37-01 中建议的技术标准规定或引用标准为参考,在该项目审查开始前完成该规定,并通过授权审查部门向适航司提交颁布。

审查组在审查申请项目与技术标准规定的符合性过程中的主要工作包括如下内容:

（1）在审查组成立后,根据申请的项目确定审定基础,经授权审查部门审核批准并报适航司备案。

（2）审查组根据申请人的工作进度,制订审查计划。审查计划包括审查的内容、时间和需要目击的试验等。

（3）各项试验之前包括如下工作:

a. 审查组对申请项目的工程资料进行初步评审。

b. 审查组审查并批准申请人应提交的试验大纲。试验大纲的主要内容至少包括项目名称、试验目的、试验设备说明、试验件图号、试验件在试验设备上的安装图、测试仪表及精度、试验步骤、记录项目及试验负责人等。必要时审查组可审查试验大纲所引用的文件和数据资料。

c. 在收到申请人提交试验件的制造符合性声明后,审查组应按照已冻结的设计状态进行制造符合性检查,填写制造符合性检查记录表,并根据检查结果确定能否进行试验。

（4）审查代表按审查计划到现场进行审查和目击有关试验。

（5）在收到申请人的符合性声明后,审查组全面评审项目的工程资料。

（6）审查组在审查中如发现不符合,应将工程问题填写在问题纪要中并及时通知申请人,以便申请人采取纠正措施。

（7）在完成全面评审后,审查组用型号资料审查表对工程资料进行批准。

（8）若存在偏离审定基础（最低性能标准）的情况,审查组应对偏离内容进行全面评估,并向适航司提交是否接受该项偏离的评估意见报告。适航司在接到偏离申请和审查组的评估意见后 30 天内,做出是否同意的决定,并书面通知审查组。

(9) 审查组将审查记录归档,并编写审查报告,将审查报告和是否同意颁发项目批准书的建议通过授权审查部门报适航司。

3) 质量控制系统审查

审查组在质量控制系统的审查中主要工作包括如下内容:

(1) 审查组根据申请人的工作进度,制订审查计划。审查计划包括进行质量控制系统审查的时间等。

(2) 在收到申请人的符合性声明后,审查组全面评审项目的质量控制系统。

(3) 在审查中如发现不符合,应按照 AP - 21 - 04 的规定填写质量控制系统的问题,并及时通知申请人,以便申请人采取纠正措施。

(4) 在完成全面评审后,审查组按照 AP - 21 - 04 的规定对质量控制系统资料进行批准。

4) 颁发 CTSOA

适航司审核审查报告,并在 30 天内做出批准与否的结论。对于同意批准的项目,由适航司向申请人颁发 CTSOA 并通知授权审查部门;若不予批准,则以函件形式通知授权审查部门,并由授权审查部门通知申请人。

5) 证后管理

CTSOA 颁发后,适航当局将对 CTSOA 持有人进行证后管理,并应指定该项目的主管检查员和项目工程师。

可在 CTSOA 持有人的单位委任工程代表(designated engineering representative,DER)和委任制造检查代表(designated manufacturing inspection representative,DMIR),其代表的条件、职责和权限应符合 CCAR - 183 和有关程序的规定。

CTSOA 持有人应接受适航管理部门、DER 及 DMIR 对其进行的定期和不定期的监督和检查。

8.2.1.2 研制单位适航性工作

在开展技术标准规定项目取证过程中,研制单位承担的主要适航性工作包括如下内容:

1) 提出 CTSOA 申请

申请人应按 CAAC 规定的格式填写并提交完整属实的申请书。对申请偏离 TSO 性能标准的申请人,应当随上述申请书同时提交偏离申请,该偏离申请应当表明申请偏离的部分已经由提供等效安全水平的措施或者设计特征加以弥补。同时,申请人应随申请书一并提交下列资料:

(1) 按照 CCAR‐21‐R3 第 21.143 条的要求准备相应技术标准规定要求的技术资料。

(2) 按照 CCAR‐21‐R3 第 21.143 条建立的质量控制系统的详细说明。

(3) 表明申请人已经满足 CCAR‐21‐R3 第 21.310 条要求及项目申请之日有效的 CTSO 的符合性声明。

申请书的有效期为两年。到期仍未获得批准的申请人,应重新申请或经允许可延长申请书的有效期。

2) 按 CTSO 进行设计

申请人将 CTSO 中的相关要求及引用标准中的要求纳入型号研制的标准规范体系,并在型号设计中贯彻和实施。

3) 建立质量控制系统

申请人应按工作进度,依据 CCAR‐21‐R3 第 21.139 条的规定建立质量控制系统(详细要求可参照 AP‐21‐AA‐2010‐04R4 中的相关规定),并向审查组提交 CCAR‐21 第 21.143 条规定的质量控制系统资料。

4) 配合适航当局进行审查

申请人应当接受适航当局进行的检查或者试验,确认该项目是否符合相应

的 CTSO。除适航当局另行批准外,申请人应当执行如下规定:

(1) 在证明其符合相应的 CTSO 前不应将项目提交给适航当局进行检查或者试验。

(2) 在证明其符合相应的 CTSO 后到提交适航当局进行检查或试验前,不得对已证明符合相应 CTSO 的项目进行任何更改。

5) 保持与完善批准时的状态

在获得 CTSO 项目批准书后,若发生使用困难(如故障、失效和缺陷)时,项目批准书持有人应按照 CCAR-21 第 21.8 条的要求向适航部门报告。

8.2.2　零部件制造人批准书

民用航空零部件通常采用随机取证方式,较少采用单独取证方式。民用航空零部件的 PMA 适航审定方式是民用航空零部件的单独取证方式。零部件取得 PMA 证件后,民用航空器拥有人可以直接向 PMA 持有人采购,不必通过民用航空器研制生产单位采购。PMA 民用航空零部件主要用于民用航空器的维修备件。

适航当局规定 PMA 零部件适用于作为加改装或更换用的零部件安装在已获得 TC 的民用航空产品上,也适用于作为已获得装机批准的 CTSO 项目中零部件的替换件。

民用航空零部件的 PMA 适航审定执行 AP-21-06R3 第 5 章"零部件制造人批准书(CAAC-PMA)的审定程序"。PMA 分为提出 PMA 申请、受理 PMA 申请、组织审查组、PMA 适航审查、颁发 PMA、证后管理等六个阶段的工作内容。除 PMA 适航审查阶段外,其他阶段主要是适航管理工作。PMA 的适航性工作主要在 PMA 适航审查阶段。

1) 提出 PMA 申请

申请人应按 CAAC 规定的格式填写完整属实的 PMA 申请书提交适航当局。随申请书一并提交质量控制系统说明、工作计划、申请项目的简要说明和适航当局要求提交的其他资料。申请项目的简要说明包括如下内容：

（1）对已随 TC、STC 或型号设计批准书（modification design approval，MDA）一起获得批准的零部件，申请人应向授权审查部门提供其零部件已获得的相应批准证明文件及相应的工程资料，以确定同一性。

（2）依据设计转让协议证明其同一性的申请人，转让协议应包括证明材料和按适航当局的特殊要求提交相应文件。

（3）通过试验和计算进行全面符合性验证获取 PMA 的申请人，应声明其所有的设计、材料、工艺、试验规范、系统的兼容性和可互换性都是通过相应的试验支持的，并且应声明装机试验的可行性。

申请设计批准的简要说明是 PMA 适航审定基础的主要内容。PMA 申请书的有效期为两年。

2）受理 PMA 申请

适航当局在接到申请书后进行预审：对申请人设计及制造该项目必须具备的能力进行调查，并在预审后提出是否受理申请的建议。

3）组织审查组

适航当局在发出受理申请通知书并收到审查费后组织该项目的审查组。审查组由工程审查代表和制造检查代表组成。

4）PMA 适航审查

PMA 适航审查主要工作内容如下：

（1）确定审定基础。

（2）按民机型号零部件制造单位、协议取得零部件设计资料单位和无民机零部件资料支持单位三类开展适航审定工作。

（3）如需进行飞行试验，按如下规定实施：

a. 在完成了除试飞外的工程评审和制造符合性检查后方能进行飞行试验。

b. 参与试飞的航空器应按 AP‑21‑05 的要求取得特许飞行证，飞行试验期间，由申请人负责将试飞情况、发现的问题及采取的纠正措施及时报告适航审查部门。

c. 完成飞行试验后由申请人撰写试飞情况报告,提交适航当局。

(4) 审查组全面评审 PMA 项目质量控制系统。

a. 申请人在完成了所有工程资料(设计资料及试验报告等)及质量控制系统资料之后,应向审查组提交一份符合性声明。

b. 在完成了全面评审后,审查组用型号资料审查表对工程资料进行批准,按照 AP‑21‑04 的规定对质量控制系统资料进行批准。

c. 审查组将审查记录归档并编写审查报告,将审查报告和是否同意颁发项目批准书的建议通过授权审查部门报中国民用航空局适航司。

5) 颁发 PMA

适航当局审核审查报告,并在 30 天内做出批准与否的结论。对同意批准的项目,向申请人颁发 TSO 项目批准书;若不予批准,以函件形式通知申请人。

6) 证后管理

PMA 颁发后,适航当局将对 PMA 持有人进行证后管理,并应指定该项目的主管检查员和项目工程师。

可在 PMA 持有人的单位委任 DER 和 DMIR,其代表的条件、职责及权限应符合 CCAR‑183 和有关程序的规定。

PMA 持有人应接受适航管理部门、DER 及 DMIR 对其进行的定期和不定期的监督和检查。

PMA 不可转让。除 CAAC 吊扣、吊销或者另行规定终止日期外,项目批准书长期有效。

8.2.3　随机适航审定

由于机载设备中的许多设备分别用于不同型号的航空器、发动机或螺旋桨(简称主机)的系统或部位,所以这些设备的性能要求也随主机型别、系统或部位参数的改变而改变。在这种情况下,机载设备采取与主机共同适航的办法,即通过主机型号合格审定,安装在主机上的设备通过装机试验和飞行试验等一系列验证并在符合要求之后,也同时取得批准。对此类设备通常由主机制造厂商向设备制造商提出技术性能和质量要求;设备制造商按要求进行设计、制造和试验。在设备制造商确认符合要求后,可将该设备提交主机制造商验收。在主机制造商对设备制造商实施质量控制的基础上,对提交的设备进行必要的鉴定试验,鉴定合格后即可正式装机进行适航当局规定的型号合格试验或飞行试验。

8.2.4　其他审定方式

其他审定方式主要是在主机生产、改装或维修现场,由适航当局审查人员对一些简单的不重要的机载设备,如根据用户要求在航空器上增加一个咖啡炊具或加装一把残疾人使用的轮椅,结合实际情况采用随时批准的一种灵活方式。这些机载设备不得影响航空器的结构、强度、性能和安全使用。

8.3　航电系统适航审定

8.3.1　审定基础和符合性方法审定

合格审定基础是适航审定的最顶层文件,它规定了申请人应满足的适航条例,针对不同的系统,其中还包括一些对适航条例的补充专用条件。如CCAR-25-R4《运输类飞机适航标准》规定了运输类飞机应满足的适航条例,包括第25.611条可达性措施,第25.869条系统防火,第25.1301条功能和安装,第25.1309条设备、系统及安装,第25.1316条系统闪电防护,第25.1431条电子设备,第25.1529条持续适航文件等;CCAR-21-R3《民用航空产品和零部件合格审定规定》规定了所有的民用航空产品(含机载设备)适航管理的要求,包括第21.139条质量控制系统,第21.143条对质量控制系统及资料的要求,第 21.147 条质量控制系统的更改,第 21.165 条持证人的责任,第 21.301 条适用范围,第 21.302 条批准方式,第 21.309 条技术标准规定项目批准书,第 21.310 条技术标准规定项目批准书的申请,第 21.311 条申请人获得技术标准规定项目批准书的条件,第 21.312 条对技术标准规定项目批准书的一般管理规则,第 21.313 条设计更改,第 21.314 条记录保存,第 21.315 条检查,第 21.316 条不符合相应技术标准规定的项目,第 21.317 条技术标准规定项目批准书的转让性和有效期,第 21.318 条适航批准;CCAR - 37《民用航空材料、零部件和机载设备技术标准规定》规定了机载设备的 CTSO 要求。

当系统或飞机改型时,审定局方评估改型对飞机现在的适航情况影响。在某些特殊情况下,须对现有的合格审定基础进行补充。因此,改型的安全性评估,有可能在原有的审定基础上增加新的要求。如当飞机将普通的飞行控制系统改为电传操纵的飞行控制系统,审定局方将重新评估更改为电传操纵飞行控制系统后,改型后的飞机安全余度是否满足适航要求,为此将在原有飞行控制系统的合格审定基础上增加一些特殊要求。

申请人在合格审定计划中,应向审定局方提出对满足合格审定基础适应条款的建议方法,无论合格审定基础是否变化,符合性方法均须进行评估,并得到审定局力的认可和批准。

1) AP - 21 - AA - 2011 - 03 - R4《航空器型号合格审定程序》

指导和规范民用航空器型号合格审定活动,定义型号合格审定、型号合格审定基础、研制保证系统等的规定。

2)《中国民用航空规章》

《中国民用航空规章》是由国务院负责管理民用航空活动的行政机关 CAAC 制定、发布的涉及民用航空活动的专业性规章。CCAR 具有法律效力,凡从事民用航空活动的任何单位和个人都必须遵守 CCAR。

3) 型号合格审定基础

型号合格审定基础(type certification basis,TCB)是经型号合格审定委员会确定的、对某一民用航空产品进行型号合格审定依据的标准。TCB 包括适用的适航规章、环境保护要求及专用条件、豁免和等效安全结论。

4）批准放行证书/适航批准标签

批准放行证书/适航批准标签（authorized release certificate/airworthiness approval tag, ARC/AAT）是制造符合性检查代表或委任生产检验代表颁发的，用于证实试验产品已通过制造符合性检查，符合型号资料的标签。

5）符合性检查清单

符合性检查清单（compliance check list, CCL）是按审定基础确定的规章条款逐条列出表明条款符合性的符合性方法、相关型号资料及其批准情况的汇总性文件，用于记录和检查型号合格审定项目的完成情况。

6）研制保证

研制保证（design assurance, DA）指型号合格证或型号设计批准书申请人充分表明其具有如下必需的、有计划的及系统性的措施的能力：

（1）设计的产品符合适用的适航规章和环境保护要求。

（2）表明并证实对适航规章和环境保护要求的符合性。

（3）向型号合格审定委员会和型号合格审定审查组演示这种符合性。

研制保证系统（design assurance system, DAS）指申请人为了落实研制保证措施需要的组织机构、职责、程序和资源。

7）等效安全

等效安全（equivalent level of safety, ELS）指虽不能表明符合条款的字面要求，但存在补偿措施并可达到等效的安全水平。

8）审定计划

审定计划（certification plan, CP）是申请人制订的关于采用何种符合性验证方法表明产品符合审定基础的计划。

一份典型的 CP 至少应包含如下内容：

（1）设计方案或设计更改方案的说明，包括示意图和原理图。

（2）预期运行环境的规章要求（如在 CCAR－91、CCAR－121 或 CCAR－135 下的运行）以确定产品的运行类别和维修大纲类型。

（3）建议的合格审定基础，包括适用规章的条、款、项和豁免、等效安全以及专用条件等。

（4）符合性验证思路和符合性方法表。对符合性方法的描述必须充分，确定收集 CAAC 规定的必要数据且处理发现的问题。

（5）表明对适用审定基础符合性的文件清单，该清单可记录符合性表明工作的完成情况。可以采用"符合性检查单"的形式进行这项工作，列出适用产品的每一条款规章。

（6）生成符合性验证数据（资料）的试验件和试验所需设备的清单。应确定试验件设计特性，作为制造符合性检查代表确认试验件符合试验要求（如尺寸或公差等信息）的具体指导；对于试验设备，还应确定试验设施的相关信息，确定试验前校准和批准设备。

（7）对颁发 TC 后如何满足持续运行安全要求的描述。

（8）项目里程碑计划，如初步安全性评估报告的提交日期、符合性验证资料的提交日期、制造符合性检查和试验完成日期及预期完成型号合格审定的日期。

（9）DER 和 DMIR 的清单，其权限范围及能否批准资料或者仅提出批准资料的建议。

a. 技术资料和试验的工程评审。

b. 规定了技术资料和试验的工程评审的要点和方法。申请人在提交审查代表审查前，应完整、详细地内部评审，保证提交的审查资料等符合相关要求。

c. 试验产品的制造符合性检查。

d. 试验产品应符合经批准的设计图样和工艺规范，规定了制造符合性检查应遵循的程序、方法和要求。

e. 附录 H 符合性方法。

f. 型号合格审查过程中，为了获得所需的证据资料以标明适航条款的符合性，申请人通常需要采用不同的方法,而这些方法统称为符合性验证方法(简称符合性方法)。为了统一审查双方的认识及信息交流,在整理审查经验和借鉴国外的管理成果的基础上,汇总了十种符合性方法。为了便于编制计划和文件,每种符合性方法赋予相应的代码。符合性方法的代码、名称和使用说明(见表7-1)。审查中根据适航条款的具体要求选取其中的一种或多种组合的方式满足条款的要求。

符合性方法及说明供审查时参照,可根据具体型号合格审定项目的需要进行必要的注释,如申请人有更为明确而完整的符合性方法的定义和说明,亦可作为符合性验证计划的一部分,附在该计划中。

符合性验证计划通常包括如下内容:

a) 专业及所采用的符合性验证方法。

b) 验证任务。

c) 适航条款。

d) 验证文件的编号和名称。

e) 完成时间。

f) 负责单位。

g) 研制方及审查方责任人。

对于已批准的符合性验证计划中确定的验证试验项目(包括试验产品的地面试验和试飞),申请人应在验证试验前足够长的时间内,向审查组提交试验大纲。

与民机产品设计过程相对应,适航符合性验证工作贯穿整个过程,确定审查基础后,制订符合性验证计划,通过适航审查方式验证。从概念设计阶段提出安全性要求与目标,直至设计验证阶段证明系统设计能够满足安全性要求为止。

9) 符合性验证资料

符合性验证资料(compliance data,CD)是用于表明型号设计符合审定基础的资料,包含试验大纲、计算或分析报告及试验报告等。

10) 型号审查代表、委任代表和项目工程师

规定了型号审查代表的专业类别及权限等。

11) 申请人、型别和申请日期等概述信息

12) AP-21-AA-2010-04R4《生产许可审定和监督程序》

(1) AP-21-AA-2010-04R4《生产许可审定和监督程序》规定了民用航空产品生产许可证的申请、审查和颁发要求及对生产许可证持有人的管理和监督规定。民用航空材料、零部件和机载设备的生产批准参照该程序执行。

由于 CTSOA 和 PMA 是适航部门颁发给民用航空材料、零部件和机载设备制造商的设计和生产批准书，所以，凡是想要根据 CCAR-21 第 8 章获得 CTSOA 或 PMA 者，除应向适航部门证明项目的设计符合相应的 TSO 和适航要求外，还应向适航部门证明质量控制系统符合 CCAR-21 相关条款，按 AP-21-06 进行民用航空材料、零部件和机载设备的合格审定。其生产标准的具体评审参照该程序 AP-21-AA-2010-04R4 中第 3.1.4.2 条和第 3.1.4.8 条要求进行。

AP-21-AA-2010-04R4 中主要有关条款如下所示：

a. 第 2.7 条质量控制资料。

b. 第 3.1.5.3 条生产许可证持有人的责任和权利。

c. 第 3.3 条民用航空材料、零部件和机载设备的生产批准。

d. 第 4 条生产批准书持有人的证件管理与监督。

e. 第 7 条生产检验委任代表。

f. 附录 1 航空器合格审定系统评审大纲(ACSEP)。

(2) AP-21-06R3《民用航空材料、零部件和机载设备的合格审定程序》机载设备主要执行该适航管理程序。其中第 4 部分"技术标准规定项目批准书(CTSOA)的审定程序"为主要内容，此部分从第 4.1 条～第 4.12 条共 12 条要求，其要点如下：

a. 申请人提出申请并提交相应机载设备的最低性能标准建议书,同时提交一份工作计划和一份质量控制系统说明。申请书有效期为 2 年。

b. 审定局方在 30 天内决定是否受理申请。

c. 受理后组成审查组。首先审查提交的最低性能标准建议书和质量控制系统说明。

d. 正式确定审查后,审查组首先制订工作计划。按计划在适航合格审定试验开始之前审查工程资料、试验大纲和制造符合性声明等,然后监督(目击)合格审定试验。审查完所有工程资料和质量控制系统后,得出审定结论,并提出建议报适航司。

e. 对于申请的最低性能标准与 CTSO 不一致的情况(即偏离),报适航司处理,适航司在 30 天内给予答复。

f. 对于完成适航审查的项目,适航司在 30 天内批准。

g. 颁证后适航审定局方按规定进行适航监督检查,有随机监督、日常监督和复查 3 种类型。CTSOA 不可转让。按 CCAR - 21 - R3 中第 21.8 条规定,当发生 13 种故障、失效和缺陷情况时,必须向适航当局报告。

h. 按 CCAR - 21 - R3 的第 21.310 条规定,CTSOA 持有人向适航审定局方提交了第 21.310 条第(四)项所列文件后,可以对项目进行小改。小改指对产品的重量、平衡、结构强度、可靠性、使用特性以及对产品适航性没有显著影响的更改。更改后的项目应保持原型号并用零件号标记小改。设计大改是指除小改和"声学更改"以外的其他更改,更改程度使适航审定局方认为须进行实质性的全面验证确定该设计更改后的项目是否符合技术标准规定。CTSOA 持有人进行大改前,应确定该项目的新型号或型别代号,并重新申请。

i. 生产出厂的产品,均由适航当局授权的人员进行单件批准,即挂适航标签。

j. CTSOA 项目被民机研制采用时,还须进行装机批准。

（3）AP－21－14《补充型号合格审定程序》适用机载设备取得 CTSOA 适航批准后，被民机研制采用后的装机批准。

（4）AP－183－01《工程委任代表委任和管理程序》，适航审定局方通过委任代表证件和证后管理文件（必要时用适航管理文件），明确规定特定 CTSOA 项目 DER 的职责和权限。

（5）AP－183－02《生产检验委任代表委任和管理程序》，适航审定当局通过委任代表证件和证后管理文件（必要时用适航管理文件），明确规定特定 CTSOA 项目 DMIR 的职责和权限。

8.3.2　综合/确认/验证工作审定

适航合格审定过程的目标是通过适航合格审定，证明申请人开发和研制的飞机及系统满足适航要求。申请人和适航审定当局之间应建立有效的沟通渠道，这对适航审定过程是关键；同时，就符合性方法与适航审定当局达成一致，也很关键。

1）适航合格审定的策划

由于在开发过程中，系统或项目的复杂度和集成度的变化很大，所以适航合格审定过程具有可变性。为了增加申请人和适航审定当局之间的信任度，申请人在早期策划适航合格审定计划时，应注意 PAC 的可变性。

适航合格审定策划，主要包括如下两方面的内容：

（1）在研制和合格审定过程中，需要管理部门在管理方面的支撑，如计划的落实及人员的调度，这在审定计划中称为管理要求，也就是管理任务。

（2）合格审定基础。

2）关于建议的符合性方法的协定

通过与适航审定当局进行沟通和协商，针对申请适航认证的系统或设备，申请人应在提出的符合性方法中说明如何满足适航审定基础。为此，申请人应注意如下几点：

（1）在开始研制前，申请人应向适航审定当局提交并评审 PAC，如 PAC 和符合性方法须补充和（或）更改应及时提交评审。PAC 也是计划过程的输出文件之一。

（2）解决申请人与适航审定当局对符合性方法的分歧。与适航审定当局就 PAC 达成一致，并得到适航审定当局的批准。

8.3.3　供应商适航审定

按照飞机型号合格审定审查组的要求，申请方必须制订 PSCP，并得到审查组的认可。PSCP 内容之一是供应商承担的飞机系统和设备的设计、试验和制造的适航验证计划，即供应商审定支持计划。

由于供应商仅承担了飞机系统的部分研制和验证工作，所以供应商编制审定支持计划的基础是已经审查组确定的飞机符合性方法表、飞机型号合格审定大纲和飞机研制计划。

供应商适航审定，主要包括如下内容：

1）编制审定支持计划的基础

（1）供应商合同中确定的研制任务。

（2）飞机研制计划和取得系统专业批准的供应商研制计划。

（3）飞机型号合格审定基础上有关的适航条款及飞机符合性方法表。

（4）飞机型号合格审定大纲中与供应商有关的部分验证任务及支持性工作。

（5）飞机符合性验证试验项目清单中有关部分。

（6）合同规定供应商交付的与适航验证试验有关的零部件和设备清单及计划。

2）审定基础和符合性方法

飞机系统各专业必须将本专业与审查组确定的、涉及供应商的适航条款和符合性方法，与供应商协调一致并书面确认。

3）验证任务分工

（1）飞机系统各专业负责人必须将本专业型号合格审定大纲中涉及供应商的适航验证工作，尤其是由供应商提供支持性技术文件的，与供应商协调讨论达成一致并书面确认。

（2）对采用符合性方法 MC9 验证的所有设备，无论是否取得 CTSOA 证书，都应由供应商提供设备的设计、研制和鉴定试验情况说明报告。必要时要求供应商提供支持设备装机批准的设计文件和试验报告原件，并作为符合性验证文件纳入审定支持计划。

4）试验项目

（1）飞机系统各专业须将本专业飞机符合性验证试验项目清单中涉及供应商的试验项目，与供应商协调一致并书面确认。

（2）对设备鉴定试验，尤其是飞机改型或新研制的设备鉴定试验，应列入试验项目清单。

（3）根据设备的重要程度，在各专业确定监控的设备试验基础上与审查代表协调确定适航监控试验项目。在供应商审定支持计划中明确监控试验项目，并参照适航验证试验专项验证计划格式编制试验文件审查和试验监控详细计划。

（4）对于 CTSOA 设备或成熟货架设备，若审查代表无特别要求，按验证任务分工的要求说明鉴定试验情况。

5）设备和零部件交付计划

（1）供应商交付的、有关装机和适航试验的设备清单及计划，应与飞机系统技术要求和合同规定一致。

（2）供应商交付的、有关装机和适航试验的系统或结构部件清单及计划，应与飞机系统技术要求和合同规定一致。

（3）根据设备和零部件交付清单及计划与审查代表协调确定制造符合性检查项目、检查方式和地点及签发制造符合性放行标签等安排。

6）时间节点

（1）各专业负责人应与供应商协调审定支持计划中的文件提交、试验和设备或零部件交付等时间节点，应与项目研制计划、项目审定计划和供应商研制计划一致。

（2）具体验证任务的时间应与飞机型号合格审定大纲和飞机验证试验项目清单中的时间安排相一致。

7）装机批准责任

除 CTSOA 设备外，装机设备随机审定。虽然设备本身满足飞机设计要求和适航要求是供应商的责任，但是，在设备随机审定中各专业负责人应确保供应商提交审定所需的技术文件和完成必要的鉴定试验，支持各专业针对设备向审查代表验证符合性和通过装机批准。

虽然供应商承担的机体结构或系统设计的最终批准责任人是各专业负责人，但是供应商必须按合同承担与适航验证有关的技术责任，确保设计得到审查代表的适航批准。

8.4　设备设计和验证审定

8.4.1　产品要求审定

一个系统研制生命周期的研制过程，从适航合格审定而言，一般包括三个子过程，子过程之间的关系，如图 8-2 所示。

从图 8-2 中可知，系统研制主要包含三个过程：

（1）计划过程。计划过程的目标是定义一些手段，通过这些手段可以将功能性、安全性和适航性的要求转化为具体可接受或操作的保证活动，且这些活动将安全地实现预期的功能。

（2）设计过程。设计过程有需求分析过程、概念设计过程、详细设计过程

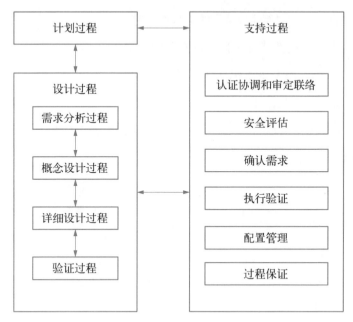

图 8-2 系统研制生命周期过程之间的关系

及验证过程等四个主要过程,过程之间串联和不断重复迭代,前一个过程的结束是下一个过程开始的条件。

(3) 支持过程。支持性过程保证项目输出的要求相对于分配给项目的系统要求是正确和完整的,保证项目实施满足所有的要求,包括各个过程输出的要求。

8.4.2 产品合格审定

申请人向适航审定当局提供的适航合格审定资料,是申请人向适航审定当局证明满足适航要求(合格审定基础)的证据。这些资料包括须提交给适航审定当局的资料和待查的保留资料。同时申请人还应提供内容丰富的适航合格审定总结,描述满足 PAC 要求或技术协议的程度,包括各个 PAC 活动的执行结果。任何偏离了 PAC 的活动或技术指标,都应描述偏离项目和偏离的理由。

适航合格审定总结至少包括如下两部分:

（1）对合格审定基础和 PAC 的符合性陈述。

（2）对影响功能性或安全性但没有关闭的报告。

产品合格审定内容主要包括如下五方面内容：

1）适航合格审定资料

表 8-1 列出了适航合格审定的资料大概范围，表中包括与 ARP 4574 相同章节的交叉索引。

表 8-1 需要提交的适航合格审定资料

合格审定资料	对应 ARP 4574 章节	备　注
PAC	4.4.1	必须提供
研制计划	4.4.3	
构架和设计	4.4.4	
要　　求	5.2 和 5.3	
确认计划	7.7.1	
验证计划	8.5.1	
构型管理计划	9.0	
过程保证计划	10.2	
构型索引	4.4.2	必须提供
FHA	6.1	
PSSA	6.2	
SSA	6.3	
CCA	6.4	
确认资料	7.7	
验证资料	8.5	
构型管理证据	9.2	
过程保证证据	10.4	
合格审定总结	4.3	必须提供

2) 合格审定计划

PAC(plan of airworthiness certification,PAC)至少(但不限于)包括如下内容:

(1) 系统飞机级功能的使用描述,要素包括航电软件/硬件。描述系统与其他飞机系统和功能之间的功能性、物理性和信息流之间的关系,也就是系统与飞机其他系统的交联关系。

(2) PAC 与其他相关系统和设备的 PAC 之间的关系。

(3) 飞机级 FHA 总结。

(4) PSSA 总结,主要包括系统安全性目标和确定的系统 DAL。

(5) 为满足安全目标采取的任何新颖或独特设计特征的描述。

(6) 新技术或新技术应用的描述。

(7) 满足适航合格审定基础的符合性方法建议。

(8) 提交的资料和待查的保留资料目录、资料格式示例或说明。

(9) 合格审定时间的大概顺序和时间计划表,不需要非常详细,主要确定关键里程碑节点。

(10) 在合格审定过程中相应组织机构的职责和关系。

(11) 负责合格审定协调和联络的个人或特定组织。

3) 构型索引

构型索引说明了组成系统的所有物理要素,同时还说明了系统安全性的程序和限制,典型的系统构型索引包括如下内容:

(1) 每个系统项目的构型标识。

(2) 项目相关的航电软件。

(3) 项目与项目间的连接关系。

(4) 与飞机其他系统的接口关系。

(5) 与安全相关的运行或维护程序及一些限制条件。

4）研制计划

研制计划是整个系统或项目的顶层规划,研制计划一般应包括(但不限于)如下内容:

（1）顶层过程。

（2）关键事件。

（3）组织结构和关键人员的职责。

5）架构和设计

飞机级功能分配给系统或项目的功能性能,通过 PASA 获得的安全性指标决定了系统或项目的架构设计,一个理想的架构设计可在很大程度上降低 DAL 和系统运行的安全余度。应向适航审定当局提供足够的架构和设计信息内容,以便在 DAL 方面申请人与适航审定当局达成一致。通过架构设计功能模块的 DAL 可以获得适当降低。申请人向适航审定当局开放架构设计对适航审定具有非常重要的意义。

尽管系统的架构设计存在商业或技术的秘密,但应充分信任适航审定当局,申请人对适航审定当局应无任何保留,这是建立双方合作信心的基础,也是顺利开展适航审定过程的前提。

8.5 航电系统安全性审定

航电系统安全性工作涉及设备生命周期的各阶段和设备各层次,包括要求确定、监督与控制、设计与分析、验证和评价及使用安全保障等各项工作。订购方应在立项综合论证阶段对设备生命周期的安全性工作作出全面安排,确定各阶段的工作,明确工作要求,制订安全性计划。对承制方工作的要求应纳入合同的工作说明中。承制方根据合同制订详细的安全性工作计划,作为开展安全性工作的依据。确定职能部门及其职责是落实各项安全性工作、实施有效安全性管理的重要环节。

在产品研制初期即开始航电系统安全性评估，并采用贯穿产品生命周期的系统性地分析、研究和检查的技术，可以很好地分析各种影响飞机安全的因素，解决飞机安全性问题。FHA、PSSA 和 SSA 是航电系统安全性评估的三个过程。通过这些过程确定适用于系统开发保证过程的系统安全性目标，并确定系统功能达到了安全性目标。

SSA 过程应将安全性目标转换为系统和设备的安全性需求。这些需求应包含系统和设备功能与结构的基本安全性目标的安全性属性。SSA 过程和系统研制过程将这些安全需求分配给设备。

系统 DAL 从级别 A 到级别 E 共 5 级，与灾难性的、危险的（严重的）、较重的、较轻的和无影响的 5 类失效状态相对应。DAL 与五类失效状态相关联，给出设备失效状态的定义和各自的 DAL。初期每个设备功能的 DAL 通过 SSA 过程确定，SSA 过程使用 FHA 来确定潜在的危险；然后 PSSA 过程将安全性需求和相应的失效状态分配给航电硬件实现的功能。

安全性评估过程包括支持飞机研制活动各项要求的产生和验证。此过程提供一套方法对飞机功能及实现这些功能的系统设计进行评价，从而判断是否相应的危险已得到恰当处理。安全性评估过程可以是定性的，也可以是定量的。

系统安全性分析包括需求生成和需求确认两部分。由此可以把系统安全性分析过程分为两部分，一部分是确定安全性设计要求，另一部分是审核航空器的设计是否符合要求。在该过程中，根据提供的方法评估航空器功能和负责实现这些功能的系统设计方案，确保与该功能相关的危险已正确地处理。

8.5.1　安全性工作计划

安全性计划是开展安全性工作的基本文件。安全性计划除包括安全性要求的论证工作和安全性工作项目要求的论证工作外，还包括安全性信息收集和对承制方的监督与控制及安全性评价与改进等一系列工作的安排与要求。通过该计划的实施组织、指挥、协调和控制与监督设备生命周期中所有安全性工作。随着设备研制工作的进展和安全性工作的开展，应不断补充和完善安全性计划。

在安全性计划中，应明确需完成的工作项目及要求、主要工作内容、进度安排及实施单位等。要求承制方承担的工作应纳入合同的工作说明中。

安全性计划的作用有如下几方面：

（1）对安全性工作提出总要求及做出总体安排。

（2）对订购方应完成的工作做出安排。

（3）明确对承制方安全性工作的要求。

（4）协调安全性工作中订购方和承制方及订购方内部的关系。

安全性工作计划是承制方开展安全性工作的基本文件。承制方应通过计划组织、指挥、协调和控制与监督设备生命周期中所有安全性工作，实现合同中规定的安全性要求。

安全性工作计划应明确安全性目标（为什么做），为实现安全性目标应完成的工作项目（做什么），每项工作进度安排（何时做），哪个单位、部门或人员来完成（谁去做）及实施的办法与要求（如何做）。

安全性工作计划的作用如下：

（1）支撑管理和实施安全性工作。

（2）反映承制方在研制工作中对安全性工作的重视程度。

（3）便于订购方评价承制方为实施和控制安全性工作规定的各项程序。

（4）反映承制方对安全性要求的保证能力。

8.5.2　安全性工作过程监控

建立安全性工作组织机构对危险及风险进行严格有效的管理。该组织的组成和工作应与计划调度和质量保证的相关组织和工作协调或结合,防止多重管理。

安全性工作组织机构的责任单位可根据具体情况,由订购方和承制方协商确定。安全性工作组织机构应包含各单位代表,并应在合同中明确在组织机构中的职责和权限。

对承制方的安全性工作实施监督与控制是订购方重要的管理工作。在设备的研制与生产过程中,订购方应监控承制方安全性工作的实施情况,尽早发现问题并采取必要的措施。

往往需要由承制方和多个转承制方和供应方共同完成大型复杂设备研制,承制方应将安全性定性、定量要求及相应的工作通过转包合同分配给转承制方和供应方。承制方应确保转承制方和供应方提供的设备和设施符合安全性要求。承制方的安全性工作计划中应具有相应的管理措施,包括如下内容:

(1) 考查转承制方对设备和设施的安全性保证能力。

(2) 在转包合同中明确转包项目的安全性要求。

(3) 参加专题会议或评审活动。

(4) 监督和控制转包项目的安全性工作计划。

(5) 协助和指导转承制方的安全性工作。

(6) 要求转承制方和供应方提供的安全性信息等。

安全性评审包括订购方按合同要求对承制方的评审及承制方对转承制方的评审,还包括承制方和转承制方的内部评审。

在重大设备的研制初期,至少每季度进行一次安全性工作计划的评审。随着研制的深入,评审间隔时间适当延长。若有关安全性鉴定部门有要求,须进行特殊的安全性评审。

根据设备特性,组织相关行业专家、转承制方及供应方有关人员开展评审工作,并保证评审的时间,提高评审的针对性和有效性。

安全性评审是对设备研制工作从一个阶段转入另一个阶段的重要决策手段,安全性评审包括如下两种形式的评审:

(1) 安全性设计评审。主要评审安全性设计的可行性以及产品的安全性是否达到合同规定的安全性定性或定量要求,这种评审是产品设计评审的重要组成部分。

(2) 安全性工作评审。主要评审安全性工作项目的进展情况和关键问题。

要求承制方检查影响安全性的设计更改、航电软件问题及偏离和超出偏差,对这类问题调查所有可能的范围并进行专门的安全性评审,控制由此导致的危险。

如因设计更改、航电软件问题及偏离和超出偏差降低了产品的安全性水平,则应通知订购方。应制订危险跟踪和风险处置的方法和程序记录和跟踪危险,并了解危险的消除、控制及减少相关风险方面工作的进展。

对危险进行记录、分析和评价,每个转承制方都应保存危险记录或评价报告。在初次危险识别时即应记录对每个危险及采取的措施,承制方应描述消除危险或降低风险及对残余风险接受的过程。

安全性关键项目是进行安全性设计与分析、安全性验证及评价的重要对象,必须认真做好安全性关键项目的确定和控制工作。应列示已识别的安全性关键项目清单并实施重点控制。应专门提出安全性关键项目的控制方法和试验要求,如工艺过程控制及特殊检测程序等。应确定每一个安全性关键项目发生故障或导致危险的原因,并实施如下严格的控制措施:

(1) 标记所有安全性关键项目的设计、制造和试验文件,保证文件的可追溯性。

(2) 与安全性关键项目有关的职能机构(如器材审查组织、事故审查组织、技术状态管理部门及试验评审小组等)应有安全性方面的代表。

(3) 应跟踪所有安全性关键项目的鉴定情况。

(4) 应监视安全性关键项目的试验、装配、维修及使用问题。

符合下述准则之一的航电软件,建议确定为安全性关键项目:

(1) 导致后果严重的危险是其发生条件之一。

(2) 控制属于安全性关键项目的功能。

(3) 处理属于安全性关键项目的命令或数据。

(4) 对系统是否达到特定危险状态,进行的检测、报告或采取的纠正措施。

(5) 与属于安全性关键项目的航电软件在同一处理器内运行的航电软件。

(6) 进行危险趋势分析或数据处理,且其结果直接用于安全性决策。

(7) 提供安全性关键项目(包括航电软件/硬件)的全部或部分验证或确认。

安全性关键项目的确定和控制应是一个动态过程,应通过定期评审评定安全性关键项目控制和试验的有效性,并增减安全性关键项目清单及控制计划和方法。

通过实施安全性工作,确保设备在试验前和试验期间均满足试验安全要求。须制订试验计划,考虑应进行危险分析的试验进度关键点和试验场所要求,并评审试验文件。

订购方须向承制方提供满足试验或实验室设施所必需的特殊安全要求的信息,同时应明确承制方应参加或支持的试验评审会议。订购方应规定在试验前必须处理的危险。承制方应定期向订购方提交安全性工作进展报告,使订购方及时了解安全性工作的进展情况。

在安全性工作进展报告中,应定期汇报报告期内开展的安全性管理和技术工作。应根据设备的规模及危险特性等确定报告周期及报告采用的格式。

安全性工作计划只有在所有参与者都清楚各自的工作时才能有效实施。为此承制方应对设备研制人员进行培训,使其掌握安全性的基本原理、设计方法和分析技术等。可用不同的方法进行培训并应进行考核。应对承制方和订购方的试验操作人员开展设备的安全装卸、操作及试验方面的培训,同时还应对使用和维修人员进行安全性培训。应在安全性工作计划中详细叙述承制方的安全性培训计划。

8.5.3 安全性工作结果审定

安全性工作结果审定是验证设备安全性是否达到了合同规定的安全性要求，同时对采取的安全性措施的有效性和充分性进行确认。

承制方应通过试验、演示或其他方法，验证设备是否符合安全性要求。应评审验证（包括设计验证、使用评价、技术资料验证、生产验收、储存寿命验证）计划、验证规程和结果，以确保充分验证了设备的安全性。

安全性验证可选择试验、演示、仿真、分析及设计评审等方式。应首先考虑采用试验和演示的方式，当无法采用试验和演示方法时，可通过工程分析、类推、模拟样机或仿真等方式进行安全性验证。

应对安全性关键项目进行专门的安全性鉴定和认证，以确保其符合规定的安全性要求。对于采用安全装置、告警装置及特殊规程来控制危险的项目，应通过专门的安全性试验来验证措施的有效性。

对于复杂设备，可通过选择低层次产品的试验和高层次产品的综合分析相结合的方式来实施安全性验证。设备安全性验证采用的具体方法应经订购方认可，必要时应实施第三方复核、复算或审查，以保证复杂设备安全性验证的有效性。

安全性验证工作应尽可能与产品研制过程中的其他验证工作协调进行，如须通过产品可靠性来保证其安全性，则应按可靠性验证要求进行验证。

订购方应明确：

（1）对安全性验证相关的试验计划、试验程序和试验报告的要求，或编制这些文档所需的输入信息。

（2）对安全性验证相关试验项目或试验内容的要求与审查方式。

8.6　环境试验审定

本节介绍航电设备环境试验要求审定和环境试验审定流程和方法。

8.6.1　环境试验要求审定

机载设备的环境试验要求主要根据 DO‐160 进行审定。DO‐160 定义了一系列的环境试验条件最低标准和机载设备适用的试验程序。这些试验的目的是提供在实验室中模拟在航行中设备可能遇到的环境条件下测试机载设备性能特性的方法。

DO‐160 包含的这些标准的环境试验条件和试验程序可以和适用的设备性能标准一起使用,作为一定环境条件下的最低规范。这可以充分确保机载设备运作性能。

适用的设备性能标准指的是如下标准中的任意一个：

（1）EUROCAE 最低使用性能标准 MOPS 和/或最低使用性能要求（minimum operational performance requirements,MORP）。

（2）RTCA MOPS 和/或 RTCA MOPR。

（3）适用的生产商设备规范。

8.6.2　环境试验审定流程和方法

DO‐160 中的一些环境条件和试验程序并不适用于所有的机载设备。选择适当的和/或另外的环境条件和试验程序是制订特定机载设备性能标准作者的任务。在使用 DO‐160 的过程中应注意以下四个方面：

（1）有一些没有包括在这文件里的环境条件或类别,特定的机载设备可能以其为条件。这些包括但不限于的环境条件有冰雹、加速和声震动。

（2）在特定的环境条件下的这些条件通常是与特定种类的机载设备相关的,测试机载设备的程序应当是特定机载设备性能标准作者的任务。

（3）国际标准单位系统经常把整个 DO-160 作为基本尺度使用。然而在某些情况下，当它们源于英式单位时，这些单位就成为基本的尺度。

（4）以 DO-160 的 3.2 节的规定为基础，允许使用多个测试程序。

DO-160 中提到的机载测试设备适用于大多数机载设备。决定预期装到普通或特定类型飞机上的特定设备的试验条件和程序是想要应用 DO-160 中的试验条件和程序的人的任务。

DO-160 中定义的环境条件和试验程序只用来决定在这些环境条件下设备的性能，并不预备作为这些试验相关的设备使用期的测量手段。

8.7 航电软件保证审定

DO-178B 为在当前的机载系统及设备的合格审定中如何保证这些系统和设备的航电软件满足适航要求提供了一种可接受的方法。它适用于型号合格证/型号认可证（TC/VTC）、补充型号合格证/补充型号认可证（STC/VSTC）或技术标准规定项目批准书/零部件制造商批准书/设计批准认可证（TSOA/PMA/VDA）的申请人和这些申请人的相关供应商。DO-178B 在适航审定过程中的应用面如图 8-3 所示。

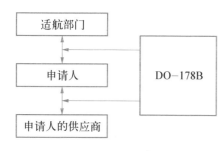

图 8-3　DO-178B 在适航审定过程中的应用面

DO-178B 就机载航电软件如何满足适航要求给予了如下的指导：

（1）确定了航电软件等级与航电软件生命周期过程的目标要求之间的对应关系。

（2）确定了各航电软件生命周期过程的目标。

（3）说明了达到这些目标的基本方法和设计上的考虑。

（4）说明了如何表明对这些目标要求的符合性。

DO-178B 的附件 A（按航电软件等级确定的过程目标及输出）中的表 A-1～表 A-10 概括地表述了这些指导（见图 8-4）。

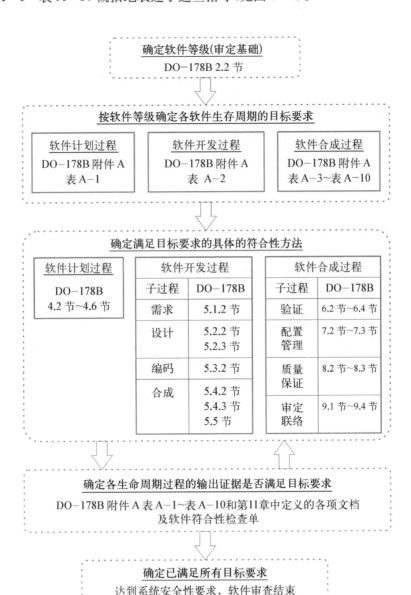

图 8-4　DO-178B 航电软件审查的基本流程和方法

8.7.1 航电软件审查基本要求

航电软件审查是实现型号/系统审定目标不可缺少的环节之一。航电软件审查出自型号/系统审查过程,最后回到并结束在型号/系统审查过程。航电软件生命周期过程包括:航电软件计划过程、航电软件开发过程和贯穿这两个过程之中的航电软件合成过程。同时,航电软件开发过程被进一步细划为航电软件需求过程、航电软件设计过程、航电软件编码过程和航电软件集成过程,它们构成了航电软件产品开发的主线。而航电软件合成过程则被细划为航电软件验证过程、航电软件配置管理过程、航电软件质量保证过程和航电软件审定联络过程。其中航电软件验证过程构成了航电软件审查的主线。

这些过程之间的基本关系如图 8-5 所示。

8.7.2 航电软件审查的基本流程和方法

航电软件生命周期过程的特殊性决定了在确保航电软件产品的安全性(可靠性)、可追踪性、可验证性和可维护性的过程中航电软件审查方法的特点。DO-178B 所给出的目标要求和符合性方法都是原则性的,申请人应针对其拟开发航电软件的实际情况并运用航电软件工程的专业知识将这些目标要求和符合性方法具体化。审查人员首先应注意审查航电软件审查计划和批准申请人采用的符合性方法;其次审查航电软件开发过程和合成过程的符合性情况,重点是评审和分析航电软件的可追踪性和可验证性,检查各项验证测试的规程,必要时包括试飞的规程(程序)和结果及对航电软件验证结果的覆盖分析等内容,确保申请人实现如下目标:

(1) 落实对该航电软件的安全性考虑。

(2) 加载该航电软件的系统/设备符合安全性要求。

(3) 能够持续地生产经批准的航电软件产品。

若申请人习惯于按照需求评审(requirements review,RR)阶段、PDR 阶段、CDR 阶段、TRR 阶段和首件检验(first article inspection,FAI)阶段的阶段

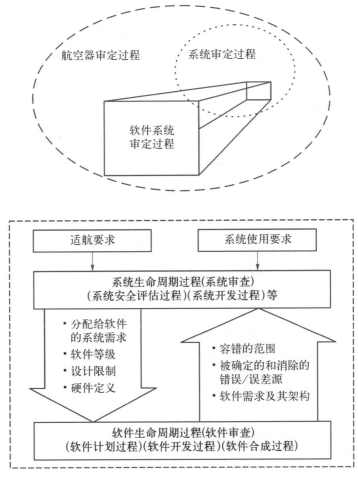

图 8-5　航电软件审查与型号及系统合格审定之间的关系示意图

方式表明对DO－178B的符合性,则其必须在航电软件审定计划中定义这些阶段与各航电软件生命周期过程的对应关系,并落实航电软件对所有相关目标的符合性。

8.7.3　航电软件 DER 的工作和基本职责

在航电软件审查过程中,航电软件 DER 的工作是通过评估航电软件的各生命周期过程及其符合性文档来确定航电软件是否符合审定基础的要求。具体包括如下内容：

（1）评估航电软件计划、航电软件产品的具体标准和规程的符合性。

（2）评估这些计划和规程在开发过程、验证过程、配置管理过程和质量保证过程中的实施情况。

（3）协助DMIR确保质保系统对航电软件过程的监督和评审。

（4）监督申请人解决航电软件在整个研制过程中和在航电软件产品中暴露出的符合性问题。

（5）向适航部门提供航电软件的符合性证据等。

航电软件DER的基本职责包括如下内容：

（1）监督航电软件过程及其输出对DO-178B的符合性。

（2）参与评估与安全性相关的航电软件问题。

（3）参与准备航电软件实施概要文档。

（4）参与协调同适航部门的联络工作。

（5）将适航部门关心的航电软件问题通知申请人的供应商。

（6）准备航电软件审查的支持性材料（如DER的工作记录、评审记录和试验观察记录等）并提交适航部门。

（7）参与准备系统的审定计划。

（8）及时报告适航部门航电软件在整个研制过程中和在航电软件产品中发现的设计问题及对这些问题的评估意见和纠正措施的建议等。

8.8　复杂航电硬件审定

采用日益复杂的电子硬件实现许多安全关键的飞机功能，这对安全性和审定提出了新的挑战。这些挑战源于飞机的功能越来越容易地受到航电硬件设计错误的不利影响，且随着航电硬件复杂程度的不断增加，航电硬件设计错误越来越难以管理。为了应对扩大的风险,必须保证在设计和认证过程中采用统一并可验证的方式处理潜在的航电硬件设计错误。

复杂电子硬件包括 LRU、电路板组装件、ASIC 和 PLD 等。

8.8.1 审定工作

复杂电子硬件的审定主要参考 DO‑254 进行。DO‑254 通过提供机载电子硬件开发的研制保证指南,使机载电子硬件在指定的环境中安全地实现预期功能。DO‑254 同样适用当前新的及正在发展的技术。参考 DO‑254 的目的如下:

(1) 定义硬件研制保证的目标。

(2) 描述这些目标的基础,帮助确保正确解释 DO‑254。

(3) 对目标进行描述,使得可以开发符合 DO‑254 和其他指南的方法。

(4) 对研制保证活动提供指南,实现研制保证的目标。

(5) 提供选择实现 DO‑254 规定的目标所需过程的灵活性,包括当新的过程技术可用时的改进。

DO‑254 推荐的是为满足涉及保证目标应进行的活动,并不详细描述应如何实现。

DO‑254 的产生是基于电子硬件应完成的系统功能这种自上而下的方法,而不是自下而上的方法,也不是仅针对实现某种功能的特定硬件。自上而下的方法有利于相关系统和硬件设计的决策及高效和有效的验证,因而对处理安全性设计错误更有效。例如,验证应在系统、部件、子部件、元件或硬件项中的最高层次上进行,在这个最高层次上硬件项与其需求的符合性得到验证,验证目标得到满足。

8.8.1.1 计划审查工作

1) 目的

(1) 为了评估系统发展进程、航电软件发展进程和系统安全性评估的相互作用;审查系统的结构;评估分配硬件的等级;确定系统、硬件安全性特征、硬件安全检测及保护机制的合理性;支持系统的可靠性、完整性、安全性、功能性及可操作性目标和安全性目标。

(2)为了评估申请人的计划和标准及相关的硬件水平、安全的特征及安全相关的硬件要求。

(3)为了保证计划和标准满足 DO-254 定义的目标及应审查的硬件与其他可用的硬件的方针和指导相符。

(4)为了评估当申请者执行计划时满足所有可用的 DO-254 目标及其他可用的硬件的方针和指导。

2)审查时间

审查时间在硬件计划进程或其他必要的工作完成后。虽然审查的计划和标准可能没有完成,但它们在审查之前应该相当成熟而且在配置的控制之下。

3)审查前的计划及数据审查

审查前应审查相关计划及数据,包括硬件验证方面的计划、硬件验证/校对计划、硬件设计计划(hardware design plan,HDP)、硬件配置管理计划(hardware configuration management plan,HCMP)、硬件进程保证计划(hardware process assurance plan,HPAP)、工具鉴定计划(tool qualification plan,TQP)及其他数据。

4)审查期间的计划及数据审查

审查期间应审查相关计划及数据等,包括硬件验证方面的计划、硬件验证/校对计划、硬件设计计划、硬件配置管理计划、硬件进程保证计划、工具鉴定计划及其他数据,包括设计工程师、申请者和制造商强烈推荐的在前期审查活动中的发现、观察和提问。硬件的设计标准、安全性评估、系统结构、硬件验证等级、安全性特性、公司的政策及计划和标准中涉及的工作说明和其他被认为是必要的数据。复杂电子硬件审定内容与 DO-254 中相关章节及附录的关系如图 8-6 所示。

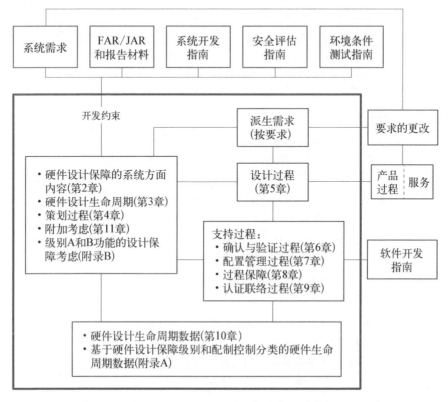

图 8-6 复杂电子硬件审定内容与 DO-254 中相关章节及附录的关系

5) 评估活动及问题

表 8-2 提供了评估活动第一阶段的 8 项评估工作和相关问题及每项工作参考相应的 DO-254 目标和硬件等级审查问题。

表 8-2 SOI♯1 评估工作

项目序号	SOI♯1 评估工作/问题	相关 DO-254目标
1.1	审查所有的计划(PHAC,HCMP,HPAP,HDP,HVP,TQP等)和标准。基于你对所有计划的审查,考虑如下问题	
1.1.1	计划数据写好了吗? 在配置管理下吗? HC1 或 HC2 适用于硬件的等级 1 吗? 在所有的组织控制和受硬件计划和标准的影响下,有验证协调的客观证据吗?(如授权签名)	4.1(1,2,3,4) 7.1(1,2,3)

项目序号	SOI#1 评估工作/问题	相关 DO-254 目标
1.1.2	计划、标准、设计和验证环境被完整、清晰和一致地引用了吗？（如设计和验证工程师能够采纳它们吗？）	4.1(1,2,3)
1.1.3	计划和标准讨论的内容被 DO-254 的 10.1.1 节～10.1.6 节确定了吗？ 注意：计划和标准无须用 DO-254 的 10.1.1 节～10.1.6 节进行包装。但是，DO-254 的 10.1.1 节～10.1.6 节确定的相关条款应该在计划和标准中被记录	4.1(1,2,3,4)
1.1.4	计划和标准讨论了硬件的变化进程吗？改变了硬件和工具的程序吗？（如使用工具）	4.1(1) 7.1(3)
1.1.5	计划中定义了所有的硬件工具吗？该工具的评估提供的理由包括了为什么每个需要或不需要的资格吗？	4.1(1,2,3,4)
1.1.6	输入、行为、转化标准和输出都被每部分的进程定义了吗？（包括鉴定顺序和反馈机制）	4.1(1)
1.1.7	建议的设计方法定义了吗？解释了吗？（包括被提议的校核和验证方法的理论基础）	4.1(1,4)
1.1.8	适当的计划进程活动被充分的执行了用于满足计划进程目标，这有证据吗？（参考 DO-254 的 4.2 节）	4.1(1,2,3,4)
1.1.9	如果计划和标准被采纳，那么能保证所有可用的 DO-254 都被满足吗？（计划和标准讨论可用的 DO-254 目标是如何被满足的？）	所有目标
1.1.10	硬件设计过程中接口和连接渠道是否在计划中提出并定义好？评估系统需求（功能、性能、操作、相关安全及系统建构的安全特点）的流通过程以及阐明含糊的系统需求过程，明确核实过程是否表明系统核实和生效过程产生测试的标准测试等级。若如此，哪一等级？能得到多少分？	4.1(1,3)
1.1.11	系统安全评估过程中接口和连接渠道是否在计划中提出并定义？硬件处理的系统安全评定过程中评估安全性相关的需求和安全目标及来自系统安全评估过程估计的反馈	4.1(1,3)
1.1.12	应用型硬件设计和核实过程中接口和连接渠道是否在计划中提出并定义？评估文件编制、硬件连接依赖性、与系统航电软件的关系、发展和确认过程及航电软件对硬件的依赖性和设计及查证。明确表明安全特点的过程测试中建立的情况通报、存储器管理单元、I/O 装置、特征处理器（缓冲储存器、寄存器、日志管理、资源管理/用户模式等）和影响硬件进程的航电软件改变及硬件进程如何受影响	4.1(1,3)

（续表）

项目序号	SOI#1评估工作/问题	相关DO-254目标
1.1.13	是否有与工程(命令的独特替代方式,独特的设计方法,核实,CM,PA)相关的独特的额外考虑? 是否与有与FAA或董事会政策或发表文件不相符的提案? 如果有,全国总部和董事会是否已经对硬件和系统人事进行检查并通过了独特的额外的考虑? 对开发者或申请者接受或拒绝的依据是否已备有文件证明?	4.1(4)
1.1.14	是否对应发表文件或董事会政策做进一步考虑? 如果是,方案和标准是否提出如何使其与发表文件或董事会政策相符合?	4.1(4)
1.1.15	所有国外验证问题(如认证审查项目、认证执行项目和认证发现/问题/行为等)被讨论了吗? (是否是一个验证/校核项目? 计划和标准讨论了国外的认证机构所关心的问题吗?)	4.1(4)
1.1.16	硬件研制保证目标的符合性的方式被定义了吗? 与它们相应的研制保证水平是什么?	4.1(4)
1.2	确定定义在DO-254的第11章中的附加考虑是否被文件记载和讨论考虑如下问题	
1.2.1	以前发展的硬件、非商业化硬件、非商业化知识产权、可承载的领域逻辑、可选择的硬件、产品、服务经验及可选择的符合方法等,这些项目在文件中被确定和论述了吗?	4.1(1,2,3,4)
1.2.2	如果开发商计划,用之前开发的硬件来进行当前的设计那么考虑如下问题: ● 如果之前开发的硬件从遗留系统中被考虑重新利用,那么系统的服务经验支持硬件的重新利用吗? ● 对于遗留系统或以前开发的硬件有适航指令,服务公告、国家运输安全、安全建议或者是未解决的问题,有安全性报告、功能、性能、具体操作和维修问题吗? ● 以前开发的硬件能满足服务经验吗? ● 对于之前开发的硬件,开发商准备做任何的调整吗? ● 以前开发的硬件和遗留的硬件,用在执行相同的系统硬件的方法中和相同的环境中吗? ● DO-254支持以前开发的硬件吗?	4.1(1,2,3,4)
1.2.3	证实硬件工具在文件中可以被确定和阐述考虑如下问题: ● 这个文件对所用工具是否应被验证提供了理论基础吗? (如工具评估和鉴定进程在DO-254的11.4.1节被讨论了吗?) ● 对于任何工具的使用,服务经验被提出了吗? 如果是这样,那么这些工具改变了吗? 是以相同的方式像以前一样被使用吗? 对于当前的设计,这些工具服务经验调整和支持预期的用途吗?	4.1(1,2,3,4)

项目序号	SOI#1 评估工作/问题	相关 DO-254 目标
1.2.4	一个工具合格文件支持工具合格鉴定吗？无论在 PHAC 中还是在单独的文件中，都要证实这个工具是可以被归类于设计、校核和复合功能的工具，证实这个文件对于评估和工具的资格是被记载的，对于特定工具的使用时合适的 注意：关于工具的合格性，DO-254 的 11.4 节给出了特定的指导	4.1(1,2,3,4)
1.2.5	对于以前开发的硬件，逆向工程被计划了吗？如果这样： ● 认证权利的逆向工程理论基础被记载了和适当的调整了吗？ ● 逆向工程的影响被计划了吗？（在 PHAC 或其他文件中） ● 进程和程序被很好地定义了吗？ ● 逆向工程生命周期被记载了吗？ ● 逆向工程的方法满足 DO-254 的目标吗？ ● 需求是如何制定的？计划合理吗？ ● 转化条件标准和可追溯性存在吗 它们合理吗？ 注意：对于特定的考虑逆向工程的认证关系，参见 CAST-18 认证项目中的逆向工程	4.1(1,2,3,4)
1.3	审查 PHAC 并考虑如下问题	
1.3.1	在 DO-254 的 10.1.1 节中 PHAC 充分讨论了所提议的内容吗？如果不是，那么内容被记载在哪？ 注意：如果它被记载在其他的文件中，那么在 PHAC 被认可之前应评估那个文件，并且像 PHAC 那样数据项目应该配置控制在与 HC1 相同的水平下	4.1(1,2,3,4)
1.3.2	关于改变计划和标准，PHAC 讨论了如下的问题吗？ ● 一个适当的进程用于讨论计划和标准的改变，它们可能发生在贯穿整个设计进程吗？ ● 有计划和进程来讨论文件和标准的差异吗？ ● 在工程中，它们为什么是可接受的，偏差需要调整和有理论依据吗？ ● 硬件计划，标准，程序的可用方面能够被表达给系统组件的供应商和转包商来保证计划，标准和程序的符合性吗？ ● 计划和标准在控制下吗？	4.1(1,2,3,4) 7.1(1,2,3)
1.3.3	PHAC 中的硬件级别充分支持系统安全评估吗？如果硬件的级别比建议的系统安全评估级别低，那么有适当的调整吗？（如通过 FFPA、系统结构、安全特征、冗余及失效安全设计技术在 DO-254 附录 B 中有描述） 注意：这个决定很可能需要来自系统工程的输入	4.1(4)

（续表）

项目序号	SOI#1 评估工作/问题	相关 DO‐254 目标
1.3.4	PHAC 讨论了 DO‐254 附录中附加的和可用的注意事项吗？	4.1(4)
1.3.5	对于 A 和 B 级别的硬件，PHAC 定义了独立性，描述了独立性需求方法吗？	4.1(4)
1.4	审查 HDP 并考虑如下问题	
1.4.1	如果 HDP 被采纳，那么满足 DO‐254 可用设计进程目标吗？	4.1(1) 5.1.1(1,2,3) 5.2.1(1,2,3) 5.3.1(1,2,3) 5.4.1(1,2,3)
1.4.2	HDP 充分讨论了 DO‐254 的 10.1.2 节提议的内容？如果没有，那部分内容包含在哪个文件里？	5.5.1(1,2,3) 4.1(1,2,3,4)
1.4.3	为了保证硬件生命周期进程和项目提议模型的实现，充分地定义了硬件设计进程吗？转变标准清晰吗？可实施吗？	4.1(1)
1.4.4	HDP、发展、环境、标准和进程的可用方面能被表达给系统组件的供应商和转包商来保证计划，标准和程序的符合性吗？	4.1(1,2,3)
1.4.5	硬件的发展环境被充分的定义了吗？（如文件工具、需求定义、抓捕工具、追溯工具、设计工具，包括结构、派生需求定义、抓捕工具、HDL 译码工具、集成工具和发展主机环境，用来保证基本硬件生命周期数据的保护工具如配置管理、控制工具和进入特权等） • 工具使用向导、限制和局限是可用的吗？使用它们的硬件开发商知道吗？ • 工具支持硬件描述语言标准、转变标准、基本数据和赞成进程等吗？如 HDL 代码编译器执行任何代码规则，约束和限制吗？文件控制对数据执行使用优先权并证明合理的基本数据改变吗？	4.1(2,3)
1.4.6	提出了哪一种综合工具？申请者熟悉这些工具吗？确定了综合工具的选择和最优化吗？审查和分析了工具操作的安全性影响勘误表、供应商问题公告和供应商对于综合工具的问题报告吗？如果定义了安全性的影响，那么执行和记载了综合工具和损失吗？ 注意：改变综合工具的选择和最优化可能使之前的测试和分析失效	4.1(3)
1.4.7	HDL 代码和设计标准被定义了吗？ 注意：一些 HDL 能够产生不确定的结果，因此不用满足 DO‐254 的目标	4.1(2)

项目序号	SOI#1 评估工作/问题	相关 DO-254 目标
1.5	审查 HCMP 并考虑如下问题	
1.5.1	如果采纳了 HCMP,那么它满足了可用的 DO-254 配置管理目标吗?	4.1(1) 7.1(1,2,3)
1.5.2	HCMP 充分讨论了 DO-254 的 10.1.5 节提议的内容吗?	4.1(1,2,3,4)
1.5.3	保证计划,标准和程序的符合性的 HCMP、环境、工具、训练和程序能表达给系统组件的供应商和转包商吗?	4.1(1,2,3)
1.6	审查 HPAP 并考虑如下问题	
1.6.1	如果采纳 HPAP,那么满足进程保障目标吗?	4.1(1) 8.1(1,2,3)
1.6.2	HPAP 充分讨论了 DO-254 的 10.1.6 节提议的内容吗?如果不是,这部分内容在文件的哪部分?	4.1(1,2,3)
1.6.3	硬件 PA 与组织的发展无关,且有足够的程度保证 PA 有足够的主权和职权保证 PA 审计结果,能纠正行为和缺点吗?	8.1(1,2,3)
1.6.4	有来自 PA 计划和程序的工程提出的偏差吗? 如果有,能确定和调整这些偏差吗?	7.1(3) 8.1(3)
1.6.5	适当的和充分的定义了转变标准、内部关系和进程间的序列吗? 它们有保证进程的符合性的审查能力吗?	4.1(1) 8.1(1)
1.6.6	是否有规定 PA 审查搜索、执行和观察不足的程序被修正?	4.1(1)
1.6.7	PA 搜索是一个独立的程序还是用不同的工具或甚至是团队开发用于问题决策?(如如何报告 PA 和开发团队问题?)	4.1(1)
1.6.8	有关参与 PA 的标准(如统计、注释、检查、评估和服从审查的传导程序、证明测试及一致性因素等)是否被定义用于确保生命周期的目标实现? 注意:参与的标准可能要依赖硬件水平或者是产品发展的更新	4.1(1)
1.6.9	是否有个人或者组织负责每一个备有证明文件的 PA 程序和能够识别的行为?	8.1(1,2,3)
1.6.10	是否有 HPAP、环境、工作、训练和程序的适合模型用于转达给该系统中的子供应商和转包商,确保他们服从被认可的计划、标准和程序?	4.1(1,2,3)
1.7	审查 HVP(批准/核实)考虑如下问题	
1.7.1	如果 HVP 执行如下 1.7.1~1.7.10 要求,DO-254 批准和证明的目标是否能实现?	4.1(1) 6.1.1(1,2,3) 6.2.1(1,2,3)

(续表)

项目序号	SOI♯1 评估工作/问题	相关 DO-254 目标
1.7.2	HVP 是否适当地提出推荐用于描述在 DO-254 的 10.1.3 节和 DO-254 的 10.1.4 节的内容？如果没有,这些内容是否包含另一个计划？	4.1(1,2,3)
1.7.3	是否有 HVP、环境、工作、训练和程序的适合模型用于转达给该系统中的子供应商和转包商,确保他们服从被认可的计划、标准和程序？	4.1(1,2,3)
1.7.4	HVP 是否描述了当必要时独立性如何实现的？	4.1(1)
1.7.5	HVP 是否描述每个硬件运行的验证方法,特别是如下内容: ● 方法、核对清单、工具和程序是否用来描述实施审查硬件的规定、设计、代码和整合？ ● 方法、核对清单、工具和程序是否用来描述实施审查可归因分析、影响改变和计时,核实范围包括普通范围和鲁棒性试验范围等吗？ 注意:鲁棒性试验虽然不是 DO-254 的一个目标,但是它的作用在其他领域有效(如航电软件) ● 方法、核对清单、工具和程序是否用于描述实施审查试验计划,试验程序、试验案例和试验结果？ ● 方法、核对清单、工具和程序是否用于描述实施审查硬件要求、硬件驱动要求、硬件集成、航电软件/硬件集成、普通类别和鲁棒性。 ● 如果硬件测试试验可信性被要求到系统工作台、实验室、集成系统设备的试验实施中,计划和程序中是否描述了这些活动将如何被实施,硬件测试结果和范围分析如何证明。 ● 是否有一个清晰可辨并确保在试验过程中发现缺陷的进程和程序表达和修正硬件设计程序和组件？	4.1(1,2,3)
1.7.6	HVP 能否适当地描述验证环境(如工具、试验和设备)？考虑如下问题: ● 是否有自动化工具？如果有,这些工具是否须被限制？ ● 各种不同的试验是否有重叠的部分？(如基于测试要求的系统和硬件有重叠部分) ● 在供应商和转包供应商之间的界限足够满足和被控制？	4.1(1,2,3)
1.7.7	包含测试计划和程序的验证计划如何表达给供应商和转包供应商,确保他们的行动和结果服从经过检验的计划和程序？	4.1(1,2,3)
1.7.8	HVP 描述了试验案例的选择方法？HVP 是否详述了每个设备如何被测试？(如硬件部分测试、水平板硬件集成测试和航电软件/硬件集成测试)	4.1(1,2,3)

项目序号	SOI♯1 评估工作/问题	相关 DO-254 目标
1.7.9	HVP 或者程序是否详述了谁可以被允许操作核实测试？	4.1(1)
1.7.10	如果核实工具被利用了，在 DO-254 的 11.4 节中的工具评估程序是否被遵守了？ 注意：关于工具评估和资格认证程序的更多信息看 DO-254 的 11.4 节	4.1(1,3)
1.8	审查硬件设计标准考虑如下问题	
1.8.1	硬件的设计标准（要求标准、硬件设计标准、确认核实标准和硬件存档标准）是否可识别且清晰可辨？	4.1(2)
1.8.2	硬件设计标准是否与计划一致且是否支持计划的贯彻？	4.1(2)
1.8.3	硬件设计标准是否支持所提议的硬件水平且支持硬件服从的 DO-254 目标？	4.1(2,4)
1.8.4	标准是否已在每个清晰地硬件生命周期工序中被核实？这些标准是否能充分的支持硬件水平？	4.1(1,2,3,4)
1.8.5	标准是否在细节上被描述用于支撑计划工序的目标（DO-254 的 10.2.1 节和 10.2.2 节、DO-254 的 10.2.3 节和 DO-254 的 10.2.4 节）？	4.1(1,2,3,4)
1.8.6	如果使用 HDL 或者另一个硬件语言，编译标准是否已被验证确保任何使假定安全水平无效的组成不被允许？（如非决定性）	4.1(2)
1.8.7	硬件设计标准是否已被验证确保有不允许使用不确定和不能被证实的设计与代码特征的限制、禁令和约束？	4.1(2)
1.8.8	HDL 被用来做什么？ ● 申请人是否有该语言的经验？ ● HDL 是否有可能很难核实的特征或能力？申请人或者开发者是否应承担在使用这些译码标准或审查清单时的禁令和约束？申请者/开发者是否有完成核实这些特征的计划和程序？ ● HDL 的特征用于支持或者阻碍实时执行和核实哪些？ ● 哪些 HDL 的问题被备份和提出？ ● HDL 的安全子集已经被选择？它将如何证明一个安全子集被附着其中（如译码审查、清单和测试等）？ ● HDL 的普遍问题是什么？是否有译码标准防止这些错误？	4.1(1,2,3)

8.8.1.2　设计审查

1）目的

（1）通过硬件生命周期数据的检查来确保申请人计划和标准的有效实施。

（2）评定并同意计划的更改。

（3）确保硬件生命周期数据满足 DO－254 的目标。

2）审查时间

硬件设计既应充分满足硬件的不断改变或变更，又不应降低安全性或结构强度。审查开始前需要做的是：

（1）应记录硬件需求，综述研究进展，并追踪系统的需求。

（2）追踪并审查详细的设计数据（如硬件描述语言、图像捕获和 C 语言等）和工具的硬件需求。

3）审查前的数据审查

审查前的数据审查包括审查阶段 1 的报告、审查阶段 1 的开放条款和所有方案，如 PHAC，硬件确认计划（hardware validation plan，HVP）（验证/核实），HDP，HCMP，HPAP（可作为阶段 1 后的补充或审查阶段 1 后的计划更改）。

4）审查期间的数据审查

审查期间的数据审查包括硬件需求、设计和代码标准；硬件需求；硬件设计描述；详细设计数据；硬件验证结果；问题报告；硬件 CM 记录；硬件质量保证记录；追踪矩阵/工具；设计者的认证/审查程序前的观察结果。

5）评估活动及问题

在审查阶段 2（SOI♯2）期间，在每一个次级系统里使用一到两种追踪矩阵或工具实施自上而下的追踪（依次从系统需求到硬件需求、设计描述、详细设计直至测试案例）；并且进行 1～2 次自下而上的追踪（依次从详细设计到设计描述、硬件需求直至系统需求）。追踪应该实施在不同的方面（如显示、接口、核心逻辑和植入测试）。典型活动及问题如表 8－3 所示。

表 8 - 3　SOI♯2 的评估活动及问题

项目序号	SOI♯2 评估工作/问题	相关 DO - 254 目标
2.1	SOI♯1 阶段的审查状态	
2.1.1	SOI♯1 阶段的所有问题和认证是否都圆满解决？如果没有，应给出理由和论据	4.1(1,2,3,4)
2.2	审查需求过程,考虑如下问题	
2.2.1	硬件需求是在 HC1 的配置控制下吗？	7.1(1,2,3)
2.2.2	硬件需求是依照硬件需求核实计划进行的吗？	8.1(2)
2.2.3	所有硬件和与每一系统层次需求相关的派生需求(如系统和硬件需求间的接口识别)都清楚地鉴定了吗？ 注意：使用一种追踪矩阵或工具是一种有效的方法	5.1.1(1,2,3) 6.1.1(1) 6.2.1(2)
2.2.4	如果硬件层次需要独立的话,验证和开发需求是不同的吗？	附录 A 6.2.1(3)
2.2.5	每一种需求(包括派生的)可以唯一被识别吗？（如每一需求的数量确实是一种需求吗？)	5.1.1(1,2,3) 7.1(1)
2.2.6	需求(包括派生的)清晰吗？需求对所有参与者(需方、系统工程师、硬件开发工程师和用户)是相同的意思吗？	5.1.1(1,2,3) 6.1.1(1)
2.2.7	需求(包括派生的如技术、特性和数据定义)一致吗？	5.1.1(1,2,3) 6.1.1(1)
2.2.8	硬件需求(追踪到系统层需求)精确吗？即如果所有需求都满足,相关联的系统层需求也满足吗？如果不满足,确定是否有额外的硬件需求？如果实施的话,航电软件需求和硬件需求的联系将满足相应的需求	5.1.1(1,2,3)
2.2.9	需求(包括衍生的)完成了吗？需求数据里包括有待决定的条款吗？	5.1.1(1,2,3) 6.1.1(1)
2.2.10	每一需求是通过检测,检查或分析来验证的吗？ 注意：时间需求、需求数量和分块需求能通过分析手段得到	6.2.1(2,3)
2.2.11	每一需求符合开发者硬件需求标准定义了应用标准吗？	4.1(2) 5.2.1(1) 5.3.1(1)
2.2.12	如果用之前的需求验证结果验证当前的设计(如一个黄金标准),每一被选需求的目标是之前验证的吗？	6.2.1(1)

（续表）

项目序号	SOI＃2评估工作/问题	相关DO-254目标
2.2.13	需求审查和硬件设计方案存在不一致吗？	8.1(2)
2.2.14	任何与硬件开发者的交谈是否意味着方案没有满足需求描述？	8.1(1,2)
2.2.15	派生的需求使用精确和一致吗？	5.1.1(2)
2.2.16	派生的需求反馈到安全性评估和/或其他适当流程了吗？	5.1.1(2)
2.2.17	硬件需求过程中的错误和疏忽提供给系统开发过程解决了吗？	5.1.1(3)
2.3	审查硬件概念设计过程，考虑如下问题	
2.3.1	概念设计数据（包括主要元件的认证、可靠性维修性测试特点）足够描述硬件结构和功能设计吗？ 注意：参考DO-254的10.3.2.1节	5.2.1(1)
2.3.2	概念设计数据是在适当的配置管理下吗？	7.1(1,2,3)
2.3.3	概念设计数据能追踪到硬件需求吗？	6.2.1(2)
2.3.4	派生需求，包括概念设计过程中验证过的一些接口定义反馈需求获得过程中了吗？	5.2.1(2)
2.3.5	需求的错误和疏忽反馈到适当过程中得到解决了吗？	5.2.1(3)
2.4	审查详细设计过程，考虑如下问题	
2.4.1	详细设计数据（包括顶层绘图、组装图、接口控制图、航电硬件及航电软件接口数据和任何可用的建筑保护数据，如安全检测、不同点、容错和测试特性）足够使硬件和它的需求一致吗？ 注意：参考DO-254的10.3.2.2节	5.3.1(1)
2.4.2	详细设计数据追踪到概念设计和硬件需求过程中了吗？	6.2.1(2)
2.4.3	派生需求，包括概念设计过程中验证过的一些接口定义反馈到需求获得过程中了吗？	5.3.1(2)
2.4.4	需求的错误和疏忽反馈到适当过程中得到解决了吗？是否有人或组织负责确保来源于疏忽和错误的安全性影响被恰当地处理？	5.3.1(3)
2.5	审查硬件实施过程，考虑如下问题	
2.5.1	通过典型的生产过程生成实施详细设计的硬件项了吗？（哪些方面较实际？）	5.4.1(1)

项目序号	SOI#2 评估工作/问题	相关 DO-254 目标
2.5.2	完成硬件的实施、组装和安装数据了吗？	5.4.1(2)
2.5.3	硬件项实施追踪到详细设计数据了吗？	6.2.1(2)
2.5.4	由实施过程生成的派生需求反馈到详细设计过程或其他适当过程了吗？	5.4.1(3)
2.5.5	需求疏忽和过程反馈到恰当的过程来解决了吗？	5.4.1(4)
2.6	审查生产过渡过程	
2.6.1	通过用来实施产品的配置数据产生和建立起生产数据了吗？	5.5.1(1)
2.6.2	生产过渡过程中的变化或改进是否违背产品和安全需求的评估？	8.1(2)
2.6.3	是否已完成核实生产数据并与配置数据一致？	8.1(2)
2.6.4	和安全性有关的生产需求是否已验证、记录并且生产控制已经建立？	5.5.1(2)
2.6.5	开发可接受测试判据的需求数据是否已确定？	5.5.1(2)
2.6.6	派生的需求（由生产过渡过程产生的）是否反馈到实施过程或其他适当过程？	5.5.1(3)
2.6.7	需求的错误和疏忽反馈到适当过程中得到解决了吗？有没有人或组织负责确保来源于疏忽和错误的安全性影响被恰当地处理？	5.5.1(4)

8.8.2 确认和验证过程审查

本节描述确认过程和验证过程，通过确认和验证过程发现符合性、结论。确认过程保证硬件项派生的需求，该需求相对于分配给硬件项的系统需求是正确和完整的。验证过程保证硬件项的实现满足所有的硬件需求，包括派生的需求。

8.8.2.1 确认过程

确认过程的目的在于通过客观的和主观的过程相结合的方法，保证派生的需求相对于分配给硬件项的系统需求是正确的和完整的。确认可在硬件项可用之前或之后进行,通常确认可在整个设计生命周期中进行。

经验证明,注重需求的开发与确认可以在开发周期的早期发现不明显的错误或遗漏,减少后续的重新设计或硬件性能不足。

确认过程的目的不在确认从系统分配的需求,因为这些需求的确认被当作是系统过程的一部分。另外,不是所有硬件项派生的需求都应确认。

影响系统安全性或分配给系统其他部件的功能需求的设计决策,应归类为派生的需求,并需要确认。另外,约束后续设计任务的设计决策和假设,应作为派生的需求进行确认。

需要确认的派生需求,应根据分配给硬件项的系统需求进行确认。不能追溯到高一级需求的派生需求,应根据派生出这些需求的设计决策进行确认。

对执行一个特定功能的电路提供一个单独电源的设计决策,可能导致产生指导电源设计的需求。这些派生的需求可能包括基于失效状态的安全性需求,这些失效状态可以由从电源接收电能的电路支持的功能故障或失效产生。这些需求应进行确认。

设计决策成为派生需求的另外一个例子是外围设备的存储器地址分配。通常情况是地址分配没有需求标准,然而,一旦地址分配确定,地址分配约束后续的设计任务,使其符合这些分配,使设计能正确工作。这种派生的需求可无须确认。

1) 确认过程目标

派生的硬件需求的确认过程的目标如下:

(1) 用于验证硬件项的派生的硬件需求是正确和完整的。

(2) 评估派生需求对安全性的影响。

(3) 遗漏和错误反馈给相应的过程,用于决策。

2) 确认过程活动

硬件确认的目标可以通过一组活动满足,如评审、仿真、原型、建模、分析、服务经历、工程评估或测试的开发与执行。

确认过程活动指南包括如下内容：

（1）应识别需要确认的派生的硬件需求。

（2）对识别的每一个需求，应基于需求、安全性考虑、工作模式或实现，确认完成的标准，并明确满足如下标准。

a. 每一个需求在一些层次级别上通过评审、分析或测试等得到确认。

b. 每一个需求的评审、分析或测试适用于需求，尤其是与安全性相关需求的确认。

c. 与每一个需求确认相关的评审、分析和测试结果是正确的，并且实际结果与期望值之间的差异得到解释。对于评审和分析，有时期望结果可能不是预先定义的，此时，确认活动的结果应与需求，尤其是与安全性相关的需求一致。

（3）应评估派生的需求对安全性的影响。

（4）应评估派生的硬件需求相对分配给硬件项的系统需求的完整性。从本过程的目的来说，当所有已定义的属性是必需的，并且所有必需的属性已经定义，那么这一组需求应是完整的。

（5）应评估派生的需求相对分配给硬件项目的系统需求的正确性。从本文档的目的来说，当需求被明确定义，并且在定义的属性中没有错误时，这个需求是正确的。

（6）应建立派生的硬件需求与确认活动和结果之间的可追溯性。

（7）需求遗漏和错误应反馈给相应的过程用于决策。

8.8.2.2　验证过程

验证过程保证硬件项的实现满足需求。验证包括在验证计划中定义的评审、分析和测试。验证过程应包含对结果的评估。

硬件设计安全性方面问题表现为硬件实现要满足的安全性需求的形式。

验证过程可按照验证计划中定义的，应用于设计层次的任一个级别。对于安全性需求，在设计过程的不同阶段应用验证过程，有利将设计错误被消除的概率提高到高度可信的程度。一些研制保证级别要求独立地满足验证过程的目标。

不涉及航电软件验证、软件/硬件综合验证和系统综合验证过程。在这些过程中对硬件需求的验证是硬件验证的一种有效方式。已验证过的配置的更改，可以通过相似性、分析、新设计的测试或重复进行部分原有的验证等方法重新验证。

推荐使用在验证过程文档之外的非正式测试。然而，这些程序和结果，不必受配置管理控制，但对在设计过程早期发现和消除设计错误是非常有效的。这类测试只有正式化后，才能获得验证信任。

1）验证过程目标

验证过程的目标如下：

（1）提供硬件实现满足需求的证据。

（2）在硬件需求、实现与验证过程和结果之间建立可追溯性。

（3）验收测试条件被确定和可以被实现，并与硬件功能的硬件 DAL 一致。

（4）遗漏和错误反馈给相应的过程用于决策。

2）验证过程活动

验证过程目标可以通过一些方法的组合实现，如评审、分析及测试的开发与执行。验证计划规定了应采用的证明符合需求的验证活动。

验证活动包括如下内容：

（1）识别应验证活动的需求。并不要求在每一个层次级别上都对需求进行验证，需求可在较高层次级别上进行验证。

（2）应选择验证方法，如测试、仿真、原型、分析和评审，并执行。

（3）应在需求、实现、验证过程与结果之间建立可追溯性。可追溯性应与硬件执行的功能的 DAL 一致。除非出于安全性考虑要求，否则不要求追溯到具体的元件，如电阻、电容或门。

（4）应进行验证覆盖率分析，确定验证过程是否完成，包括如下：

a. 每一个需求都在一些层次上通过评审、分析或测试得到了验证。

b. 每一个需求的评审、分析或测试,适用于需求,尤其是与安全性需求相关的需求的验证。

c. 与每一个需求的验证相关的评审、分析和测试结果是正确的,并对实际与期望结果之间的差异进行了解释。对于评审和分析,有时期望结果可能不是预先定义的,此时验证活动的结果应与需求,尤其是与安全性相关的需求一致。

(5)验证活动的结果应形成文档。

(6)遗漏和错误应反馈给相应的过程用于决策。

8.9 制造批准

本节分别介绍审定局方对于航电系统和航电设备开展的质量控制系统审查和试验产品的制造符合性检查工作要求和流程。

8.9.1 质量控制系统审查

按照 CCAR - 21 - R3 第 21.129 条、第 21.143 条和第 21.147 条及 AP - 21 - AA - 2010 - 04R4 等规定,质量控制系统审查包括质量控制系统评审活动、不符合项判定、评审结果通报。

8.9.1.1 质量控制系统评审活动

质量控制系统评审活动分为质量控制系统资料评审和现场评审两个阶段,下文将分别对两个阶段进行介绍。

1)第一阶段 质量控制系统资料评审和批准

依据 AP - 21 - AA - 2010 - 04R4 附录 1《航空器合格审定系统评审大纲(ACSEP)》给出的评审准则,对申请人提供的质量控制系统资料进行全面的评审,确认其是否符合 CCAR - 21 相关条款的要求。

在质量控制资料评审过程中应注意如下几个方面:

（1）质量手册至少包括如下内容。

a. 组织机构图。

b. 质量控制系统机构图及质量职责权限的说明。

c. 质量控制系统各系统要素的概述。

d. 与CCAR‐21相关条款对应的质量控制资料的目录索引或矩阵图。

（2）机构的设置应保证质量部门在开展工作时不受任何部门和个人的干扰。

（3）质量控制资料应齐全，满足CCAR‐21相关条款对质量控制系统及资料的要求。

（4）质量控制资料描述的质量控制或检验系统应充分保证验收的产品及零部件符合经批准的设计资料并处于安全可用状态。

（5）质量控制资料应协调，文字简练，要求明确且易于现场执行。

（6）对质量控制资料的管理（如标题、版次、日期、参考资料和批准人等）应有明确的要求。引用的文件和表格须有章节号与编号。

对质量控制资料评审中发现的问题，用系统评审记录表（AAC‐105表）记录，评审结束后用适航管理文件或函件通知申请人。

在完成对质量控制资料的评审并确认其符合CCAR‐21相关条款的要求后，在申请人的质量手册上用印章并签名方式批准。

2）第二阶段　现场评审

审查组依据经批准的申请人的质量控制资料并参照附录1《航空器合格审定系统评审大纲（ACSEP）》给出的评审准则，通过评审申请人质量控制系统的系统要素的运转情况和有效性判定其质量控制系统是否符合CCAR‐21相关条款的要求，能否全面严格地贯彻执行质量控制资料的有关规定，保证持续生产符合经批准的型号设计并处于安全可用状态的产品及零部件。

在系统评审过程中应按AP‐21‐AA‐2010‐04R4的4.1.5节进行产品评审，以判定申请人或持证人的质量控制系统的运转情况和有效性。

依据 AP-21-AA-2010-04R4 附录 1《航空器合格审定系统评审大纲（ACSEP）》给出的评审准则评审申请人对供应商的控制。必要时,适航部门可对供应商进行现场评审。在颁发生产许可证前由审查组实施对供应商的现场评审。在颁发生产许可证后,按 4.1.3 节"供应商控制评审"的要求,由证件管理办公室负责组织实施。

8.9.1.2　不符合项判定

在每次审查活动中审查组成员都应依据附录 1《航空器合格审定系统评审大纲（ACSEP）》给出的评审准则判定不符合项,并用不符合项记录（AAC-163表)记录已确认的不符合项。

不符合项分为如下四种类型:

（1）与安全有关且须立即采取行动的情况记录为涉及安全的不符合项。对涉及安全的不符合项,应立即提交审查组组长。由组长通报被评审人或通知主管检查员（如适用),并由主管检查员在收到通知 72 h 之内将该不符合项正式通报被评审人。如果该不符合项影响到已交付的产品,则组长或主管检查员应从被评审人处获取一份涉及用户的清册并转告证件管理办公室或责任适航部门（如适用)。

（2）不符合适用的 CCAR-21 条款、适航部门批准的质量控制资料、被评审人的内部程序或采购订单要求,同时有客观证据证明是一个系统缺陷或失效的现象记录为系统的不符合项。

（3）被评审人存在不符合 CCAR-21 条款、适航部门批准的质量控制资料、被评审人的内部程序或采购订单要求的现象,但属孤立现象且与安全无关的记录为孤立的不符合项。

（4）发现适航部门已批准的被评审人的质量控制资料存在不符合适用的 CCAR-21 相关条款的现象记录为与审定有关的不符合项。

8.9.1.3　评审结果通报

在每次评审活动结束后,审查组组长填写生产批准/证件管理活动报告

AAC-219 表,并以口头形式向被评审人通报评审结果,在 5 个工作日内以正式文件形式向被评审人通报评审结果。

8.9.2　试验产品的制造符合性检查

制造符合性检查是型号合格审定过程中的一项重要内容,是审定局方的制造检查代表确定申请人符合 CCAR-21 第 21.31 条第(二)项的要求,并且产品的制造及试验等符合设计图样和工艺规范。本节主要介绍制造符合性检查范围及基本要求。

依据 CCAR-21 第 21.31 条第二项的规定,在飞机型号合格审定阶段的制造符合性检查是由适航部门确认试验件及其试验装置对提交审查的有关设计图纸、工艺规范和其他设计文件要求的符合性。

8.9.2.1　制造符合性检查要求

机载设备研制单位交付的系统和设备(包括航电软件),如果用于适航验证试验或飞机装机应完成制造符合性检查。对机载设备航电软件审定工作给予关注,通过对航电软件审定计划的控制,应进一步按照航电软件审定标准加强对航电软件的验证工作,使带航电软件的设备的制造符合性得到保证。

交付件的类型分具备 TC 证和 CTSOA 证的设备和非 CTSOA 件。

检查方式分入厂接收检验时检查和机载设备研制单位设施检查。

航电软件设备的制造符合性检查按如下要求分别进行。

(1) 具备 TC 证和 CTSOA 证的设备或系统,申请人提供质量证明文件及其相关文件,表明在适航部门的控制下接受适航部门颁发的适航放行标签或制造符合性检查放行标签。在该设备入厂检验时,审查组责任人进行制造符合性检查。

(2) 非 CTSOA 件。对于重要的非 CTSOA 件,如果入厂检验时无法确认其制造符合性,审查组与申请人共同确定制造符合性检查项目,在供应商生产现场进行检查。其余非 CTSOA 件,申请人提供质量证明文件及其相关文件;

在申请人入厂检验时,审查组责任人进行制造符合性检查。如果是PMA件,随交付件供应商提供适航放行标签或制造符合性检查放行标签,在申请人入厂检验时,由审查组责任人进行制造符合性检查。

8.9.2.2　制造符合性检查项目的确定

(1)审查组审查代表与申请人协调确定需在供应商生产现场实施的制造符合性检查项目。

(2)对于确定的制造符合性检查项目,申请人负责确定和提供检查所需工程依据,包括图纸及版次和检查项目详细的生产地址等信息;申请人提供检查项目的采购订单及交付日期等信息。

(3)申请人负责将确定的制造符合性检查项目清单通知机载设备研制单位。

(4)机载设备研制单位在接到制造检查项目清单一周内对检查项目清单进行确认,并按检查要求提供图纸及版次、详细的检查地址、联系人及供应商授权代表等信息。

(5)对于制造符合性检查项目调整,申请人通知机载设备研制单位。

(6)审查代表对确定的制造符合性检查项目填写制造符合性检查请求单。

(7)申请人与审查组协调参加检查的审查代表名单。

8.9.2.3　实施制造符合性检查

(1)机载设备研制单位授权代表基于确定的制造检查项目,协助申请人和审定局方对检查项目具体检查要求、检查时间进行落实。

(2)机载设备研制单位授权代表或联系人,按照生产进度及时协调审查组到现场进行检查。

(3)在审查代表到现场检查之前,机载设备研制单位授权代表应按检查要求进行检查,确认相应的工程更改及偏离处理已按程序在生产中得到贯彻,并将检查工作形成记录。

(4)当审查代表现场检查时,机载设备研制单位应提供生产现场现行有效的工程资料和供应商的质量检验证据,为支持检查提供必要的资料。

(5) 机载设备研制单位授权代表应按授权向审查代表现场提交制造符合性声明,并附有申请人的授权证书副本。

(6) 对审查代表现场检查提出的不符合项,机载设备研制单位必须及时进行整改;对于现场暂时无法使得审查代表满意的不符合项,供应商应在完成整改后,提请审查代表再次检查。

(7) 对于完成检查并将交付的项目,机载设备研制单位应要求审查代表签发适航标签或制造符合性检查放行标签。

8.9.2.4　记录和跟踪

(1) 机载设备研制单位授权代表将有关检查工作记录、制造符合性声明和制造检查项目计划及进展情况等资料提交申请人。

(2) 对审查代表的制造检查记录,申请人协调审查代表获取相关的副本并存档。

申请人按机载设备研制单位交付件的批次,跟踪制造符合性检查项目的完成情况。

8.9.2.5　确认和验证方法

本节描述适用于确认和验证的一些方法。

1) 测试

测试是一种确认硬件项对一个激励或一系列激励正确响应的方法。测试的示例包括对硬件项进行功能测试、系统平台测试、系统确认工具测试和飞机测试。

测试可通过手工、自动或专门测试设备进行。在验证过程中,测试也可利用内部硬件项测试能力,如内建测试。

如果通过在预期的工作环境中使用硬件验证特定的需求是不可行的,那么应提供其他的验证方法,并证明是合适的。

测试可在不同的硬件设计过程中进行。用于认证的测试应有一个配置项。

系统综合或软件/硬件综合测试结果也可用作测试可信度的依据。

测试指南包括如下内容：

（1）应识别每个须通过测试确认或验证的需求。环境条件测试需求是这些需求的一部分。

（2）应定义每个测试的测试激励、序列和测试条件，如环境温度和适用电压。

（3）在测试执行之前，应定义通过/失败条件及记录结果的方法。

（4）应记录每个测试设备的完整标识及校准数据。

（5）应记录被测硬件项的配置标识。

（6）应记录并保留测试结果。

（7）测试失败应反馈给相应的过程用于决策。

2）分析

分析是一个具体的、可重复的及解析的方法，用于评估特定硬件项的特性证明某一特定需求得到满足。分析的例子包括应力分析、设计余量分析、共模故障分析、最坏情况分析和测试覆盖率分析。服务经历可为不同的分析提供数据依据。

随着硬件设计复杂度的增加，利用计算机工具有很多优点，如仿真验证需求和实现设计。

分析可包括对功能、性能、可追溯性、硬件项功能涉及的安全性及与飞机系统或设备中其他功能的关系内容的详细检查。分析单独使用或与其他验证方法结合使用可提供需求被正确实现的证据。分析应基于设计过程、服务经历提供的数据或其他可用的数据库进行。

仿真对于电路工作的可视化和更高级别功能操作，是很重要的设计分析工具。仿真可分析产品硬件参数变化带来的影响，使用其他验证方法可能难以做到，这对减少由于参数变化带来的影响安全性的设计错误树立了信心。由于结果依赖使用的模型和方案，在没有正确性的支撑证据的情况下，单纯的仿真结果是不能用作可信认证。

分析的示例如下所示：

（1）热分析。热分析用于验证当置于工作的热环境中时设计实现满足需求。

（2）应力分析。应力分析用于验证在要求的工作范围元件满足降额标准。

（3）可靠性分析。可靠性分析确定设计实现是否满足产品的可靠性需求。

（4）设计余量分析。设计余量分析验证即使元件变化设计实现满足功能需求。

（5）相似性分析。相似性分析对之前已经认证过的系统进行特性和应用的比较。

（6）仿真分析。仿真分析将仿真结果和期望的结果进行比较。

3）评审

评审是一种定性的方法，用于评估计划、需求、设计数据、设计概要或设计实现。

评审应按照在相应计划中在整个设计生命周期中进行。所有用于认证信用的评审应在确认与验证计划中确定。

评审指南包括如下内容：

（1）参与者应具备进行评审必需的知识。

（2）硬件评审的结果可用来接受或拒绝在硬件设计生命周期过程活动之间的转换。

（3）评审结果应形成文档，包括所做决策和应采取的行动部署。

评审分为需求评审和设计评审。

（1）需求评审。需求评审是一种保证需求可接受性的方法。在同一个评审中，需求评审可同时评审确认和验证过程的目标。

在初始的需求评审之后发生的需求更改，应进行与初始评审相同的评审过程或一个同等的评审过程。需求评审的目的不在确认分配给硬件项的系统需求。

需求评审的指南包括如下内容：

a. 每一个需求应是明确的和可验证的，在其层次级别上描述完整和详细，并且与其他需求不冲突。

b. 派生需求应与系统需求或派生出该需求的需求一致。

c. 需求应与 SSA 一致。

d. 应定义派生的安全性需求，并反馈给 SSA。

e. 需求应与相关的硬件设计标准兼容。

f. 需求应与可用的工艺能力和限制兼容。

g. 元件的需求，如性能、温度范围、降额和筛选，应与安全性和可靠性需求一致。

h. 应讨论硬件项的测试、维护和制造硬件项的能力。

i. 应定义软件/硬件接口的需求。

j. 需求应可根据策划中定义的标准向上追溯到上一层次级别。

k. 派生的需求应获取在高一层次级别不被验证的实现约束。

l. 遗漏和错误应反馈相应的过程用于决策。

下列问题有助于评估需求的完整性：

a. 是否考虑了全部的上层需求？

b. 是否考虑了适用的标准和指南？

c. 是否覆盖了全部硬件功能和接口？

d. 是否完整地覆盖了结构？

e. 是否充分说明了所有硬件实现要求的验证？

f. 是否覆盖了所有在安全性评估中禁止的行为特性？

g. 是否充分说明了工作环境？

h. 是否考虑了假设和约束？

i. 这个实现是否能避免任何当前的或类似硬件已知的问题？

下列问题有助于评估需求的正确性：

a. 需求是否与上层需求一致？

b. 需求是否与分配给硬件项的系统需求一致?

c. 需求是否表明"是什么"而不是"如何做"?

d. 需求是否明确?

e. 需求能否实现?

f. 需求能否验证?

g. 功能模型是否已定义?

h. 需求是否与安全性评估一致?

i. 假设和约束是否正确地识别为派生的需求?

(2) 设计评审。设计评审是一种确定设计数据和实现满足需求的方法。在硬件设计生命周期中,设计评审应按照策划中定义的多次进行,如概要设计、详细设计和实现评审。对跨多个硬件项目级别的层次化设计,如 ASIC 和电路卡,应在最大可能保证正确设计的位置考虑设计评审。

设计评审指南包括如下内容:

a. 应评审所有的需求,应正确定义派生的需求和设计数据。

b. 应评审环境需求。

c. 应评审安全性和可靠性需求。

d. 应明确地识别设计数据的安全性问题。

e. 设计应能被实现、测试和维护。

f. 新的制造工艺应进行评价。

g. 应满足在策划中确定的元件选择标准。

h. 设计应可追溯到需求。

i. 遗漏和错误应反馈相应的过程用于决策。

9

航电设备适航
设计与验证典型案例

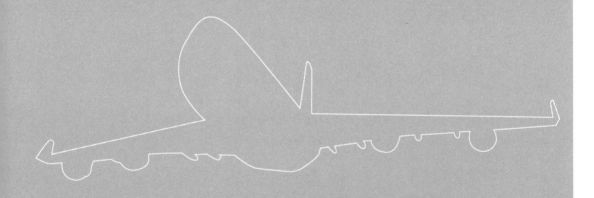

本章以航电系统中的机载无线电信标接收设备为例,阐述该设备适航性设计要求、适航性设计要求与验证方法、研制各阶段适航性技术工作,并简要给出RTU‐1001无线电调谐单元(radio tuning unit,RTU)、LMMR‐2组合接收设备适航工作工程实施过程。

9.1　机载无线电信标设备

指点信标系统是一种地面电台向空中飞机提供地标位置信息的设备。在进行仪表着陆时,机载指点信标接收系统通常与仪表着陆系统(instrument landing system,ILS)协同工作。当飞机飞经指点信标台上空时,接收系统一旦接收到地面指点信标台的信号即发出相应的音响和灯光信号,使飞行员能正确判断飞机的位置,适时调整着陆航向、飞行高度和飞行速度,顺利完成仪表穿云和着陆任务。

指点信标系统按其用途分为航路信标(runway marker)和航道信标(course marker)。航路信标安装在航路上,向飞行员报告飞机正在通过航路上某些特定点的地理位置。航道信标用于飞机进场着陆,用来报告着陆飞机离跑道头预定点(远、中、近指点信标上空)的距离。两种信标地面台天线发射垂直向上的扇形波束(fan marker)或倒锥形波束(z‐marker),在飞机飞越指点信标台上空时被机载接收机接收。

指点信标台发射频率均为75 MHz,天线辐射水平极化波。而调制频率和台识别码各不相同,以便识别飞机在哪个指点信标台上空。指点信标台的发射功率从几瓦到100 W不等。高功率指点信标台用于外指点信标和航路信标,在这里飞机高度比较高。不管是航道信标还是航路信标,机载信标接收机都是相同的。

用无线的方法进行导航的思想是俄国科学家波波夫提出的,他在1895年发明了无线电通信后,在1897年提出用无线电波给船舶导航,但由于当时人们对无线电技术和电波的研究还很欠缺,这只是一种设想。1926年出现第一个无线电导航台(也称信标台)。1928年纽约开始装设无线电指点信标(marker radio beacon,MKR),1929年装设航向指点信标和下滑指点信标,形成仪表着陆的雏形。1930年左右,无线电导航在航空方面开始应用。

从20世纪30年代至50年代,指点信标普遍用于提供飞机在航线中的特定位置,但从60年代起,指点信标逐渐仅限于ILS。目前指点信标正逐渐被淘汰,当测距仪与ILS配合使用时,测距仪可替代指点信标,提供飞机进近和着陆的距离信息。

和其他无线电导航设备一样,指点信标接收机技术的发展和电子技术的发展息息相关,在短短几十年时间里经历了真空管、晶体集成电路几次飞跃,特别是大规模集成电路和计算机的应用给包括指点信标接收机在内的整个无线电设备的设计,特别是机载设备的设计带来一场革命。

现代指点信标接收机大多采用一次变频的外差式架构,和甚高频全向信标台(very high frequency omnirange station,VOR)、ILS等集成在一个LRU内。

9.2　机载无线电信标设备适航要求

机载无线电信标设备适航要求源自TSO－C35d《机载无线电信标接收设备》规定的要求,其中在TSO－C35d中规定MKR应满足RTCA颁布的DO－143。

9.2.1　机载无线电信标最低性能要求技术分析

根据MKR功能分析,结合DO－143,MKR最低性能要求主要内容介绍如下：

（1）音频响应。接收机在输入 10 倍于 1 300 Hz 调制频率时产生接收机阈值的电平，在调制频率变化时，整个音频输出的变化不得大于 9 dB。

（2）指示灯频率响应。在调制频率变化时，产生接收机阈值的输入射频信号电平的变化不得大于 9 dB。

（3）自动增益控制（automatic gain control，AGC）。接收机输入标准测试信号的电平从产生接收机阈值到变化时应满足如下要求：

a. 相应的指示灯应接通，其他指示灯应断开。

b. 音频输出功率的变化不得大于 10 dB。

对于射频增益控制的所有位置和每个调制频率上，均应满足上述要求。

（4）额定音频输出功率。接收机在输入 10 倍于 1 300 Hz 调制频率时产生接收机阈值的电平，其音频输出功率应不小于额定值。

（5）无信号音频噪声电平。

a. 当无射频信号输入时，接收机的噪声输出电平至少应低于 10 倍于产生接收机阈值的信号电平得到的音频输出值 26 dB。

b. 当无射频信号输入时，以离散的音频信号产生的输出电平，至少应低于 10 倍于产生接收机阈值的信号电平得到的输出音频值 40 dB。

（6）有信号音频噪声电平。

a. 接收机的输入信号电平从产生接收机阈值到 5 000 μV 范围内变化时，其音频输出的信噪比至少应为 20 dB。

b. 离散的音频信号产生的噪声电平，至少应低于输入射频信号电平从产生接收机阈值到 5 000 μV 范围内变化时音频输出值 30 dB。

（7）失真。接收机输入射频信号从产生接收机阈值的电平到 5 000 μV 范围变化时输出的复合噪声及失真应不大于整个输出的 30％。

（8）输出调节。接收机的输出负载为设计值的 200％ 和 50％ 时，其输出失真不得大于 30％，且输出电压与负载为设计值时的输出电压之比应在 2∶1 范围内。

（9）射频能量的辐射符合 DO-138 要求。

（10）灵敏度降低。

a. 当给接收机输入端附加一个 3.5 V 的第 4 频道和第 5 频道的电视信号时，产生接收机阈值所需信号电平的增加不应大于 4 dB。

b. 当给接收机输入端附加一个频率为 72.02～74.58 MHz 和 75.42～75.98 MHz，调制频率为 1 300 Hz 和频偏为 ±15 kHz 的 0.5 V 的调频信号时，产生接收机阈值所需信号电平的增加不应大于 4 dB。

c. 对 A 类接收机增加的要求是当 A 类接收机输入一个频率为 50 kHz～1 200 MHz（不包括 65～85 MHz 频段）非调制的 0.5 V 的射频信号时，产生接收机阈值所需信号电平的增加不应大于 3 dB。

（11）输入操作差分。当输入射频信号电平上升时，产生接收机阈值时的指示灯电压所需输入射频信号电平与输入射频信号电平下降时产生同一指示灯电压所需输入射频信号电平的比不应超过 2∶1。

（12）接收机输入阻抗。在 75 MHz±10 kHz 的射频范围内，接收机的输入阻抗对于设计值的偏离不应大于 2∶1。

（13）交叉调制。

a. 给接收机同时输入一个其中心响应频率的非调制波（电平为产生接收机阈值时的电平）和一个第 2～6 频道的 3.5 V 的电视信号时，由交叉调制产生的指示灯电压应低于接收机阈值时的电压，且音频输出应低于额定值 50%。

b. 给接收机同时输入一个其中心响应频率的非调制波（电平为产生接收机阈值时的电平）和一个频率为 72.02～74.58 MHz 和 75.42～75.98 MHz，调制频率为 1 300 Hz 和频偏为 ±15 kHz 的 0.5 V 的调频信号时，由交叉调制而产生的指示灯电压应低于接收机阈值时的电压且音频输出应低于额定值的 50%。

c. 对 A 类接收机增加的要求是当接收机同时输入一个其中心响应频率的非调制波（电平为产生接收机阈值的电平到 50 000 μV 之间）和一个频率为 65～85 MHz（不包括 74.5～75.5 MHz 频段），调制度为 30% 和调制频率分别为 400 Hz、1 300 Hz 及 3 000 Hz 的 0.15 V 的射频信号时,由交叉调制而产生的指示灯电压应低于接收机阈值时的电压,且音频输出应低于额定值的 50%。

(14) 假信号响应。

a. 当接收机输入一个频率为 0.190~1 215 MHz(不包括 65~85 MHz 频段)、调制度为 30% 和调制频率分别为 400 Hz、1 300 Hz 及 3 000 Hz 的 0.5 V 的射频信号时,在指示灯两端产生的电压应低于接收机阈值时的电压,且音频输出应低于额定值的 50%。

b. 当接收机输入一个频率为 72.02~74.58 MHz 和 75.42~75.98 MHz、调制频率分别为 400 Hz、1 300 Hz 及 3 000 Hz 和频偏为 ±15 kHz 的 0.5 V 的调频信号时,在指示灯两端所产生的电压应低于接收机阈值时的电压,且音频输出应低于额定值的 50%。

c. 当接收机输入一个第 2~6 频道的 3.5 V 的电视信号时,在指示灯两端所产生的电压应低于接收机阈值时的电压,且音频输出应低于额定值的 50%。

d. 对 A 类接收机增加的要求是当接收机输入一个频率为 50 kHz~1 200 MHz(不包括 65~85 MHz 频段),调制度为 30% 和调制频率分别为 400 Hz、1 300 Hz 及 3 000 Hz 的 0.5 V 的射频信号时,在指示灯两端所产生的电压应低于接收机阈值时的电压,且音频输出应低于额定值的 50%。

(15) 指示灯启动—键控。当加到接收机的标准测试信号的音频调制受到键控(依次为 6 点/s 和 2 划/s)时,在从产生接收机阈值的电平到 5 000 μV 范围内的射频增益的所有位置上,视频和音频指示应基本上与键控同步,点的调制接通时间和断开时间之比为 1∶1。

(16) 接收机阈值的变化。由规定可变条件引起产生接收机阈值的输入射频信号电平最大偏差的平方和的平方根不应超过 13 dB。

(17) 接收机选择性。A 类接收机在 74.8~75.2 MHz 频带之外的所有频率上,接收机相对于 75 MHz 时的响应至少为 −40 dB。B 类接收机无选择性要求。

(18) 接收机阈值。A 类接收机阈值为 200 μV。B 类接收机阈值为 1 000 μV。

(19) 预热特性。正常大气条件下，在接通电源 5 min 内，接收机阈值应达到规定调定值的 2 dB 范围内。

9.2.2　指点信标环境和软件/硬件要求分析

除上述最低性能要求外，TSO - C35d 还给出了 MKR 需要满足的环境和软件/硬件要求，对这些要求进行分析如下。

1) 环境要求分析

在 TSO - C35d 中规定 MKR 的环境要求应满足 DO - 138 的要求，目前最新版本为 DO - 160G。通过研究 MKR 应开展的环境试验项目包括温度和高度试验、温度变化试验、湿热试验、冲击试验和坠撞安全试验、振动试验、爆炸防护性试验、防水试验、盐雾试验、结冰试验、磁影响试验、电源输入试验、尖峰电压试验、电源音频传导敏感性试验、感应信号敏感性试验、辐射敏感度和传导敏感度试验、射频能量发射试验、雷击感应瞬态敏感度试验及静电放电试验等 18 项环境试验项目。

2) 软件要求分析

应按照 DO - 178C 对 B 级软件的过程控制要求进行 MKR 的软件开发。具体过程控制要求请参考 DO - 178C。

3) 硬件要求分析

具体过程控制要求请参考 DO - 254。

9.3　机载无线电信标设备适航性设计要求与验证方法研究

9.3.1　机载无线电信标设备适航性设计要求研究

9.3.1.1　环境设计

1) 设计要求

详见环境要求分析。

2) 设计方法

(1) 温度。合理选择元器件,满足接收机较宽的温度范围,必要时设计温度补偿电路。MKR 接收机的热量主要来自电源模块。结构上可以在盒体上开肋形槽增大散热面积。电源模块直接安装在盒体上,在安装面加导热硅脂,并且尽量使电源模块的上表面与盖板接触。当印制板上有发热量较大的元器件时,将该发热元器件靠近印制板的边缘,且在盒体上与该发热元器件对应位置加工传热凸台,或直接在该发热元器件上安装散热器,也可在印制板表面加装导热衬垫,器件散发的热量通过导热衬垫导出。

(2) 电磁兼容。为了满足电磁兼容要求,除合理的频谱规划外,主要从接地和屏蔽两方面进行电磁兼容设计。

a. 将数字电路与模拟电路的地线分开,分别与电源地线相连,尽量加大线性电路接地面积;尽量加粗地线,接地线最小宽度 3 mm;将接地线构成闭环提高抗噪声能力。设备面板设计镀银接地柱,通过接地柱将设备内的地线与外界地线连在一起,实现安全接地,泄放设备上积累的电荷,避免设备内部放电,提高设备工作的稳定性,避免设备对外界的电位在外界电磁环境作用下发生变化。

b. 对于信道中易受干扰的频率合成、信道部分再次进行腔体划分及单独屏蔽,使分机内部减少互相干扰。对一些滤波器件采用铜镀银的小屏蔽盒屏蔽,安装屏蔽盒位置的对应处做大面积接地处理,在小屏蔽盒与盖板之间增加铍青铜簧片,使屏蔽盒与印制电路板及盖板间接触良好,消除寄生耦合。

(3) 环境适应性。在设计中采取良好的防潮湿、防盐雾和防霉菌设计。模块的结构件选用具有耐腐蚀性能较好的 5A06 型铝合金。在表面处理中可采用铝合金化学导电氧化技术、氟碳聚氨酯磁漆喷涂技术和导电保护液涂覆等表面处理技术及元件板"三防"处理等技术提高模块的环境适应性。

(4) 抗振动冲击设计。在 MKR 的设计中主要从如下几个方面进行抗振动冲击设计:

a. 盒体作为模块的主要承力构件,其刚性的好坏直接影响整个模块的刚度大小。盒体材料一般选用 5A06 型铝合金,具有较高的机械强度,在盒体上与屏蔽围框对应的位置增加凸台,此凸台既作为屏蔽隔离,又作为加强筋提高了盒体的刚度。

b. 安装有集成块和分离元器件的印制板通过合理设计安装螺钉位置及数量提高强度。质量较大的元器件,除应考虑安装方向外,还应合理采取加固措施。

9.3.1.2 AGC 设计

1) 设计要求

在射频增益控制的所有位置和每个调制频率上,接收机输入标准测试信号的电平从产生接收机阈值到变化时应满足如下要求:

(1) 相应的指示灯应接通,其他指示灯应断开。

(2) 音频输出功率的变化不得大于 10 dB。

实现接收机动态范围的功能电路是接收机中的 AGC 电路。AGC 是一个闭环负反馈自动控制系统。接收机的总增益通常分配在各级 AGC 电路中,各级 AGC 电路级联构成总的增益。

AGC 电路是指点信标接收机的一个重要组成部分。因为飞机通过指点信标方向性天线波束时接收信号强度将迅速变化,AGC 的作用是在接收信号变化时保持输出电平基本稳定。

2) 设计方法

指点信标接收机 AGC 电路通常利用幅度检波器输出的平均电压作为 AGC 电路控制电压。因为它的大小和输入信号电平成正比。该电压经滤波放大后,加到中频或高频放大器,改变放大器的直流工作点实现增益控制。AGC 电路电压的控制能力通常要求输出信号电平变化小于 6 dB。

因为指点信标空间信号为调幅(amplitude modulation,AM)信号,最低调制频率为 300 Hz,当飞机通过指点信标方向性天线波束时,接收信号强度将迅速变化。所以 AGC 电路的时间常数设计非常关键。

9.3.1.3　接收机阈值

1) 设计要求

A 类接收机阈值为 200 μV;B 类接收机阈值为 1 000 μV。

2) 设计方法

为满足进场和航路两种情况下的使用要求,在接收机外部有一个高/低灵敏度控制开关。高灵敏度用于航路信标,低灵敏度用于进场着陆。改变接收机灵敏度有多种方法,如用一个衰减电路串接在信号输入线上,当选择低灵敏度时,衰减器对输入信号进行衰减,达到降低灵敏度的目的。也可使用一个旁路开关,控制进入下级电路信号的大小。

9.3.1.4　抗干扰设计

1) 设计要求

(1) 失真。接收机输入射频信号从产生接收机阈值的电平到 5 000 μV 范围变化时,输出的复合噪声及失真应不大于整个输出的 30%。

(2) 灵敏度降低。当给接收机输入端附加一个 3.5 V 的第 4 和第 5 频道的电视信号时,产生接收机阈值所需信号电平的增加不应大于 4 dB;当给接收机输入端附加一个频率为 72.02～74.58 MHz 和 75.42～75.98 MHz、调制频率为 1 300 Hz 的 0.5 V 的调频信号时,产生接收机阈值所需信号电平的增加不应大于 4 dB。对 A 类接收机增加的要求是当接收机输入一个频率为 50 kHz～1 200 MHz(不包括 65～85 MHz 频段)非调制的 0.5 V 的射频信号时,产生接收机阈值所需信号电平的增加不应大于 3 dB。

(3) 输入操作差分。当输入射频信号电平上升时,产生接收机阈值时的指示灯电压应输入射频信号电平与输入射频信号电平下降时产生同一指示灯电压应输入射频信号电平之比不应超过 2∶1。

(4) 交叉调制。

a. 给接收机同时输入一个中心响应频率的非调制波(电平为产生接收机阈

值时的电平)和一个第 2~6 频道的 3.5 V 的电视信号时,由交叉调制产生的指示灯电压应低于接收机阈值时的电压,且音频输出应低于额定值 50%。

b. 给接收机同时输入一个中心响应频率的非调制波(电平为产生接收机阈值时的电平)和一个频率为 72.02~74.58 MHz 和 75.42~75.98 MHz、调制频率为 1 300 Hz 的 0.5 V 的调频信号时,由交叉调制而产生的指示灯电压应低于接收机阈值时的电压且音频输出应低于额定值的 50%。

c. 对 A 类接收机增加的需求是给接收机同时输入一个其中心响应频率的非调制波(电平为产生接收机阈值的电平到 50 000 μV 之间)和一个频率为 65~85 MHz(不包括 74.5~75.5 MHz 频段),调制度为 30% 及调制频率分别为 400 Hz、1 300 Hz 和 3 000 Hz 的 0.15 V 的射频信号时,由交叉调制而产生的指示灯电压应低于接收机阈值时的电压,且音频输出应低于额定值的 50%。

(5) 假信号响应。

a. 当接收机输入一个频率为 0.190~1 215 MHz(不包括 65~85 MHz 频段),调制度为 30% 及调制频率分别为 400 Hz、1 300 Hz 和 3 000 Hz 的 0.5 V 的射频信号时,在指示灯两端产生的电压应低于接收机阈值时的电压,且音频输出应低于额定值的 50%。

b. 当接收机输入一个频率为 72.02~74.58 MHz 和 75.42~75.98 MHz,调制频率分别为 400 Hz、1 300 Hz 和 3 000 Hz 的 0.5 V 的调频信号时,在指示灯两端产生的电压应低于接收机阈值时的电压,且音频输出应低于额定值的 50%。

c. 当接收机输入一个第 2~6 频道的 3.5 V 的电视信号时,在指示灯两端产生的电压应低于接收机阈值时的电压,且音频输出应低于额定值的 50%。

d. 对 A 类接收机增加的要求是当接收机输入一个频率为 50 kHz~1 200 MHz(不包括 65~85 MHz 频段),调制度为 30% 及调制频率分别为 400 Hz、1 300 Hz 和 3 000 Hz 的 0.5 V 的射频信号时,在指示灯两端产生的电压应低于接收机阈值时的电压,且音频输出应低于额定值的 50%。

2）设计方法

指点信标接收机主要的干扰源是其高频（very high frequency，VHF）频段低端的高功率无线电广播。接近 75 MHz 的是电视第 4 频道（66～72 MHz）和第 5 频道（76～82 MHz）。一旦干扰信号进入接收机电路，由于电路的非线性，将会产生内部调制失真。减小内部调制失真有两种方法：一是精心设计放大器和混频器，使它们具有高的线性度，不产生内部调制失真；二是提高接收机的选择性，滤掉干扰信号。

9.3.1.5　选择性

1）设计要求

接收机选择性分为两类。A 类接收机在 74.8～75.2 MHz 频带之外的所有频率上，接收机相对于 75 MHz 时的响应至少为 −40 dB。B 类接收机无选择性要求。

2）设计方法

指点信标接收机选择性设计比较简单，可以选择晶体滤波器或声表面波滤波器保证选择性，提高抗干扰能力。

9.3.1.6　音频响应

1）设计要求

（1）音频响应。接收机输入 10 倍于 1 300 Hz 调制频率时产生接收机阈值的电平，调制频率变化时，整个音频输出的变化不得大于 9 dB。

（2）额定音频输出功率。接收机输入 10 倍于 1 300 Hz 调制频率时产生接收机阈值的电平，音频输出功率应不小于额定值。

（3）无信号音频噪声电平。当无射频信号输入时，接收机的噪声输出电平应至少低于 10 倍于产生接收机阈值的信号电平得到的音频输出值 26 dB。当无射频信号输入时，以离散的音频信号产生输出电平，应至少低于 10 倍于产生接收机阈值的信号电平所得到的输出音频值 40 dB。

（4）有信号的音频噪声电平。接收机的输入信号电平从产生接收机阈值到 5 000 μV 范围内变化时,其音频输出的信噪比至少为 20 dB。以离散的音频信号所产生的噪声电平,应至少低于输入射频信号电平从产生接收机阈值到 5 000 μV 范围内变化时音频输出值 30 dB。

(5) 失真。接收机输入射频信号从产生接收机阈值的电平到 5 000 μV 范围变化时,其输出的复合噪声及失真应不大于全部输出的 30%。

(6) 输出调整。接收机的输出负载为设计值的 200% 和 50% 时,其输出失真不得大于 30%,且输出电压与负载为设计值时的输出电压之比应在 2∶1 范围内。

2) 设计方法

指点信标接收机要实现 400 Hz、1 300 Hz 及 3 000 Hz 三个频率的分离,并具有良好的音频特性。使用功放组成的有源带通滤波器品质高和体积小,可以满足要求。

9.3.2　机载无线电信标设备适航验证方法研究

机载无线电信标设备适航验证方法包括 MC0(符合性声明)、MC1(说明性文件)、MC2(分析和计算)、MC3(安全评估)、MC4(实验室试验)、MC5(地面试验)、MC6(试飞)、MC7(航空器检查)、MC8(模拟器试验)和 MC9(设备合格性)。

1) 音频响应

(1) 设计要求。接收机输入 10 倍于 1 300 Hz 调制频率时产生接收机阈值的电平,调制频率变化时,整个音频输出的变化,不得大于 9 dB。

(2) 符合性验证方法:建议采取 MC4 方法进行符合性验证。在接收机输入端加一个 RF 输入信号,该信号在 1 300 Hz 的电平是产生接收机阈值电平的 10 倍,然后将输入信号的频率范围分别调制为 380~420 Hz、1 235~1 365 Hz 和 2 850~3 150 Hz 测量音频输出。

(3) 合格判据:接收机输入 10 倍于 1 300 Hz 调制频率时产生接收机阈值的电平,调制频率变化时,整个音频输出的变化,不得大于 9 dB。

2）指示灯频率响应

（1）设计要求：调制频率变化时，产生接收机阈值的输入射频信号电平的变化，不得大于 9 dB。

（2）符合性验证方法：建议采取 MC4 方法进行符合性验证。在接收机输入端加一个 RF 信号，在如下频率将振幅调制为 95%：390 Hz、400 Hz、410 Hz、1 270 Hz、1 300 Hz、1 330 Hz、2 920 Hz、3 000 Hz 和 3 080 Hz。在每个调制频率上，确定产生接收机阈值的输入信号的电平。计算输入信号的最大电平和最小电平的差异，以 dB 表示。

（3）合格判据：调制频率变化时，产生接收机阈值的输入射频信号电平的变化，不得大于 9 dB。

3）AGC

（1）设计要求：接收机输入标准测试信号的电平从产生接收机阈值到变化时应满足如下要求：

a. 相应的指示灯应接通其他指示灯应断开。

b. 音频输出功率的变化不得大于 10 dB。

（2）符合性验证方法：建议采取 MC4 方法进行符合性验证。在接收机输入端加一个 RF 信号，并在产生接收机阈值至 50 000 μV 的 RF 输入信号电平范围内，逐一测量 400 Hz、1 300 Hz 和 3 000 Hz 的调制频率。确定输出电平的最大值和最小值的差异，以 dB 表示。如果设备用不同的指示灯显示三种调制频率，则须确定仅该亮的指示灯处于灯亮状态。如果一台设备有不同的接收机阈值，则重复本测试分别进行测定。

（3）合格判据：接收机输入标准测试信号的电平从产生接收机阈值到变化时应满足：

a. 相应的指示灯应接通，其他指示灯应断开。

b. 音频输出功率的变化不得大于 10 dB。

对射频增益控制的所有位置和每个调制频率上，均应满足上述要求。

4) 额定音频输出功率

（1）设计要求：接收机输入 10 倍于 1 300 Hz 调制频率时产生接收机阈值的电平，其音频输出功率应不小于额定值。

（2）符合性验证方法：建议采取 MC4 方法进行符合性验证。在接收机输入端加一个 RF 输入信号。该信号在 1 300 Hz 的电平是产生接收机阈值的电平的 10 倍。在 400 Hz、1 300 Hz 和 3 000 Hz 的调制频率上确定音频功率输出。

（3）合格判据：接收机输入 10 倍于 1 300 Hz 调制频率时产生接收机阈值的电平，其音频输出功率应不小于额定值。

5) 无信号音频噪声电平

（1）设计要求：

a. 当无射频信号输入时，接收机的噪声输出电平应至少低于 10 倍于产生接收机阈值的信号电平得到的音频输出值 26 dB。

b. 当无射频信号输入时，以离散的音频信号所产生输出电平，应至少低于 10 倍于产生接收机阈值的信号电平得到的输出音频值 40 dB。

（2）符合性验证方法：建议采取 MC4 方法进行符合性验证。

a. 将和接收机设计阻抗相等的电阻连在接收机输入端。测量宽带音频噪声输出；测量 50～10 000 Hz 范围内的离散频率上的输出。

b. 如果接收机是直流电源，确定在设备设计的输入功率频率范围内的最大音频输出。

（3）合格判据：

a. 当无射频信号输入时，接收机的噪声输出电平应至少低于 10 倍于产生接收机阈值的信号电平得到的音频输出值 26 dB。

b. 当无射频信号输入时，以离散的音频信号产生输出电平，应至少低于 10 倍于产生接收机阈值的信号电平得到的输出音频值 40 dB。

6) 有信号音频噪声电平

(1) 设计要求：

a. 接收机的输入信号电平从产生接收机阈值到 5 000 μV 范围内变化时，其音频输出的信噪比至少应为 20 dB。

b. 以离散的音频信号产生的噪声电平，应至少低于输入射频信号电平从产生接收机阈值到 5 000 μV 范围内变化时音频输出值 30 dB。

(2) 符合性验证方法：建议采取 MC4 方法进行符合性验证。

a. 在接收机输入端加一个 RF 输入信号。该信号依次为 400 Hz、1 300 Hz 和 3 000 Hz，将振幅调制为 95%。① 在每个调制频率上，确定在产生接收机阈值至 50 000 μV 范围内的最小信号＋噪声/噪声比。② 取消输入信号的调制，然后确定当输入信号的电平在产生接收机阈值至 50 000 μV 范围内变化时，在 50～10 000 Hz 范围内各个离散频率上的最大输出。

b. 如果接收机使用直流电源，则采用的输入信号电平在产生接收机阈值至 50 000 μV 范围内变化，且输入功率频率（或多个频率）用接收机的设计值，以此条件做上述测试。

(3) 合格判据：

a. 接收机的输入信号电平从产生接收机阈值到 5 000 μV 范围内变化时，其音频输出的信噪比至少应为 20 dB。

b. 以离散的音频信号产生的噪声电平，应至少低于输入射频信号电平从产生接收机阈值到 5 000 μV 范围内变化时音频输出值 30 dB。

7) 失真

(1) 设计要求：接收机输入射频信号从产生接收机阈值的电平到 5 000 μV 范围变化时，其输出的复合噪声及失真应不大于全部输出的 30%。

(2) 符合性验证方法：建议采取 MC4 方法进行符合性验证。用一个与接收机设计的阻抗相等的来终止接收机输出。在接收机输入端加一个 RF 信号，该信号依次在 400 Hz、1 300 Hz 和 3 000 Hz 上调制振幅 95%。输入信号电平从产生接收机阈值变化至 $50\,000\,\mu V$ 时,在各个调制频率上测定最大失真比例和噪声。

(3) 合格判据:接收机输入射频信号从产生接收机阈值的电平到 $5\,000\,\mu V$ 范围变化时,其输出的复合噪声及失真应不大于全部输出的 30%。

8) 输出调节

(1) 设计要求:接收机的输出负载为设计值的 200% 和 50% 时,其输出失真不得大于 30%,且输出电压与负载为设计值时的输出电压之比应在 $2:1$ 范围内。

(2) 符合性验证方法:建议采取 MC4 方法进行符合性验证。在接收机输入端加一个 RF 输入信号,该信号的电平在 $1\,300\,Hz$ 时是产生接收机阈值电平的 10 倍。在 $400\,Hz$、$1\,300\,Hz$ 和 $3\,000\,Hz$ 的调制频率上,测定音频输出的失真和噪声比例。测定当输出负载等于接收机设计负载的 50%、100% 和 200% 时,音频输出电压的电平。

(3) 合格判据:接收机的输出负载为设计值的 200% 和 50% 时,其输出失真不得大于 30%,且输出电压与负载为设计值时的输出电压之比应在 $2:1$ 范围内。

9) 射频能量的辐射

(1) 设计要求:符合 DO‐138 要求。

(2) 符合性验证方法:建议采取 MC4 方法进行符合性验证(DO‐138,附录 A,测试程序,第二部分)。

(3) 合格判据:符合 DO‐138 要求。

10) 灵敏度降低

(1) 设计要求:

a. 当给接收机输入端附加一个 $3.5\,V$ 的第 4 和第 5 频道的电视信号时,产生接收机阈值所需信号电平的增加不应大于 $4\,dB$。

b. 当给接收机输入端附加一个频率为 $72.02\sim74.58\,MHz$ 和 $75.42\sim$

75.98 MHz、调制频率为 1 300 Hz 的 0.5 V 的调频信号时,产生接收机阈值所需信号电平的增加不应大于 4 dB。

c. 对 A 类接收机增加的要求是当接收机输入一个频率为 50 kHz～1 200 MHz(不包括 65～85 MHz 频段)非调制的 0.5 V 的射频信号时,产生接收机阈值所需信号电平的增加不应大于 3 dB。

(2) 符合性验证方法:建议采取 MC4 方法进行符合性验证。

a. 按照图 9-1 连接两个信号发生器(如振幅调制信号发生器和电视信号放大器),加一个 75 MHz 的有效信号调制在 1 300 Hz。调节信号输入电平至产生接收机阈值。

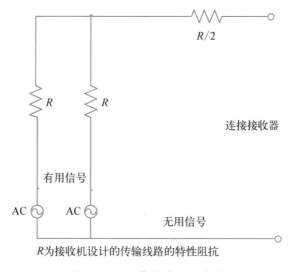

图 9-1　色带的放大示意图

b. 适用 A 类和 B 类设备的方法是,加一个电平为 3.5 V 的电视信号和一个 1 300 Hz～15 kHz 的 FM 信号,FM 信号可以有 15 kHz 的偏差,该信号电平为 0.5 V,然后测定产生接收机阈值的有效信号电平的 dB 增加量。对电视信号,在第 4 和第 5 频道做测试,FM 信号频率范围是 72.02～74.58 MHz 和 75.42～75.98 MHz。

c. 仅 A 类设备适用的方法是加一个 0.5 V 的非调制 RF 信号,频率范围为

50 kHz～63 MHz 和 85～1 200 MHz,然后测定有效信号加至产生接收机阈值时,电平的 dB 增加量。

（3）合格判据：

a. 当给接收机输入端附加一个 3.5 V 的第 4 和第 5 频道的电视信号时,产生接收机阈值所需信号电平的增加不应大于 4 dB。

b. 当给接收机输入端附加一个频率为 72.02～74.58 MHz 和 75.42～75.98 MHz、调制频率为 1 300 Hz 的 0.5 V 的调频信号时,产生接收机阈值所需信号电平的增加不应大于 4 dB。

c. 对 A 类接收机增加的要求是当接收机输入一个频率为 50 kHz～1 200 MHz(不包括 65～85 MHz 频段)非调制的 0.5 V 的射频信号时,产生接收机阈值所需信号电平的增加不应大于 3 dB。

11）输入操作差分

（1）设计要求：

当输入射频信号电平上升时,产生接收机阈值时的指示灯电压所需输入射频信号电平与输入射频信号电平下降时产生同一指示灯电压所需输入射频信号电平的比不应超过 2∶1。

（2）符合性验证方法：建议采取 MC4 方法进行符合性验证。在接收机输入端加一个 RF 信号。RF 输入信号电平缓慢增加至接收机阈值,产生指示灯电压;RF 输入信号电平缓慢降低至接收机阈值,产生相同的指示灯电压,测定 RF 输入信号电平的比率,以 dB 表示。

（3）合格判据：当输入射频信号电平上升时,产生接收机阈值时的指示灯电压所需输入射频信号电平与输入射频信号电平下降时产生同一指示灯电压所需输入射频信号电平的比不应超过 2∶1。

12）接收机输入阻抗

（1）设计要求：在 75 MHz 阻抗电平上升的射频范围内,接收机的输入阻抗对于设计值的偏离,不应大于 2∶1。

（2）符合性验证方法：建议采取 MC4 方法进行符合性验证。

a. 在使用开槽测试线时，把开槽测试线连在接收机输入端和信号发生器之间。打开接收机并正常运行。将输入信号的电平调节至接收机输入电路过载电平之下。沿着开槽测试线测定最大电压和最小电压，并计算在 75 MHz±10 kHz 范围内实际输入阻抗的变化。实际阻抗的数学表达式为

$$实际阻抗＝（设计输入阻抗）[（电压驻波比）^{±1}]$$

b. 在使用驻波探测器或导纳计时，上式仍然适用。

在使用阻抗电桥时，测量输入电路的阻抗并测定与设计值之间的最大偏差。

（3）合格判据：在 75 MHz 电桥时，测量的射频范围内，接收机的输入阻抗对于设计值的偏离，应不大于 2：1。

13）交叉调制

（1）设计要求：

a. 给接收机同时输入一个其中心响应频率的非调制波（电平为产生接收机阈值时的电平）和一个第 2～6 频道的 3.5 V 的电视信号时，由交叉调制产生的指示灯电压应低于接收机阈值时的电压，且音频输出应低于额定值的 50％。

b. 给接收机同时输入一个其中心响应频率的非调制波（电平为产生接收机阈值时的电平）和一个频率为 72.02～74.58 MHz 和 75.42～75.98 MHz、调制频率为 1 300 Hz 的 0.5 V 的调频信号时，由交叉调制产生的指示灯电压应低于接收机阈值时的电压且音频输出应低于额定值的 50％。

c. 对 A 类接收机增加的要求是给接收机同时输入一个其中心响应频率的非调制波（电平为产生接收机阈值的电平到 50 000 μV 之间）和一个频率为 65～85 MHz（不包括 74.5～75.5 MHz 频段）及调制度为 30％和调制频率分别为 400 Hz、1 300 Hz 和 3 000 Hz 的 0.15 V 的射频信号时，由交叉调制产生的指示灯电压应低于接收机阈值时的电压，且音频输出应低于额定值的 50％。

（2）符合性验证方法：建议采取 MOC4 方法进行符合性验证。

a. 按照图 9-1 所示方法将两个信号发生器作为组合单元连接在一起。

b. 在接收机输入端加一个 75 MHz 的有效信号，调制在 1 300 Hz。调节信号输入的电平以产生接收机阈值，去掉有用载波的调制。

c. 适用 A 类设备和 B 类设备。加一个电平为 3.5 V 的电视信号和一个 1 300 Hz（可有 15 kHz 的偏差）和电平为 0.5 V 的 FM 信号，确定指示灯电压是否达到接收机阈值对应的指示灯电压，且音频输出是否达到制造商额定输出的一半。如果用电视信号做测试，则在第 2～6 频道进行测试，如果用 FM 信号，则采用的频率范围为 72.02～74.58 MHz 和 75.42～75.98 MHz。

d. 仅限 A 类设备。施加一个电平为 0.15 V 的 RF 信号，依次在 400 Hz、1 300 Hz 和 3 000 Hz 将振幅调制 30%，然后确定指示灯电压是否达到接收机阈值对应的电压，并确定音频输出是否达到制造商额定输出的一半。在 65～74.5 MHz 和 75.5～85 MHz 范围内做测试。将有效（中心响应）信号（非调制的）设置为 50 000 μV，重复测试。

在每种设置下，需确定输出是由无用信号的交叉调制或直接解调产生的。关闭有用载波，观察音频输出做判定。如果输出下降，则有交叉调制，须记录该数据。如果输出不下降，则是无用信号处在一个杂散响应频率，那么这个数据不应做记录。

（3）合格判据：

a. 给接收机同时输入一个其中心响应频率的非调制波（电平为产生接收机阈值时的电平）和一个第 2～6 频道的 3.5 V 的电视信号时，由交叉调制产生的指示灯电压应低于接收机阈值时的电压，且音频输出应低于额定值的 50%。

b. 给接收机同时输入一个其中心响应频率的非调制波（电平为产生接收机阈值时的电平）和一个频率为 72.02～74.58 MHz 和 75.42～75.98 MHz、调制频率为 1 300 Hz 的 0.5 V 的调频信号时，由交叉调制产生的指示灯电压应低于接收机阈值时的电压且音频输出应低于额定值的 50%。

c. 对 A 类接收机增加的要求是给接收机同时输入一个其中心响应频率的非调制波(电平为产生接收机阈值的电平到 50 000 μV 之间)和一个频率为 65～85 MHz(不包括 74.5～75.5 MHz 频段)及调制度为 30％调制频率分别为 400 Hz、1 300 Hz 和 3 000 Hz 的 0.15 V 的射频信号时,由交叉调制产生的指示灯电压应低于接收机阈值时的电压,且音频输出应低于额定值的 50％。

14) 假信号响应

(1) 设计要求:

a. 当接收机输入一个频率为 0.190～1 215 MHz(不包括 65～85 MHz 频段)、调制度为 30％及调制频率分别为 400 Hz、1 300 Hz 和 3 000 Hz 的 0.5 V 的射频信号时,在指示灯两端产生的电压应低于接收机阈值时的电压,且音频输出应低于额定值的 50％。

b. 当接收机输入一个频率为 72.02～74.58 MHz 和 75.42～75.98 MHz、调制频率分别为 400 Hz、1 300 Hz、3 000 Hz 的 0.5 V 的调频信号时,在指示灯两端所产生的电压应低于接收机阈值时的电压,且音频输出应低于额定值的 50％。

c. 当接收机输入一个第 2～6 频道的 3.5 V 的电视信号时,在指示灯两端产生的电压应低于接收机阈值时的电压,且音频输出应低于额定值的 50％。

d. 对 A 类接收机增加的要求是当接收机输入一个频率为 50 kHz～1 200 MHz(不包括 65～85 MHz 频段)、调制度为 30％、调制频率分别为 400 Hz、1 300 Hz 及 3 000 Hz 的 0.5 V 的射频信号时,在指示灯两端产生的电压应低于接收机阈值时的电压,且音频输出应低于额定值的 50％。

(2) 符合性验证方法:建议采取 MOC4 方法进行符合性验证。在如下情况下,测定通过指示灯(单个或多个)的电压是否达到接收机阈值对应的电压,或者音频输出是否达到额定输出的 50％:

a. 仅限 A 类设备:电平为 0.5 V 的 RF 输入信号,依次在 400 Hz、1 300 Hz 和 3 000 Hz 进行振幅调制 30％,同时该信号的频率在 50 kHz～68 MHz 和 85～1 200 MHz 两个范围内变化。

b. 适用 A 类和 B 类设备：电平为 0.5 V 的 RF 输入信号，依次在 400 Hz、1 300 Hz 和 3 000 Hz 进行振幅调制 30%，并且该信号的无线电频率在 0.190～1 215 MHz(不包括 65～85 MHz)的范围内变化。

c. 适用 A 类和 B 类设备：RF 输入信号是一个频率在第 2～6 频道范围内、电平为 3.5 V 的电视信号。

d. 适用 A 类和 B 类设备：RF 输入信号的电平为 0.5 V，依次在 400 Hz、1 300 Hz 和 3 000 Hz，且该信号的中心频率在 72.02～74.58 MHz 和 75.42～75.98 MHz 范围内变化。

(3) 合格判据：

a. 当接收机输入一个频率为 0.190～1 215 MHz(不包括 65～85 MHz 频段)、调制度为 30% 和调制频率分别为 400 Hz、1 300 Hz 及 3 000 Hz 的 0.5 V 的射频信号时，在指示灯两端产生的电压应低于接收机阈值时的电压，且音频输出应低于额定值的 50%。

b. 当接收机输入一个频率为 72.02～74.58 MHz 和 75.42～75.98 MHz、调制频率分别为 400 Hz、1 300 Hz 及 3 000 Hz 的 0.5 V 的调频信号时，在指示灯两端产生的电压应低于接收机阈值时的电压，且音频输出应低于额定值的 50%。

c. 当接收机输入一个第 2～6 频道的 3.5 V 的电视信号时，在指示灯两端产生的电压应低于接收机阈值时的电压，且音频输出应低于额定值的 50%。

d. 对 A 类接收机增加的要求是当接收机输入一个频率为 50 kHz～1 200 MHz(不包括 65～85 MHz 频段)、调制度为 30% 和调制频率分别为 400 Hz、1 300 Hz 及 3 000Hz 的 0.5 V 的射频信号时，在指示灯两端产生的电压应低于接收机阈值时的电压，且音频输出应低于额定值的 50%。

15) 指示灯的启动—键控

(1) 设计要求：当加到接收机的标准测试信号的音频调制受到键控(依次为 6 点/s 和 2 划/s)时，在从产生接收机阈值的电平到 5 000 μV 范围内的射频增益的所有位置上，视频和音频指示应基本上与键控同步，点的调制接通时间和断开时间之比为 1∶1。

（2）符合性验证方法：建议采取 MC4 方法进行符合性验证。在接收机的天线端加一个标准测试信号，依次调制为 400 Hz、1 300 Hz 和 3 000 Hz。调制以 6 点/s 和 2 划/s 的键控速率进行，打点的调制接通时间和断开时间之比调为 1∶1。在 RF 电平从产生接收机阈值变化至 50 000 μV 的过程中，测定视觉指示信号和音频输出信号大体上和键控保持同步。对 RF 增益控制的每个设置做本测试。

（3）合格判据：当加到接收机的标准测试信号的音频调制受到键控（依次为 6 点/s 和 2 划/s）时，在从产生接收机阈值的电平到 5 000 μV 范围内的射频增益的所有位置上，视频和音频指示应基本上与键控同步，点的调制接通时间和断开时间之比为 1∶1。

16）接收机阈值的变化

（1）设计要求：由规定可变条件引起产生接收机阈值的输入射频信号电平最大偏差的平方和的平方根，不应超过 13 dB。

（2）符合性验证方法：建议采取 MOC4 方法进行符合性验证。

a. 输入射频载波在 74.990～75.010 MHz 之间变化（在 75.000 MHz 条件下，达到 0 dB）。

b. 输入信号的调制度在 91％～99％范围内变化（在调制深度在 95％时达到 0 dB）。

c. 输入信号的调制频率在 ±2.5％ 范围内变化（在频率为 400 Hz、1 300 Hz、3 000 Hz 时达到 0 dB）。

d. 在设备对应的环境类型所限定的温度范围内进行温度变化（在温度为 20℃时达到 0 dB）。

e. 在设备对应的环境类型所限定的气压范围内进行气压变化。

f. 在做了潮湿测试之后（在测试之前为 0 dB）。

g. 主电源供电电压在电压范围内进行变化（当供电电压为制造商设计电

压时达到 0 dB)。

h. 在设备对应的振动测试中,在零振动时为 0 dB。

(3) 合格判据:由规定可变条件引起产生接收机阈值的输入射频信号电平最大偏差的平方和的平方根,不应超过 13 dB。

17) 接收机选择性

(1) 设计要求:A 类接收机在 74.8～75.2 MHz 频带之外的所有频率上,接收机相对于 75 MHz 时的响应至少为－40 dB;B 类接收机无选择性要求。

(2) 符合性验证方法:建议采取 MOC4 方法进行符合性验证。在接收机输入端加一个标准测试信号,电平为接收机阈值对应的电平,并记录此时的音频输出电平作为参照。增加 RF 输入电平,增幅 40 dB,然后测定 75.0 MHz 两侧的频率,在该频率获取音频输出参照电平。

(3) 合格判据:A 类接收机在 74.8～75.2 MHz 频带之外的所有频率上,接收机相对于 75 MHz 时的响应至少为－40 dB;B 类接收机无选择性要求。

18) 预热特性

(1) 设计要求:正常大气条件下,在接通电源 5 min 内,接收机阈值应达到规定调定值的 2 dB 范围内。

(2) 符合性验证方法:建议采取 MOC4 方法进行符合性验证。接收机阈值调为规定的参数(A 类设备:在航操作时,接收机的阈值调整为 200 μV;进场操作时,接收机的阈值调整为 1 000 μV;B 类设备:接收机的阈值调整为 1 000 μV),将接收机断电后放在室温房间至少 4 h。然后在接收机输入端加一个标准测试信号,并开启电源。在 5 min 后,测定产生接收机阈值的 RF 信号的电平。将该电平(A 类设备:在航操作时,接收机的阈值调整为 200 μV;进场操作时,接收机的阈值调整为 1 000 μV;B 类设备:接收机的阈值调整为 1 000 μV)和对各类设备规定的电平进行比较,计算 dB 值。

(3) 合格判据:正常大气条件下,在接通电源 5 min 内,接收机阈值应达到规定调定值的 2 dB 范围内。

9.4 指点信标设备研制各阶段适航性技术工作

本部分将结合具体机载产品实际工程研制过程,阐述为满足 TSO‐C35d 要求,在研制各阶段开展的型号适航性设计和符合性验证工作。

我国机载设备研制主要经历论证及策划阶段、需求分析阶段、设计阶段、试制及验证阶段、符合性验证及适航审定阶段。各阶段活动输入和输出定义如表 9‐1 所示,下面分别描述这些阶段与 TSO‐C35d 相关的主要适航性技术工作。

表 9‐1　各阶段活动输入和输出定义

序号	活动名称	输　　入	输　　出
设备研制主要活动			
1	计划文档编制	项目策划书(含一级计划)	项目进度计划(二、三级计划) 设备适航审定计划 设备开发计划 设备需求开发与确认计划 设备验证计划 设备构型管理计划 设备质量保证计划
2	需求分析	设备开发计划 设备需求开发与确认计划 设备验证计划 系统需求文件	设备需求文件 设备需求到系统需求的追溯性矩阵 设备测试策略 设备需求评审记录
3	设备初步设计	设备开发计划 设备验证计划 设备需求文件	设备设计说明(包括设备框图) 设备技术规范 接口控制文件(ICD) 失效模式和影响分析报告(FMEA)(初稿) 可靠性预计报告(初稿)

序号	活动名称	输　　入	输　　出
4	设备详细设计	设备开发计划 设备技术规范 设备接口控制文件	电路原理图 PCB 板图 结构设计图 接线图 物料清单 装配图 工艺文件 验收测试规程（ATP）
5	红标样机制造和设备软硬件集成测试	电路原理图 PCB 板图 结构设计图 接线图 工艺文件 物料清单 装配图 验收测试规程（ATP）	红标样机 验收测试报告
6	合格鉴定试验	红标样机 环境鉴定试验大纲 功能性能鉴定试验大纲	环境鉴定试验报告 功能性能鉴定试验报告
7	适航审定	全套工程图纸 全套工艺文件 部件维护手册（CMM） 安装手册 操作手册	CTSOA
8	结题准备	CTSOA 验收测试报告	结题通知

软件研制主要活动

序号	活动名称	输　　入	输　　出
9	计划文档编制	项目策划书 设备适航审定计划	软件合格审定计划（PSAC） 软件开发计划（SDP） 软件验证计划（SVP） 软件构型管理计划（SCMP） 软件质量保证计划（SQAP） 软件需求标准（SRS） 软件设计标准（SDS） 软件编码标准（SCS）

(续表)

序号	活动名称	输　入	输　出
10	软件需求分析	软件合格审定计划 系统需求规范 系统架构 硬件接口文件 软件开发计划 软件需求标准	软件需求文件(SRD) 软件需求与设备需求追溯矩阵 软件高级需求验证测试用例
11	软件初步设计	软件需求文件(SRD) 软件开发计划(SDP) 软件设计标准(SDS)	软件接口控制文件(ICD) 软件设计说明(架构) 软件集成测试用例
12	软件详细设计	软件开发计划(SDP) 软件需求文件(SRD) 软件接口控制文件(ICD) 软件设计说明(架构)	软件接口设计说明(IDD) 软件设计说明(SDD) 低级需求与高级需求追溯矩阵
13	软件编码及测试准备	软件开发计划(SDP) 软件编码标准(SCS) 软件接口设计说明(IDD) 软件设计说明(含架构)	软件源代码 软件软代码与低级需求的追溯矩阵 参数项说明文件 软件测试规程
14	软件集成和验证	软件验证计划(SVP) 软件测试规程 软件高级需求验证测试用例 软件集成测试用例	目标代码 目标代码与源代码的追溯矩阵 软件验证结果(含测试报告、覆盖率分析报告)
15	全面符合性审查准备	软件合格审定计划(PSAC) 软件开发计划(SDP) 软件构型管理计划(SCMP)	软件生命周期环境构型索引 软件构型索引(SCI) 软件完成总结(SAS) 构型管理记录 质量保证记录 问题报告
16	软件适航审定	软件全套工程资料	批准工程资料
电路研制主要活动			
17	需求分析	设备开发计划 设备需求	电路需求文档(包含在硬件平台需求中)

（续表）

序号	活动名称	输　　入	输　　出
18	电路设计	设备开发计划 设备设计说明(包括设备框图) 设备产品规范 电路需求文档	硬件详细设计文件(HDD) PCB板图 电路原理图 物料清单 装配图 硬件平台验收测试规程
19	红标电路组件制造、集成及验证、确认	(详细设计评审后)电路原理图 PCB板图 工艺文件 物料清单 装配图 硬件平台验收测试规程	红标样机硬件平台 红标样机硬件平台验收测试报告
结构研制主要活动			
20	需求分析	设备开发计划 设备需求	结构需求文档(包含在硬件平台需求中)
21	结构设计	结构需求 接口控制文件(ICD) 设备设计说明(包括设备框图) 设备产品规范	结构设计报告(含热设计、疲劳分析等) 3D数模 结构图纸

＊注：本表格中红标指设计技术状态冻结后的试制件，如红标电路组件、红标样机。

9.4.1　论证及策划阶段

项目论证及策划阶段的主要目的是对产品开发全过程进行策划，定义一组方法（即项目策划书和项目计划文档）研制本设备，使本设备能满足客户及适航的需要。

1）项目策划书编制

项目策划书主要用于对项目研制过程进行策划，包括项目的基本情况、产品需求、项目初步实现路线、研制保障条件要求、质量管理规定、构型管理规定、适航管理规定及项目管理规定等。

2）计划文档编制

计划文档编制的目的是为设备的成功研发定义一组科学适用的方法，确保设备满足相应的需求,具备与其适航要求相一致的可信度。

计划文档编制应按照 ARP 4754A 的要求进行,须充分考虑项目的具体情况及公司现状,保证计划的科学合理和适用。各计划应进行评审,确保计划的正确性、充分性和可操作性,尤其需保证各计划之间的协调一致,避免相互抵触和矛盾。不同的计划可能由不同的人员制订和编制,因此任何一项计划文档的评审都应邀请其他计划的制订人参加,以确保相互之间的及时沟通协调。

计划文档编制的输入和输出如表 9-1 所示。

3) 转阶段准则

设备各计划均已完成,且均通过评审,相应文档已纳入构型管理,项目论证及策划阶段可宣告结束,进入需求分析阶段。

项目论证及策划阶段须完成和纳入构型管理的输出如表 9-2 所示。

表 9-2　论证及项目策划阶段输出

序号	输　　出	是否纳入构型管理
1	项目进度计划(二、三级计划)	—
2	设备适航审定计划	是
3	设备开发计划	是
4	设备需求开发与确认计划	是
5	设备验证计划	是
6	设备构型管理计划	是
7	设备质量保证计划	是

注:"—"表示该文档是否纳入构型管理不做要求。

9.4.2　需求分析阶段

需求分析阶段的主要目的是捕获设备需求,为后期的系统设计提供输入。该阶段主要是需求开发与确认。

1) 需求开发与确认

设备需求开发以目标飞机的系统需求及适用的适航标准为输入。需求开发过程中应与客户充分沟通,保证定义的设备需求清晰和准确。对于暂时无法确认的需求,应参考同类设备的相似应用进行假定。

开发需求也须进行确认。确认的方法有很多种,根据 ARP 4754A,常用的确认方法包括可追溯性、分析、模型、测试、相似性和工程评审。所有非派生需求都必须利用可追溯性进行确认,所有派生需求都应说明需求的理由;同时建议对安全性相关需求采用分析进行确认,对设备功能性能需求采用测试或工程评审的方法进行确认。

需求确认活动应贯穿除结题阶段外的项目各个阶段。对于现阶段确认比较困难的需求,应在充分评估这种状况的基础上进行适当的假定,待后续阶段再进行确认。对于这类假定进行必要的标注和跟踪。

需求确认的结果应得到系统人员的认可。

需求确认的过程中,应同时明确各个需求的验证方法,并制订初步的需求验证用例,证明需求的可验证性。

需求开发与确认的输入和输出如表 9-1 所示。

2) 转阶段准则

各输出文档均已完成,且均通过评审,相应文档已纳入构型管理,需求分析阶段可宣告结束,进入初步设计阶段。

需求分析阶段须完成和纳入构型管理的输出如表 9-3 所示。

表 9-3　需求分析阶段输出

序号	输　　出	是否纳入构型管理
1	设备需求文件	是
2	设备需求到系统需求的追溯性矩阵	是
3	设备测试策略	—
4	设备需求评审记录	是

9.4.3　初步设计阶段

初步设计阶段的主要目标是在设备需求基础之上完成设备架构设计和初步的安全性、可靠性、维修性及测试性设计,同时开展软件计划和标准编制、软件需求分析和硬件需求分析工作。初步设计阶段结束前应进行初步设计评审,保证设备全体人员、软件人员和硬件人员对设备的设计理解一致。

1) 设备架构设计

根据设备需求设计设备架构、并分解设备需求到软件/硬件、明确设备内外接口。在前期地面试验之后,若更改了处理器等核心模块,则设备架构、接口均须重新设计。主要输出文档包括如下内容:

(1) 设备设计说明(包括设备框图)。

(2) 设备技术规范。

(3) 接口控制文件(interface control document,ICD)。

2) 初步的安全性、可靠性、维修性和测试性设计

安全性、维修性及测试性相关考虑直接反映到设备架构中,可靠性需要输出如下文件:

(1) 可靠性预计报告(初稿)。

(2) FMEA 报告(初稿)。

3) 软件计划和标准编制

软件计划和标准编制主要工作是科学合理地定义软件研制的五个计划和三个标准,确保设备软件研制按照项目要求和适航规定进行。

软件计划和标准的编制应按照 DO‑178C 相关要求进行,不违背设备各计划,并须充分考虑项目的具体情况及公司现状。

软件各计划和标准需进行评审,确保计划的正确性、充分性及可操作性。不同的计划可能由不同的人员制订和文档编制,因此任何一项计划的评审都应邀请其他计划的制订人参加,以确保相互之间的及时沟通。

软件计划和标准编制的输入和输出如表 9‑1 所示。

4）软件需求分析

软件需求分析应以设备需求为基础，捕获并形成软件高级需求，并建立软件高级需求到设备需求的追溯，同时制订相应的高级需求验证测试用例。

软件需求分析应按照软件计划和标准编制活动中制订的 SRS 进行。该活动主要输入和输出如表 9－1 所示。

5）硬件需求分析

硬件需求分析是以设备需求为基础，捕获并形成硬件需求。需要提供的输出文件主要为硬件平台需求，包括电路需求和结构需求。

6）转阶段准则

各输出文档均已完成，且均通过评审，供应商已提交相关文档，且通过审查，相应文档已纳入构型管理，初步设计阶段可宣告结束，进入详细设计阶段。

初步设计阶段须完成和纳入构型管理的输出如表 9－4 所示。

表 9－4　初步分析阶段输出

序号	输　　　　出	是否纳入构型管理
1	设备设计说明（包括设备框图）	是
2	设备技术规范	是
3	接口控制文件（ICD）	是
4	故障模式及影响分析报告（FMEA）	是
5	可靠性预计报告	是
6	软件合格审定计划（PSAC）	是
7	软件开发计划（SDP）	是
8	软件验证计划（SVP）	是
9	软件构型管理计划（SCMP）	是
10	软件质量保证计划（SQAP）	是
11	软件需求标准（SRS）	是
12	软件设计标准（SDS）	是

序号	输　　出	是否纳入构型管理
13	软件编码标准（SCS）	是
14	软件需求文件（SRD）	是
15	软件需求与设备需求追溯矩阵	是
16	软件高级需求验证测试用例	是
17	电路需求文档（包含在硬件平台需求中）	是
18	结构需求文档（包含在硬件平台需求中）	是

9.4.4　详细设计阶段

详细设计是在初步设计的基础上进一步设计，主要包括设备整机设计、软件设计、电路设计和结构设计四个方面。详细设计阶段退出前应进行详细设计评审，通过详细设计评审意味着设计基本冻结，转而进入设计实现。

1）设备整机设计

设备整机详细设计主要包括设备整机工艺文件拟制、设备全套图纸绘制、确定整机物料清单、制订合格鉴定规程和验收测试规程（acceptance test procedure，ATP）、更新可靠性预计和 FMEA 等工作。

设备整机设计离不开软件设计和硬件设计的支持，工艺文件、图纸、可靠性预计和 FMEA 等均需硬件平台供应商提供支持。该方面工作主要输入和输出如表 9-1 所示。

2）软件设计

软件设计可分为软件初步设计和详细设计，主要工作是由粗到细次第定义软件架构和接口，建立软件低级需求到高级需求的追溯，完成软件设计文件（software design document，SDD），并拟制软件集成测试用例。软件设计应按软件计划和标准编制制订的 SDS 开展。应开展软件设计评审，必要时要求设备总体人员和硬件人员参与。

3）电路设计和结构设计

电路设计和结构设计主要工作是完成电路和结构全套图纸,制订验证测试用例,编写设计说明文件。

电路设计和结构设计提交的输出文件如表9-1所示。

4）转阶段准则

各输出文档均已完成,且均通过评审,供应商已提交相关文档,且通过审查,相应文档已纳入构型管理,详细设计阶段可宣告结束,进入试制及验证阶段。

详细设计阶段须完成和纳入构型管理的输出如表9-5所示。

表9-5 详细设计阶段输出

序号	输出	是否纳入构型管理
1	电路原理图	—
2	PCB板图	—
3	结构设计图	—
4	接线图	—
5	物料清单	—
6	装配图	—
7	工艺文件	—
8	验收测试规程(ATP)	是
9	软件接口控制文件(ICD)	是
10	软件设计说明(架构)	是
11	软件集成测试用例	是
12	软件接口设计说明(IDD)	是
13	软件设计说明(SDD)	是
14	低级需求与高级需求追溯矩阵	是
15	硬件详细设计文件(HDD)	是
16	PCB板图	—
17	电路原理图	—

（续表）

序号	输　　　出	是否纳入构型管理
18	物料清单	—
19	装配图	—
20	硬件平台验收测试规程	是
21	结构设计报告（含热设计、疲劳分析等）	是
22	3D 数模	—
23	结构图纸	—

9.4.5　试制及验证阶段

该阶段主要包括软件编码、软件集成和验证、软件研制总结、硬件平台制造和测试等工作。

1）软件编码

软件编码应按软件计划和标准编制时制定的 SCS 开展，其输入和输出如表 9 - 1 所示。

2）软件集成和验证

软件集成和验证应按产品 SVP 执行，在硬件平台交付后开展，其输入和输出如表 9 - 1 所示。

3）软件研制总结

软件研制总结是对软件研制全过程的总结，应按 DO - 178C 和审定局方相关要求进行，其输入和输出如表 9 - 1 所示。

4）硬件平台制造和测试

硬件平台制造和测试由硬件平台应开展验收测试。其输入和输出如表 9 - 1 所示。

5）转阶段准则

各输出文档均已完成，且均通过评审，供应商已提交相关文档，且通过审查,相应文档已纳入构型管理,设备已制造完成,且通过验收,试制及验证阶段可宣告结束,进入符合性验证及适航审定阶段。

试制及验证阶段须完成和纳入构型管理的输出如表 9-6 所示。

表 9-6　试制及验证阶段输出

序号	输　　出	是否纳入构型管理
1	红标样机	—
2	验收测试报告	是
3	软件源代码	是
4	软件软代码与低级需求的追溯矩阵	是
5	参数项说明文件	是
6	软件测试规程	是
7	目标代码	是
8	目标代码与源代码的追溯矩阵	是
9	软件验证结果(含测试报告、覆盖率分析报告)	是
10	软件生命周期环境构型索引	是
11	软件构型索引(SCI)	是
12	软件完成总结(SAS)	是
13	批准工程资料(软件认证审定局方批准的资料)	是

9.4.6　符合性验证及适航审定阶段

该阶段主要活动包括制造符合性审查、设备鉴定试验大纲拟制和批准、设备功能性能鉴定试验、环境鉴定试验和设备审查取证。

该阶段需要和审定局方保持密切的沟通和充分配合,在邀请审定局方审查前应充分开展自我审查,做到有充分把握。

1) 制造符合性审查

需要制造商向审定局方提交制造符合性声明,审定局方介入对制造质量控制体系和工艺流程、文件等进行审查。根据审定局方要求提供必要的支持材料或证明文件,必要时按审定局方要求进行必要的更改。

2) 设备鉴定试验大纲拟制和批准

根据上阶段集成和验证情况、环境鉴定要求,编写设备鉴定试验大纲,并提交审定局方批准。注意在将设备鉴定试验大纲提交审定局方之前应充分验证其可行性,一旦审定局方批准后续鉴定试验必须严格按批准后的设备鉴定试验大纲进行。

3) 设备功能性能鉴定试验

设备功能性能鉴定试验应严格按照审定局方批准的设备鉴定试验大纲执行。审定局方将介入设备功能性能鉴定试验。功能性能鉴定试验的输出为功能性能鉴定试验报告。

4) 环境鉴定试验

环境鉴定试验应严格按照审定局方批准的设备鉴定试验大纲执行。审定局方将介入环境鉴定试验。环境鉴定试验的输出为环境鉴定试验报告。

5) 设备审查取证

设备审查取证主要是指审定局方对项目的全面审查,包括完成工程资料的批注、完成质控体系资料的批准,并最终授予 CTSOA 证书。同时制造商应向审定局方推荐 DER 和 DMIR。

6) 转阶段标准

各输出文档均已完成,且均通过评审,工程资料和质控体系资料获得审定局方批准,相应文档已纳入构型管理,并获得 CTSOA 证书,符合性验证及适航审定阶段可宣告结束,进入结题阶段。

9.5　型号工程实施案例

9.5.1　工程实施案例一

RTU‐1001 无线电调谐单元(RTU)研制项目是中电科航空电子有限公

司（CETC avionics，CETCA）开展的一个完整覆盖研发、生产和取证过程的设备级产品项目。RTU－1001 是大型客机、支线飞机通信导航（communication navigation，CN）系统的核心设备，主要实现飞机 FMS 或飞行员对飞机通信导航设备的无线电调谐、模式控制和状态显示功能。该设备将申请 CAAC 颁发的 CTSOA 适航认证，且满足符合 CCAR－25－R4 标准的某飞机无线电 CN 系统要求。

依据主机厂分配的 CN 系统失效状态及类别（其中最严酷的为 Ⅲ 类（Major）），并在 CN 系统 FHA 和 PSSA 文件的基础上得出 RTU－1001 软件最高 IDAL 为 C 级。RTU－1001 应按照 ARP 4754A、ARP 4761 的要求开展产品研制，软件应按 DO－178C 的要求开展产品研制，并开展项目计划评审、需求评审、PDR、CDR 和 TRR。RTU－1001 拟不使用 FPGA、CPLD 等复杂电子硬件，DO－254 不适用于 RTU－1001 硬件研制。

RTU－1001 RTU 研制项目适航相关工作进度如下：

（1）2014 年 3 月，项目启动。

（2）2014 年 6 月，完成审定局方首次审查。

（3）2014 年 8 月，完成软件 SOI♯1 审查。

（4）2014 年 9 月，完成需求阶段评审。

（5）2015 年 8—9 月，完成软件 SOI♯2 审查。

（6）2015 年 11 月，完成部分环境试验摸底。

（7）2016 年 3 月，完成工程资料审查和批准。

（8）2016 年 4 月，001 架次完成制造符合性审查。

（9）2016 年 7 月，完成软件 SOI♯3 审查、提交鉴定试验大纲。

目前正在开展 001 架次设备制造符合性审查、鉴定试验、SOI♯4、部件维修手册（component maintenance manual，CMM）和信息管理（information management，IM）手册编写及符合性材料整理等工作。

在设备研制过程中，为了保证设备的稳定性及可靠性，确保顺利通过设备的制造符合性审查,开展了大量安全性、可靠性、维修性及测试性相关工作。

● RTU‒1001 的安全性需求主要由 CN 系统 PSSA、CMA 过程分配,这部分安全性需求可分为 DAL 需求、随机物理故障的概率需求及其他安全性相关需求三类。为保证安全性需求的实现,RTU 开发工作中开展了 PSSA、CMA、FMEA 和 SSA 等安全性设计分析工作。

● 为保证可靠性设计要求的实现,在 RTU‒1001 开发工作中开展了可靠性预计和可靠性详细设计等多项可靠性设计分析工作。

● 为保证维修性设计需求的实现,在 RTU‒1001 开发工作中开展了维修性预计及以可靠性为中心的维修分析(reliability centralized maintenance analysis,RCMA)等多项维修性设计分析工作。

● 为保证测试性设计要求的实现,在 RTU‒1001 开发工作中开展测试性需求分析、测试性详细设计及测试性预计等多项测试性设计分析工作,RTU‒1001 通过测试性预计及建模分析表明测试性需求的符合性。

除了在设备研制过程中要关注设计细节之外,还应从全局角度考虑适航工作。适航工作是一个系统工程,涉及型号参研的所有人员。做好适航工作的一个重要因素是只有型号参研人员的全员参与,适航工作才能真正落到实处并取得成效。

适航过程保证的重要理念是对审定基础的每一条款都要进行符合性验证。符合性验证贯穿研制全过程,紧密结合研制过程,将适航标准的要求切实融入设计,这就要求设计人员将适航标准有关规范详细了解透彻,在设计的同时,充分考虑如何实现适航标准要求并按适航符合性验证方法,提供充分的客观证据表明达到了适航标准的要求。

9.5.2　工程实施案例二

LMMR‒2 组合接收设备是陕西凌云电器集团有限公司为适应外贸飞机需求而研制的具有 ILS、VOR 和 MB 三种功能组合的数字化和小型机载无线电导航设备,主要用于飞机的航路导航及进场着陆引导,其主要技术性能指标符合国际民用航空公约附件10的要求。

LMMR-2组合接收设备依据DO-143、DO-160E、DO-178B和DO-254等标准开展设计工作。

2012年12月民航西北地区管理局向陕西凌云电器集团有限公司颁发LMMR-2组合接收设备技术标准批准书(CTSOA)。

当设备工作于MB模式时,接收机接收处理地面MB台发射的信号,指示飞机飞过特定MB台上空。LMMR-2组合接收设备通过RS422数据输出和输入接口,与飞机座舱控制及显示设备交联,实现工作模式,频道选择、自检测、导航信息和台址识别等输入输出控制显示。

为了更好地推进适航工作,首先应树立在贯彻适航标准上不能有"偏离"的观念,因为适航标准是最低性能标准,是确保安全性必需的,应将适航要求融入设计,按批准的设计进行制造,按规划的符合性验证方法进行验证。如果有偏离,适航审查将非常严格,应有证据表明达到等效的安全性水平方能批准。

适航的理念是不犯共性的错误,不犯别人犯过的错误,不犯自己犯过的错误,从原理和程序上保证少犯其他错误。研制工作实现程序化,管理落实文件化和表格化,将产品四性、综合保障及适航等方面的工作落实到机载设备的研制过程中,达到型号研制要求。

附录 A　CTSO 目录

序号	编　号	全　　　名	颁布日期
1	CTSO - C1d	货舱火警探测仪	2011 - 12 - 21
2	CTSO - C3e	转弯侧滑仪	2011 - 09 - 19
3	CTSO - C4c	倾斜俯仰仪(指示式陀螺稳定型)	2011 - 09 - 19
4	CTSO - C5f	陀螺稳定型非磁航向仪	2011 - 12 - 21
5	CTSO - C6e	陀螺稳定型磁航向仪	2011 - 12 - 21
6	CTSO - C7d	非稳定型磁航向仪(磁罗盘)	2011 - 09 - 19
7	CTSO - C8e	垂直速度(爬升率)表	2011 - 12 - 21
8	CTSO - C9c	自动驾驶仪	2011 - 09 - 19
9	CTSO - C10b	气压高度表(敏感型)	1994 - 08 - 16
10	CTSO - C11e	火警探测器(热敏和火焰接触型)	2013 - 01 - 23
11	CTSO - C13f	救生衣	2003 - 04 - 30
12	CTSO - C16a	电加热型皮托管和全静压管	2011 - 12 - 21
13	CTSO - C19c	手提式水溶液型灭火器	2013 - 01 - 23
14	CTSO - C22g	安全带	2003 - 04 - 30
15	CTSO - C26d	CCAR23、27、29 部航空器机轮、刹车和机轮刹车组件	2011 - 05 - 30
16	CTSO - C30c	航空器航行灯	2010 - 03 - 30
17	CTSO - C34e	工作在 328.6～335.4 MHz 频率范围内的仪表着陆系统(ILS)下滑接收设备	2016 - 07 - 11
18	CTSO - C35d	工作在 75 MHz 的机载信标接收设备	2011 - 12 - 02
19	CTSO - C36e	工作在 108～112 MHz 频率范围内的机载仪表着陆系统(ILS)航向信标接收设备	2016 - 07 - 11
20	CTSO - C39b	航空器座椅和卧铺	2003 - 04 - 30
21	CTSO - C40c	工作在 108～117.95 MHz 频率范围内的甚高频全向信标(VOR)接收设备	2016 - 07 - 11

序号	编　号	全　　　名	颁布日期
22	CTSO－C41d	机载自动定向（ADF）设备	2014－03－24
23	CTSO－C43c	温度表	2003－04－30
24	CTSO－C44c	燃油流量表	2011－12－19
25	CTSO－C45b	歧管压力表	2011－12－19
26	CTSO－C46a	最大允许空速指示系统	2003－04－30
27	CTSO－C47a	燃油、滑油和液压压力仪表	2012－11－08
28	CTSO－C49b	磁滞式电动转速表（指示器和传感器）	2003－04－30
29	CTSO－C51a	航空器飞行数据记录器	1992－05－03
30	CTSO－C52b	飞行指引仪	2003－04－30
31	CTSO－C55a	燃油和滑油油量表	2011－12－19
32	CTSO－C56b	发动机驱动的直流发电机/起动发电机	2013－05－27
33	CTSO－C62d	航空轮胎	1995－01－01
34	CTSO－C62e	航空轮胎	2014－05－19
35	CTSO－C63c	机载脉冲气象和地形雷达	2003－04－30
36	CTSO－C64a	旅客连续供氧面罩组件	2003－04－30
37	CTSO－C66c	工作在960～1 215 MHz频率范围内的距离测量设备（DME）	2016－06－28
38	CTSO－C70a	救生船（可翻转式和不可翻转式）	2011－05－30
39	CTSO－C71	机载静态电源变换器（直流－直流）	2014－03－24
40	CTSO－C72c	单独漂浮装置	2003－04－30
41	CTSO－C73	航空静止变流器	2014－03－24
42	CTSO－C74d	空中交通管制雷达信标系统（ATCRBS）机载设备	2012－11－08
43	CTSO－C85a	救生定位灯	2011－07－19
44	CTSO－C87	机载低空无线电高度表	2003－04－30

(续表)

序号	编　号	全　　　名	颁布日期
45	CTSO - C88a	自动气压高度编码发生设备	2003 - 04 - 30
46	CTSO - C88b	自动气压高度编码发生设备	2016 - 08 - 24
47	CTSO - C89a	机组人员肺式氧气调节器	2014 - 07 - 08
48	CTSO - C90c	集装板、集装网和集装箱	2003 - 04 - 30
49	CTSO - C90d	集装板、集装网和集装箱(集装器)	2014 - 03 - 24
50	CTSO - C95a	马赫数表	2016 - 08 - 24
51	CTSO - C96a	防撞灯系统	2010 - 03 - 30
52	CTSO - C106	大气数据计算机	2003 - 04 - 30
53	CTSO - C112d	空中交通管制雷达信标系统/模式选择(ATCRBS/Mode S)机载设备	2012 - 12 - 04
54	CTSO - C113a	机载多功能电子显示器	2013 - 01 - 23
55	CTSO - C123b	座舱音频记录器系统	2011 - 09 - 19
56	CTSO - C123c	驾驶舱音频记录器	2016 - 07 - 11
57	CTSO - C124b	飞行数据记录器(FDR)系统	2011 - 09 - 21
58	CTSO - C124c	飞行数据记录器	2016 - 08 - 04
59	CTSO - C126b	406 MHz 应急定位发射器(ELT)	2015 - 06 - 12
60	CTSO - C127a	旋翼航空器、运输类飞机、正常类和实用类飞机座椅系统	2003 - 04 - 30
61	CTSO - C127b	旋翼航空器、运输类飞机和小飞机座椅系统	2016 - 04 - 27
62	CTSO - C128a	双向无线通信中用于防止意外传输导致通道拥塞的设备	2012 - 11 - 08
63	CTSO - C135a	运输类飞机机轮和机轮刹车组件	2011 - 09 - 21
64	CTSO - C139	航空器音频系统和设备	2011 - 09 - 19
65	CTSO - C140	航空燃油、滑油及液压油软管组件	2014 - 11 - 24
66	CTSO - C142a	不可充电锂电池和电池组	2015 - 06 - 12
67	CTSO - C144a	无源机载全球卫星导航系统(GNSS)天线	2012 - 11 - 08

序号	编 号	全 名	颁布日期
68	CTSO - C146c	使用卫星增强型全球定位系统的独立机载导航设备	2012 - 11 - 08
69	CTSO - C148	航空器机械紧固件	2009 - 09 - 22
70	CTSO - C151b	地形提示与警告系统	2011 - 09 - 19
71	CTSO - C153	综合模块化航电（IMA）硬件单元	2016 - 08 - 04
72	CTSO - C154c	基于 978 MHz 通用访问收发机的广播式自动相关监视（ADS - B）设备	2011 - 05 - 30
73	CTSO - C155	记录器独立电源	2011 - 09 - 19
74	CTSO - C155b	记录器独立电源（RIPS）	2016 - 04 - 27
75	CTSO - C165	飞机位置信息电子地图显示设备	2012 - 11 - 08
76	CTSO - C166b	基于 1 090 MHz 扩展电文的广播式自动相关监视（ADS - B）和广播式交通情报服务（TIS - B）设备	2010 - 04 - 30
77	CTSO - C169a	工作在 117.975～137.000 MHz 频率范围内的 VHF 通信收发设备	2011 - 12 - 02
78	CTSO - C170	工作在 1.5～30 MHz 频率范围内的高频通信收发机设备	2012 - 11 - 08
79	CTSO - C173a	镉镍、镍氢、铅酸蓄电池组	2014 - 07 - 24
80	CTSO - C175	飞机厨房手推车、物品箱及相关组件	2008 - 03 - 10
81	CTSO - C177	数据链路记录器系统	2012 - 11 - 08
82	CTSO - C179a	永久安装的可充电锂电池、电池组和电池系统	2015 - 06 - 12
83	CTSO - C190	有源机载全球卫星导航系统（GNSS）天线	2012 - 11 - 08
84	CTSO - C194	直升机地形意识及告警系统（HTAWS）	2012 - 11 - 08
85	CTSO - C197	信息采集和监测系统	2013 - 06 - 04
86	CTSO - C198	自动飞行导引与控制系统（AFGCS）设备	2013 - 01 - 23
87	CTSO - 2C601	航空地毯	2015 - 07 - 20
88	CTSO - 2C701	含合成烃的民用航空喷气燃料	2013 - 01 - 24

附录 B　TSO 目录

序号	编　号	英、中文全名	颁布日期
1	TSO - C1d	Cargo Compartment Fire Detection Instruments 货舱火警探测仪	2004 - 08 - 19
2	TSO - C2d	Airspeed Instruments 空速表	1989 - 06 - 14
3	TSO - C3e	Turn and Slip Instrument 转弯侧滑仪	1989 - 06 - 14
4	TSO - C4c	Bank and Pitch Instruments 倾斜俯仰仪	1959 - 04 - 01
5	TSO - C5f	Direction Instrument, Non - Magnetic (Gyroscopically Stabilized) 非磁性航向仪(陀螺稳定型)	2007 - 02 - 02
6	TSO - C6e	Direction Instrument，Magnetic （Gyroscopically Stabilized) 磁性航向仪(陀螺稳定型)	2008 - 04 - 24
7	TSO - C7d	Direction Instrument，Magnetic Non - Stabilized Type (Magnetic Compass) 非稳定型磁性航向仪(磁罗盘)	1989 - 06 - 14
8	TSO - C8e	Vertical Velocity Instrument (Rate - of - Climb) 垂直速度(爬升率)表	2007 - 04 - 17
9	TSO - C10b	Altimeters，Pressure Actuated Sensitive Type 压力敏感型高度表	1959 - 09 - 01
10	TSO - C11e	Power Plant Fire Detection Instrument，Thermal and Flame Contact Types 动力装置火警探测器(热敏和火焰接触型)	1991 - 10 - 17
11	TSO - C13f	Life Preservers 救生衣	1992 - 09 - 24
12	TSO - C14b	Aircraft Fabric, Intermediate Grade 中级航空器蒙布	1990 - 02 - 15
13	TSO - C15d	Aircraft Fabric, Grade A A 级航空器蒙布	1990 - 02 - 26

序号	编 号	英、中文全名	颁布日期
14	TSO－C16a	Electrically Heated Pitot and Pitot－Static Tubes 电热式皮托和皮托静压管	2006－10－06
15	TSO－C19c	Water Solution Type Hand Fire Extinguisher 手提式水溶液型灭火器	2009－02－26
16	TSO－C20A－1	Amendment－1，Combustion Heaters 第一号修正案，燃烧加热器	1951－04－16
17	TSO－C20	Combustion Heaters 燃烧加热器	1945－06－15
18	TSO－C21b	Aircraft Turnbuckle Assemblies and/or Turnbuckle Safetying Devices 航空器松紧螺套组件和（或）松紧螺套保险装置	1989－03－16
19	TSO－C22g	Safety Belts 安全带	1993－03－05
20	TSO－C23f	Personnel parachute assemblies 人员降落伞组件	2012－09－21
21	TSO－C25a	Aircraft Seats and Berths（Type Ⅰ Transport，6 g Forward Load） 航空器座椅和卧铺（Ⅰ型运输类、向前过载 6 g）	1957－01－15
22	TSO－C26d	Aircraft Wheels，Brakes and Wheel/Brake Assemblies for Parts 23，27 and 29 Aircraft 23、27 以及 29 部航空机轮、刹车和机轮刹车组件	2004－10－14
23	TSO－C27	Twin Seaplane Floats 水上飞机双浮筒	1952－03－15
24	TSO－C28	Aircraft Skis 航空器滑橇	1952－03－15
25	TSO－C30c	Aircraft Position Lights 航空器航行灯	1989－05－12
26	TSO－C34e	ILS Glide Slope Receiving Equipment Operating within the Radio Frequency Range of 328.6－335.4 Megahertz(MHz) 工作在 328.6～335.4 MHz 频率范围内的仪表着陆系统(ILS)下滑接收设备	1988－01－15

（续表）

序号	编　号	英、中文全名	颁布日期
27	TSO - C35d	Airborne Radio Marker Receiving Equipment 机载无线电信标接收设备	1971 - 05 - 05
28	TSO - C36e	Airborne ILS Localizer Receiving Equipment Operating within the Radio Frequency Range of 108 - 112 Megahertz(MHz) 工作在 108～112 MHz 频率范围内的机载仪表着陆系统(ILS)航向信标接收设备	1988 - 01 - 25
29	TSO - C39b	Aircraft Seats and Berths 航空器座椅和卧铺	1987 - 04 - 17
30	TSO - C39c	9 g Transport Airplane Seats Certified by Static Testing 运输类飞机座椅 9 g 静力试验审定	2004 - 02 - 13
31	TSO - C40c	VOR Receiving Equipment Operating within the Radio Frequency Range of 108 - 117.95 Megahertz (MHz) 工作在 108～117.95 MHz 频率范围内的甚高频全向信标(VOR)接收设备	1988 - 01 - 25
32	TSO - C41d	Airborne Automatic Direction Finding (ADF) Equipment 机载自动定向(ADF)设备	1985 - 05 - 06
33	TSO - C42	Propeller Feathering Hose Assemblies 螺旋桨顺桨软管组件	1957 - 03 - 01
34	TSO - C43c	Temperature Instruments 温度表	1995 - 05 - 30
35	TSO - C44c	Fuel Flowmeters 燃油流量表	2006 - 08 - 22
36	TSO - C45b	Manifold Pressure Instruments 歧管压力表	2006 - 08 - 22
37	TSO - C46a	Maximum Allowable Airspeed Indicator Systems 最大允许空速指示器系统	1968 - 04 - 23
38	TSO - C47a	Fuel, oil and hydraulic pressure instruments 燃油、滑油和液压压力仪表	2006 - 08 - 08

序号	编 号	英、中文全名	颁布日期
39	TSO - C48a	Carbon Monoxide Detector Instruments 一氧化碳检测仪	2009 - 05 - 06
40	TSO - C49b	Electric Tachometer：Magnetic Drag (Indicator and Generator) 磁滞电动转速表(指示器和发电机)	1995 - 05 - 30
41	TSO - C53a	Fuel and Engine Oil System Hose Assemblies 燃油和发动机滑油系统软管组件	1961 - 02 - 16
42	TSO - C54	Stall Warning Instrument 失速警告仪	1961 - 10 - 15
43	TSO - C55a	Fuel and Oil Quantity Instruments (Reciprocating Engine Aircraft) 燃油和滑油油量表(活塞式发动机航空器)	2007 - 06 - 08
44	TSO - C56b	Engine - Driven Direct Current Generators/Starter - Generators 发动机驱动的直流发电机/启动发电机	2006 - 06 - 01
45	TSO - C59a	Airborne Selective Calling Equipment 机载选择通话设备	2005 - 07 - 14
46	TSO - C62e	Aircraft Tires 航空轮胎	2006 - 09 - 29
47	TSO - C63d	Airborne Weather a Radar Equipment 机载气象雷达设备	2012 - 02 - 28
48	TSO - C64b	Passenger Oxygen Mask Assembly, Continuous Flow 旅客用连续供氧面罩	2008 - 05 - 21
49	TSO - C66c	Distance Measuring Equipment (DME) Operating within the Radio Frequency Range of 960 - 1215 Megahertz 工作在 960～1 215 MHz 频率范围内的距离测量设备(DME)	1991 - 01 - 18
50	TSO - C69c	Emergency Evacuation Slides, Ramps, Ramp/Slides, and Slide/Rafts 应急撤离滑梯、轻便梯、滑梯和轻便梯组合以及滑梯和救生船组合	1999 - 08 - 18

(续表)

序号	编　号	英、中文全名	颁布日期
51	TSO - C70a	Liferafts (Reversible and Nonreversible) 救生船(可翻转式和不可翻转式)	1984 - 04 - 13
52	TSO - C71	Airborne Static ("DC to DC") Electrical Power Converter (for Air Carrier Aircraft) 用于航运公司航空器的机载静电变流器(DC - DC)	1961 - 06 - 15
53	TSO - C72c	Individual Flotation Devices 个人漂浮装置	1990 - 09 - 07
54	TSO - C73	Static Electrical Power Inverter 静止流器	1963 - 12 - 18
55	TSO - C74d	Air Traffic Control Radar Beacon System (ATCRBS) Airborne Equipment 空中交通管制雷达信标系统(ATCRBS)机载设备	2008 - 12 - 17
56	TSO - C75	Hydraulic Hose Assemblies 液压软管组件	1963 - 09 - 04
57	TSO - C76b	Fuel Drain Valves 燃油排放阀	2012 - 04 - 18
58	TSO - C77b	Gas Turbine Auxiliary Power Units 燃气涡轮辅助动力装置	2000 - 12 - 20
59	TSO - C78a	Crewmember Demand Oxygen Masks 机组人员肺式氧气面罩	2008 - 05 - 27
60	TSO - C79	Fire Detectors (Radiation Sensing Type) 火警探测器(辐射敏感型)	1963 - 11 - 12
61	TSO - C80	Flexible Fuel and Oil Cell Material 燃油和滑油的软油箱材料	1964 - 05 - 26
62	TSO - C85b	Survivor Locator Lights 救生定位灯	2007 - 10 - 22
63	TSO - C87a	Airborne Low - Range Radio Altimeter 机载低空无线电高度表	2012 - 05 - 31
64	TSO - C88b	Automatic Pressure Altitude Reporting Code Generating Equipment 自动气压高度编码发生设备	2007 - 02 - 06

序号	编　号	英、中文全名	颁布日期
65	TSO - C89a	Oxygen Regulators，Demand 肺式氧气调节器	2008 - 04 - 08
66	TSO - C90d	Cargo Pallets，Nets，and Containers 集装板、集装网和集装箱	2011 - 9 - 30
67	TSO - C92c	Airborne Ground Proximity Warning Equipment 机载近地警告设备	1996 - 03 - 19
68	TSO - C93	Airborne Interim Standard Microwave Landing System Converter Equipment 机载标准微波着陆系统中间转换器设备	1976 - 11 - 26
69	TSO - C95a	Mach Meters 马赫表	2007 - 08 - 31
70	TSO - C96a	Anti - collision Light Systems 防撞灯系统	1989 - 04 - 07
71	TSO - C99a	Flight Deck（Sedentary）Crewmember Protective Breathing Equipment 驾驶舱（座舱）机组人员呼吸保护设备	2008 - 06 - 05
72	TSO - C100c	Child Restraint System（CRS） 儿童约束系统（CRS）	2012 - 04 - 06
73	TSO - C101	Over Speed Warning Instruments 超速警告仪	1987 - 02 - 19
74	TSO - C102	Airborne Radar Approach and Beacon Systems for Helicopters 直升机用机载雷达进场和信标系统	1984 - 04 - 02
75	TSO - C103	Continuous Flow Oxygen Mask Assembly（For Non - Transport Category Aircraft） 连续供氧面罩组件（用于非运输类航空器）	1984 - 04 - 12
76	TSO - C104	Microwave Landing System （MLS） Airborne Receiving Equipment 微波着陆系统（MLS）机载接收设备	1982 - 06 - 22
77	TSO - C105	Optional Display Equipment for Weather and Ground Mapping Radar Indicators 气象和地形雷达显示器辅助显示设备	1984 - 06 - 13

（续表）

序号	编　号	英、中文全名	颁布日期
78	TSO - C106	Air Data Computer 大气数据计算机	1988 - 01 - 15
79	TSO - C109	Airborne Navigation Data Storage System 机载导航数据存储系统	1985 - 12 - 09
80	TSO - C110a	Airborne Passive Thunderstorm Detection Equipment 机载被动式雷雨探测设备	1988 - 10 - 26
81	TSO - C112d	Air Traffic Control Radar Beacon System/Mode Select(ATCRBS/Mode S) Airborne Equipment 空中交通管制雷达信标系统/模式选择机载设备（ATCRBS/Mode S）	2011 - 06 - 06
82	TSO - C112e	Air Traffic Control Radar Beacon System/Mode Select(ATCRBS/Mode S) Airborne Equipment 空中交通管制雷达信标系统/模式选择机载设备（ATCRBS/Mode S）	2013 - 09 - 16
83	TSO - C113a	Airborne Multipurpose Electronic Displays 机载多功能电子显示器	2012 - 04 - 30
84	TSO - C114	Aircraft Torso Restraint System 飞机人体躯干约束系统	1987 - 03 - 27
85	TSO - C115c	Airborne Area Navigation Equipment Using Multi - Sensor Inputs 采用多传感器输入的机载区域导航设备	2012 - 01 - 09
86	TSO - C116a	Crewmember Protective Breathing Equipment 机组乘员呼吸保护设备	2009 - 07 - 30
87	TSO - C117a	Airborne Windshear Warning and Escape Guidance Systems for Transport Airplanes 运输类飞机机载风切变警告与逃离引导系统	1996 - 08 - 01
88	TSO - C118	Traffic Alert and Collision Avoidance System (TCAS) Airborne Equipment，TCAS Ⅰ TCAS Ⅰ型空中交通报警和防撞系统机载设备	1988 - 08 - 05
89	TSO - C119d	Traffic Alert and Collision Avoidance System (TCAS) Airborne Equipment TCAS Ⅱ型空中交通报警和防撞系统机载设备（TCAS）	2009 - 04 - 14

序号	编 号	英、中文全名	颁布日期
90	TSO - C121b	Underwater Locating Devices（Acoustic）（Self - Powered） 水下定位信标(音响)(自备电源)	2012 - 02 - 28
91	TSO - C122a	Devices that Prevent Blocked Channels Used in Two - Way Radio Communications due to Simultaneous Transmissions 防止因同时发送造成双通道无线电通信波道闭锁的装置	2005 - 08 - 26
92	TSO - C123b	Cockpit Voice Recorder Equipment 驾驶舱话音记录器	2006 - 06 - 01
93	TSO - C123c	Cockpit Voice Recorder Equipment 驾驶舱话音记录器	2013 - 12 - 19
94	TSO - C124b	Flight Data Recorder Systems 飞行数据记录器系统	2007 - 04 - 10
95	TSO - C124c	Flight Data Recorder Equipment 飞行数据记录器	2013 - 12 - 19
96	TSO - C126b	406 MHz Emergency Locator Transmitter（ELT） 406 MHz 应急定位发射机(ELT)	2012 - 12 - 26
97	TSO - C127a	Rotorcraft，Transport Airplane，and Normal and Utility Airplane Seating Systems 旋翼航空器、运输类飞机、正常类和实用类飞机座椅系统	1998 - 08 - 21
98	TSO - C128a	Devices that Prevent Blocked Channels Used in Two - Way Radio Communications due to Unintentional Transmissions 双向无线通信中用于防止意外传输导致通道拥塞的设备	2005 - 08 - 26
99	TSO - C132	Geosynchronous Orbit Aeronautical Mobile Satellite Services Aircraft Earth Station Equipment 用于航空器的地球同步轨道宇航可移动卫星的地面站设备	2004 - 03 - 25

（续表）

序号	编　号	英、中文全名	颁布日期
100	TSO - C135a	Transport Airplane Wheels and Wheel and Brake Assemblies 运输类飞机机轮和机轮刹车组件	2009 - 07 - 01
101	TSO - C137a	Aircraft Portable Megaphones 航空器便携式扩音器	2008 - 01 - 30
102	TSO - C139a	Aircraft Audio System and Equipment 航空器音频系统和设备	2014 - 02 - 25
103	TSO - C140	Aerospace Fuel，Engine Oil，and Hydraulic Fluid Hose Assemblies 宇航燃油、发动机滑油和液压的流体软管组件	2002 - 07 - 17
104	TSO - C141	Aircraft Fluorescent Lighting Ballast/Fixture Equipment 航空器荧光照明系统镇流器和(或)固定装置	1999 - 08 - 17
105	TSO - C142a	Non-rechargeable Lithium Cell and Batteries 非可充电的锂电池单元和电池组	2006 - 08 - 07
106	TSO - C144a	Passive Airborne Global Navigation Satellite System (GNSS) Antenna 无源机载全球卫星导航系统(GNSS)天线	2007 - 03 - 30
107	TSO - C145c	Airborne Navigation Sensors Using the Global Positioning System (GPS) Augmented by the Satellite Based Augmentation System 使用卫星增强型全球定位系统(GPS)机载导航传感器	2008 - 05 - 02
108	TSO - C145d	Airborne Navigation Sensors Using the Global Positioning System (GPS) Augmented by the Satellite Based Augmentation System 使用卫星增强型全球定位系统(GPS)机载导航传感器	2013 - 12 - 20
109	TSO - C146c	Stand-alone Airborne Navigation Equipment Using the Global Positioning System (GPS) Augmented by the Satellite Based Augmentation System 使用卫星增强型全球定位系统(GPS)独立机载导航传感器	2008 - 05 - 09

序号	编　号	英、中文全名	颁布日期
110	TSO‑C146d	Stand-alone Airborne Navigation Equipment Using the Global Positioning System (GPS) Augmented by the Satellite Based Augmentation System 使用卫星增强型全球定位系统(GPS)独立机载导航传感器	2013‑12‑20
111	TSO‑C147	Traffic Advisory System (TAS) Airborne Equipment 交通咨询系统(TAS)机载设备	1998‑04‑16
112	TSO‑C148	Aircraft Mechanical Fasteners 航空器机械紧固件	1997‑09‑26
113	TSO‑C149	Aircraft Bearings 航空器轴承	1998‑04‑24
114	TSO‑C150a	Aircraft Seals 航空器密封件	2011‑01‑26
115	TSO‑C151c	Terrain Awareness and Warning System 地形探测和警告系统	2002‑06‑27
116	TSO‑C153	Integrated Modular Avionics Hardware Elements 综合模块化航电硬件单元	2002‑05‑06
117	TSO‑C154c	Universal Access Transceiver (UAT) Automatic Dependent Surveillance‑Broadcast (ADS‑B) Equipment Operating on the Frequency of 978 MHz 基于978 MHz通用访问收发机的广播式(UAT)自动相关监视(ADS‑B)设备	2009‑12‑02
118	TSO‑C155a	Recorder Independent Power Supply 记录器独立电源	2010‑06‑09
119	TSO‑C157a	Aircraft Flight Information Services‑Broadcast (FIS‑B) Data Link Systems and Equipment 航空器飞行信息广播服务数据链接系统和设备	2011‑09‑09
120	TSO‑C158	Aeronautical Mobile High Frequency Data Link (HFDL) Equipment 航空移动高频数据链接(HFDL)设备	2004‑08‑19

（续表）

序号	编　号	英、中文全名	颁布日期
121	TSO - C159a	Avionics Supporting Next Generation Satellite Systems (NGSS) 支持下一代卫星系统的航空电子设备	2010 - 06 - 30
122	TSO - C160a	VDL Mode 2 Communications Equipment VDL 模式 2 通信设备	2012 - 03 - 27
123	TSO - C161a	Ground Based Augmentation System Positioning and Navigation Equipment 地基加强系统定位和导航设备	2009 - 12 - 17
124	TSO - C162a	Ground Based Augmentation System Very High Frequency Data Broadcast Equipment 地基加强系统甚高频数据广播设备	2009 - 12 - 17
125	TSO - C163a	VDL Mode 3 Communications Equipment Operating Within the Frequency Range 117.975 - 137.000 Megahertz 在 117.975～137.000 MHz 频率范围内 VDL 模式 3 运行的通信设备	2007 - 08 - 31
126	TSO - C164	Night Vision Goggles 夜视镜	2004 - 09 - 30
127	TSO - C165	Electronic Map Display Equipment for Graphical Depiction of Aircraft Position 电子地图显示装置对航空器位置的图形描述	2003 - 09 - 30
128	TSO - C165a	Electronic Map Display Equipment for Graphical Depiction of Aircraft Position(Own - Ship) 飞机位置信息电子地图显示设备	2013 - 09 - 30
129	TSO - C166b	Extended Squitter Automatic Dependent Surveillance - Broadcast (TIS - B) Equipment Operating on the Radio Frequency of 1090 Megahertz (MHz) 1 090 MHz 频率上使用的扩展间歇振荡器自动跟踪监视广播系统	2009 - 12 - 02
130	TSO - C167	Personnel Carrying Device Systems (PCDS), also Know as Human Harnesses 个人佩戴系统(PCDS)，又名人类马具	2004 - 06 - 09

序号	编　号	英、中文全名	颁布日期
131	TSO‐C168	Aviation Visual Distress Signals 航空视觉危险信号	2004‐03‐25
132	TSO‐C169a	VHF Radio Communications Transceiver Equipment Operating Within the Radio Frequency Range 117.975‐137.000 MHz 工作在 117.975～137.000 MHz 频率范围内的 VHF 通信收发设备	2007‐09‐28
133	TSO‐C170	High Frequency（HF）Radio Communications Transceiver Equipment Operating Within the Radio Frequency 工作在 1.5～30 MHz 频率范围内的高频通信收发设备	2004‐12‐20
134	TSO‐C171	Aircraft Clamps 航空器卡箍	2005‐05‐02
135	TSO‐C172	Cargo Restraint Strap Assemblies 货舱限制带组件	2011‐04‐13
136	TSO‐C173a	Nickel‐Cadmium and Lead‐Acid Batterie 镍镉和铅酸电池	2013‐03‐15
137	TSO‐C174	Battery Based Emergency Power Unit（BEPU） 紧急动力单元(BEPU)电池组	2005‐07‐25
138	TSO‐C175	Galley Cart, Containers and Associated Components 飞机厨房手推车、物品箱及相关组件	2005‐11‐04
139	TSO‐C176	Aircraft Cockpit Image Recorder Systems 航空器驾驶舱图像记录器系统	2006‐07‐28
140	TSO‐C176a	Aircraft Cockpit Image Recorder Equipment 航空器驾驶舱图像记录器	2013‐12‐19
141	TSO‐C177a	Data Link Recorder Equipment 数据链路记录器	2013‐12‐19
142	TSO‐C177	Data Link Recorder Systems 数据链路记录器系统	2006‐07‐28

（续表）

序号	编　号	英、中文全名	颁布日期
143	TSO - C178	Single Phase 115 VAC，400 Hz Arc Fault Circuit Breakers 单相 115 VAC、400 Hz 故障线路短路器	2006 - 03 - 03
144	TSO - C179a	Rechargeable Lithium Cells and Lithium Batteries 可充电的锂电池单元和电池组	2011 - 04 - 19
145	TSO - C184	Airplane Galley Insert Equipment，Electrical/Pressurized 飞机厨房插入电/压力设备	2011 - 9 - 30
146	TSO - C190	Active Airborne Global Navigation Satellite System (GNSS) Antenna 有源机载全球卫星导航系统(GNSS)天线	2007 - 03 - 20
147	TSO - C194	Helicopter Terrain Awareness and Warning System (HTAWS) 直升机地形防撞警告系统(HTAWS)	2008 - 12 - 17
148	TSO - C195a	Avionics Supporting Automatic Dependent Surveillance - Broadcast (ADS - B) Aircraft Surveillance 支持航空器自动跟踪监视广播的航空电子设备	2012 - 2 - 29
149	TSO - C196a	Airborne Supplemental Navigation Sensors for Global Positioning System Equipment Using 全球定位系统设备使用的机载辅助导航传感器	2012 - 2 - 15
150	TSO - C196b	Airborne Supplemental Navigation Sensors for Global Positioning System Equipment Using 全球定位系统设备使用的机载辅助导航传感器	2013 - 12 - 20
151	TSO - C197	Information Collection and Monitoring Systems 信息采集与监视系统	2010 - 11 - 15
152	TSO - C198	Automatic Flight Guidance and Control System (AFGCS) Equipment 自动飞行导引和控制系统(AFGCS)设备	2011 - 06 - 02
153	TSO - C200	Airframe Low Frequency Underwater Locating Devices (Acoustic) (Self - Powered) 机身低频水下定位装置(音频)(自备电源)	2012 - 06 - 26

序号	编 号	英、中文全名	颁布日期
154	TSO - C201	Attitude and Heading Reference Systems (AHRS) 高度和航向参考系统	2012 - 07 - 26
155	TSO - C204	Circuit Card Assembly Functional Sensors Using Satellite - Based Augmentation System (SBAS) for Navigation and Non - Navigation Position/Velocity/Time Output 用于输出导航和非导航的位置/速度/时间参数的基于卫星增益系统使用的电路板组件功能传感器	2013 - 12 - 20
156	TSO - C205	Circuit Card Assembly Functional Class Delta Equipment Using The Satellite - Based Augmentation System for Navigation Applications 导航应用的卫星增益系统使用的电路板组件功能类德耳塔设备	2013 - 12 - 20
157	TSO - C206	Circuit Card Assembly Functional Sensors Using Aircraft - Based Augmentation for Navigation and Non - Navigation Position/Velocity/Time Output 用于输出导航和非导航的位置/速度/时间参数的基于航空器增强系统使用的电路板组件功能传感器	2013 - 12 - 20

参考文献

[1] 金德琨,敬忠良,王国庆,等.民用飞机航空电子系统[M].上海：上海交通出版社,2011.

[2] SAE. Guidelines for development of civil aircraft and systems：SAE ARP 4754A [S]. SAE, 2010.

[3] SAE. Guidelines and methods for conducting the safety assessment process on civil airborne systems and equipment：SAE ARP 4761 [S]. SAE, 1996.

[4] MOIR I, SEABRIDGE A, JUKES M. Civil avionics systems [M]. 2nd ed. Wiley，2013.

[5] FAA. Advanced avionics handbook[M]. FAA，2012.

[6] SPITER C R. Digital avionics handbook：development and implementation[M]. 2nd ed. CRC，2006.

[7] LARRIEU N，VARET A. Rapid prototyping software for avionics systems：model-oriented approaches for complex systems certification [M]. Wiley-ISTE，2014.

[8] MOIR I, SEABRIDGE A. Design and development of aircraft systems [M]. Wiley，2012.

[9] Ken Torrin. A guide to airbus A320, including details of its design, technical specifications, applied avionics technology, operators, and more[M]. Webster's Digital Services，2012.

[10] SPITZER C R. Avionics：development and implementation [M]. Virginia：CRC，2007.

[11] ISO/IEC/IEEE. Systems and software engineering-system life cycle processes：ISO/IEC/IEEE 15288[S]. ISO/IEC/IEEE，2015.

[12] SAE. Guidelines for development of civil aircraft and systems：SAE ARP 4754A [S]. SAE，2010.

[13] Joint OSD/Services/Industry Working Group System Engineering：MIL - STD - 499B[S]. MIL, 1993.

[14] ANSI/EIA. 系统工程设计方法：ANSI/EIA - 632：2003[S]. ANSI,2003.

[15] ISO/IEC.系统工程—系统工程过程的应用及管理：ISO/IEC 26702[S]. ISO/IEC,2013.

[16] ISO/IEC.系统工程—系统工程过程的应用及管理：ISO/IEC 26702[S]. ISO/IEC,2007.

[17] RTCA.机载系统和设备合格审定的软件考虑：RTCA/DO - 178B[S].RTCA,1992.

[18] RTCA. 机载电子硬件的研制保证指南：RTCA/DO - 254[S]. RTCA,2000.

[19] RTCA. 综合模块化航电系统研制指南和审定考虑：RTCA/DO - 297[S]. RTCA,2005.

[20] SAE.商业运营中的运输类飞机的安全性评估：SAE ARP 5150[S].SAE,2013.

[21] SAE.商业运营中的通用航空飞机及旋翼机的安全性评估：SAE ARP 5151[S]. SAE,2013.

[22] 全国信息技术标准化技术委员会.系统工程 系统工程过程的应用和管理：GB/T 26240—2010[S].北京：中国标准出版社,2010.

[23] 中华人民共和国信息产业部.系统工程 系统生存周期过程：GB/T 22032—2008 [S].北京：中国标准出版社,2008.

[24] 中华人民共和国工业和信息化部.民用飞机研制程序：HB 8525 - 2017[S].中华人民共和国工业和信息化部,2017.

[25] 中国民用航空局 中国民用航空规章第 25 部.运输类飞机适航标准：CCAR - 25 - R4[S].中国民用航空规章, 2011.

[26] RTCA. 机载设备环境条件下雨测试规程：RTCA/DO - 160G[S]. RTCA,2010.

[27] 中国民用航空局 中国民用航空规章第 37 部.民用航空材料、零部件和机载设备技术标准规定：CCAR - 37[S]. 中国民用航空规章,1992.

[28] 中国民用航空总局.民用航空产品和零部件合格审定规则：CCAR - 21 - R3[S]. 中国民用航空规章,2007.

[29] MIL. Reliability testing for engineering development，qualification and production：MIL‐ZTD‐781D[S]. MIL，1986.

[30] 中华人民共和国机械电子工业部.电工电子产品环境试验第 2 部分：试验方法 试验 B：高温：GB 2423.2—2008[S].北京：中国标准出版社,2008.

[31] 中华人民共和国机械电子工业部.电工电子产品环境试验第 2 部分试验：方法试验 J 及导则：长霉：GB2423.16—2008[S]. 北京：中国标准出版社,2008.

[32] 中国民用航空局航空器适航审定司.航空器型号合格审定程序：AP‐21‐AA‐2011‐03‐R4[S]. 中国民用航空局航空器适航审定司,2011.

[33] RTCA.工作在 75 MHz 机载无线电信标接收设备最低性能标准：RTCA DO‐143[S]. RTCA,1970.

缩略语

缩写	全文	中文
AADL	architecture analysis and design language	架构分析与语言设计
ACARS	aircraft communication addressing and reporting system	飞机通信、寻址和报告系统
ADF	automatic direction finder	机载自动定向设备
ARINC	Aeronautical Radio Incorporated	航空无线电(联合)公司
ASIC	application specific integrated circuit	专用集成电路
CAAC	Civil Aviation Administration of China	中国民用航空局
CCA	common cause analysis	共因分析
CCAR	China Civil Aviation Regulations	中国民用航空规章
CCL	compliance check list	符合性检查清单
CDR	critical design review	关键设计审查
CMM	component maintenance manual	部件维修手册
CMS	central maintenance system	中央维护系统
CP	certification plan	审定计划
CR	certification review	适航审定审查
CRT	cathode ray tube	阴极射线显像管
CTSO	Chinese technical standard order	中国技术标准规定(民航)
CTSOA	Chinese technical standard order authorization	中国技术标准规定项目批准书
CVR	cockpit voice recorder	驾驶舱音频记录器
DAS	design assurance system	研制保证系统

DDP	declaration of design and performance	设计与性能申明
DER	designated engineering representative	委任工程代表
DFS	digital function selection	数字功能选择
DMC	direct maintenance cost	直接维修成本
DMIR	designated manufacturing inspection representative	委任制造检查代表
DOC	direct operating cost	直接使用成本
DODAF	Department of Defense Architecture Framework	美国国防部架构框架
EASA	European Aviation Safety Agency	欧洲航空安全局
ELS	equivalent level of safety	等效安全
FAA	Federal Aviation Administration	美国联邦航空管理局
FAI	first article inspection	首件体验
FAR	Federal Aviation Regulation	联邦航空条例
FBS	function breakdown structure	功能分解结构
FCCS	flight control computer system	飞行控制计算机系统
FDAL	function development assurance level	功能研制保证等级
FFPA	functional failure path analysis	功能失效路径分析
FHA	functional hazard assessment	功能危险性评估
FMECA	failure mode effects and criticality analysis	故障模式影响及危害性分析
FMES	failure modes and effects summary	失效模式及影响摘要
FMS	flight management system	飞行管理系统
FPCA	flexible printed circuit assembly	柔性印制电路板
FTA	fault tree analysis	故障树分析

HCMP	hardware configuration management plan	硬件配置管理计划
HDD	hardware design document	硬件详细设计文件
HVP	hardware validation plan	硬件确认计划
IDAL	item development assurance level	项目研制保证等级
IDD	interface design document	接口设计文件
IMA	integrated modular avionics	综合模块化航电
INS	inertia navigate system	惯性导航系统
IPT	integrated product team	集成产品工作组
KPI	key performance indicator	关键绩效指标考核
LRM	line replaceable module	航线可更换模块
LRU	line replaceable unit	航线可更换单元
MKR	marker radio beacon	无线电指点信标
MLS	microwave landing system	微波着陆系统
MoC	means of compliance	符合性方法
MORP	minimum operational performance requirements	最低使用性能要求
NAS	National Aircraft Standard	美国国家飞机标准
NRC	non recurring cost	非重复成本
OEF	object executable framework	实时框架
PA	process assurance	过程保证
PAC	plan of airworthiness certification	合格审定计划
PASA	preliminary aircraft safety assessment	初步飞机级安全性评估
PBS	product breakdown structure	产品分解结构
PCB	production configuration baseline	产品构型基线
PDR	preliminary design review	初步设计审查

PLD	programmable logic device	可编程逻辑器件
PMA	parts manufacturer approval	零部件制造人批准书
PRA	particular risk analysis	特定风险分析
PSSA	preliminary system safety assessment	初步系统安全性评估
PTS	purchase technical specifications	采购技术规范
QR	qualification review	符合性审查
RFP	request for proposal	招标书
RNP	required navigation performance	所需性能导航
RR	requirements review	需求评审
RTCA	Radio Technical Commission for Aeronautics	航天无线电技术委员会
RTU	radio tuning unit	无线电调谐单元
SAE	Society of Automotive Engineers	(美国)汽车工程师协会
SAS	software accomplishment summary	软件完成总结
SCI	software configuration index	软件构型索引
SCMP	software configuration management plan	软件构型管理计划
SDD	software design document	软件设计文件
SQAP	software quality assurance plan	软件质量保证计划
SRD	software requirement document	软件需求文件
SRR	system requirements review	系统需求审查
SRS	software requirement standard	软件需求标准
SSA	system safety assessment	系统安全性评估
STC	supplemental type certification	补充型号合格证
TC	type certification	型号合格证
TCB	Type Certification Board	型号合格审定委员会

TCCS	thrust control computer system	推力控制计算机系统
TRR	test readiness review	试验完备性审查
TSO	technical standard order	技术标准规定
TSOA	technical standard order approval	技术标准规定项目准书
UHF	ultra high frequency	超高频
VDL	very high frequency digital link	甚高频数据链路
WBS	work breakdown structure	工作分解结构
ZSA	zonal safety analysis	区域安全性分析

索引

大飞机出版工程　书目

一期书目(已出版)

《超声速飞机空气动力学和飞行力学》(译著)

《大型客机计算流体力学应用与发展》

《民用飞机总体设计》

《飞机飞行手册》(译著)

《运输类飞机的空气动力设计》(译著)

《雅克-42M和雅克-242飞机草图设计》(译著)

《飞机气动弹性力学和载荷导论》(译著)

《飞机推进》(译著)

《飞机燃油系统》(译著)

《全球航空业》(译著)

《航空发展的历程与真相》(译著)

二期书目(已出版)

《大型客机设计制造与使用经济性研究》

《飞机电气和电子系统——原理、维护和使用》(译著)

《民用飞机航空电子系统》

《非线性有限元及其在飞机结构设计中的应用》

《民用飞机复合材料结构设计与验证》

《飞机复合材料结构设计与分析》(译著)

《飞机复合材料结构强度分析》

《复合材料飞机结构强度设计与验证概论》

《复合材料连接》

《飞机结构设计与强度计算》

三期书目（已出版）

《适航理念与原则》

《适航性：航空器合格审定导论》（译著）

《民用飞机系统安全性设计与评估技术概论》

《民用航空器噪声合格审定概论》

《机载软件研制流程最佳实践》

《民用飞机金属结构耐久性与损伤容限设计》

《机载软件适航标准 DO‑178B/C 研究》

《运输类飞机合格审定飞行试验指南》（编译）

《民用飞机复合材料结构适航验证概论》

《民用运输类飞机驾驶舱人为因素设计原则》

四期书目（已出版）

《航空燃气涡轮发动机工作原理及性能》

《航空发动机结构强度设计问题》

《航空燃气轮机涡轮气体动力学：流动机理及气动设计》

《先进燃气轮机燃烧室设计研发》

《航空燃气涡轮发动机控制》

《航空涡轮风扇发动机试验技术与方法》

《航空压气机气动热力学理论与应用》

《燃气涡轮发动机性能》(译著)

《航空发动机进排气系统气动热力学》

《燃气涡轮推进系统》(译著)

《燃气涡轮发动机的传热和空气系统》

五期书目(已出版)

《民机飞行控制系统设计的理论与方法》

《民机导航系统》

《民机液压系统》(英文版)

《民机供电系统》

《民机传感器系统》

《飞行仿真技术》

《民机飞控系统适航性设计与验证》

《大型运输机飞行控制系统试验技术》

《飞行控制系统设计和实现中的问题》(译著)

《现代飞机飞行控制系统工程》

六期书目(已出版)

《民用飞机构件先进成形技术》

《民用飞机热表特种工艺技术》

《航空发动机高温合金大型铸件精密成型技术》

《ARJ21‑700新支线飞机项目发展历程、探索与创新》

《飞机运行安全与事故调查技术》

《基于可靠性的飞机维修优化》

《民用飞机实时监控与健康管理》

《民用飞机工业设计的理论与实践》

八期书目(已出版)

《航空电子系统综合化与综合技术》

《民用飞机飞行管理系统》

《民用飞机驾驶舱显示系统》

《民用飞机机载总线与网络》

《航空电子软件开发与适航》

《民用机载电子硬件升发实践》

《民用飞机无线电通信导航监视系统》

《飞机环境综合监视系统》

《民用客机健康管理系统》

《航空电子适航性分析技术与管理》

《民用飞机客舱与机载信息系统》

《民用飞机驾驶舱集成设计与适航验证》

《航空电子系统安全性设计与分析技术》

《民机飞机飞行记录系统——"黑匣子"》

《数字航空电子技术(上、下)》